普通高等教育一流本科专业建设成果教材

机械制造技术基础

张彦 主编　王国乾 洪荣晶 副主编

Fundamentals of Mechanical Manufacturing Technology

化学工业出版社

·北京·

内容简介

"机械制造技术基础"是高等院校机械类专业重要的基础课程。为了适应新工科教学体系和形势的要求，本书以机械制造工艺学为主线，整合了金属切削原理及刀具、金属切削机床、夹具设计等基本内容，并加以提炼和更新，在着重讲清基本原理的基础上，削枝强干、合理取舍，注重体现当代工程技术发展和多学科间的交叉融合。

本书内容包括机械加工方法、金属切削原理及刀具、金属切削机床、机床夹具、机械制造工艺规程设计、机械加工质量以及先进制造技术等。

本书可作为高等院校机械类专业主干技术基础课程教材，特别适合承担技能型紧缺人才培养任务的相关院校使用，也可供有关技术人员参考。

图书在版编目（CIP）数据

机械制造技术基础/张彦主编；王国乾，洪荣晶副主编. —北京：化学工业出版社，2023.11
ISBN 978-7-122-44595-7

Ⅰ.①机… Ⅱ.①张… ②王… ③洪… Ⅲ.①机械制造工艺-高等学校-教材 Ⅳ.①TH16

中国国家版本馆 CIP 数据核字（2023）第 243015 号

责任编辑：丁文璇　　　　　　　　文字编辑：徐　秀　师明远
责任校对：李雨函　　　　　　　　装帧设计：张　辉

出版发行：化学工业出版社
　　　　（北京市东城区青年湖南街 13 号　邮政编码 100011）
印　　装：大厂聚鑫印刷有限责任公司
787mm×1092mm　1/16　印张 16¼　字数 421 千字
2024 年 6 月北京第 1 版第 1 次印刷

购书咨询：010-64518888　　　　　　售后服务：010-64518899
网　　址：http://www.cip.com.cn
凡购买本书，如有缺损质量问题，本社销售中心负责调换。

定　　价：55.00 元　　　　　　　　版权所有　违者必究

前 言

在"中国制造2025"背景下，机械制造的内涵和外延都得到了极大的丰富和拓展，机械制造在考虑质量和生产效率的同时，要兼顾经济性和环保性，即在保证产品质量的前提下，提高生产效率，降低生产成本；同时注意节省能源，有效利用资源，保护环境。因此，现代制造技术成为新经济、新技术发展的重要推动力。为适应高校教学、科研等需要，编者集多年教学与科研经验，编写了《机械制造技术基础》一书。本教材为南京工业大学国家级一流本科专业——机械工程专业建设成果教材。

本书共6章，包括机械加工工艺方法、金属切削原理、机械加工机床与刀具、机床夹具设计与应用、机械加工精度与质量控制、机械加工工艺规程设计。本书注重知识体系的科学性和完整性，力求符合人们的认知规律，以基本的机械加工方法、切削刀具和切削机床为切入点，以机械加工质量、经济性、环保性为基本准则，完成机床夹具设计和工艺规程设计。本书在注重基础理论知识的同时，围绕质量、生产效率、经济性和环保性问题，强调先进制造技术和现代制造观念的应用，注重理论知识与工程实践的融合，重视培养内容与行业需求的同步，有助于提升新工科背景下学科建设水平和人才培养的质量，是一本既有理论基础，又有先进技术和工程实践的综合性教材。

本书编写过程中参考了大量书籍和文献，并结合当前高校"少学时、重能力"的新学情，在保证知识体系连贯的基础上，对传统内容削枝强干，减少烦琐理论推导，图文并茂，避免不必要的重复，做到简明精练。同时舍弃部分陈旧技术工艺，重点介绍各类技术发展的前沿概况，并增加了现代新技术应用等内容。本书从技术发展角度介绍现代制造理念的发展情况，使教学内容与时俱进，增强知识体系的前瞻性；并且增添了可视化内容，学生直接用手机扫描二维码就能获得学习材料、查看讲解视频等，教材内容更加生动，提高了学生的学习兴趣，扩展了知识面。

本书由南京工业大学张彦主编，具体编写分工为，绪论：南京工业大学张彦；第1章：淮阴工学院谷洲之；第2章：南京工业大学奚天鹏；第3章：盐城工学院周耀武；第4章：上海交通大学张西方；第5章：南京工业大学王国乾；第6章：南京工业大学张彦。全书由南京工业大学洪荣晶主审。本书编者均为院校一线骨干教师，有多年从事机械制造工艺、机械制造基础、工程材料、机床概论等课程的课堂教学经历，以及课程实验、课程设计、生产实习、毕业设计等实践环节的教学经历，具有丰富的教学实践经验。在编写过程中，编者参阅了国内外同行有关资料，得到了机械制造界许多专家和同仁的支持与帮助，在此一并表示衷心的感谢。

由于科学技术发展迅速，以及编者专业、写作和认识水平的局限，书中难免存在疏漏和不足，恳切希望广大读者批评指正，以求改进。

编　者
2023年10月

目 录

| 绪论 | 1 |

0.1 机械制造工程学科发展 ... 1
0.2 广义制造论 ... 2
0.3 机械制造技术的发展趋势 ... 2
0.4 本课程主要学习任务和要求 ... 4

| 第 1 章 机械加工工艺方法 | 5 |

1.1 机械加工方法 ... 5
   1.1.1 车削加工 ... 5
   1.1.2 铣削加工 ... 6
   1.1.3 磨削加工 ... 9
   1.1.4 钻削加工 ... 12
   1.1.5 其他机械加工方法 ... 13
1.2 特种加工方法 ... 15
   1.2.1 电火花加工 ... 16
   1.2.2 电化学加工 ... 17
   1.2.3 高能束加工 ... 19
   1.2.4 超声波加工 ... 22
1.3 增材制造方法 ... 23
   1.3.1 选择性激光熔化 ... 23
   1.3.2 激光熔化沉积 ... 24
   1.3.3 电子束熔化 ... 24
   1.3.4 电弧增材制造 ... 25
1.4 微纳加工技术 ... 27
   1.4.1 X 射线光刻技术 ... 28
   1.4.2 微纳结构的刻蚀技术 ... 30
习题与思考题 ... 31

第 2 章　金属切削原理　33

2.1 切削运动与要素 ... 33
2.1.1 切削类型 ... 33
2.1.2 切削三要素 ... 34
2.2 切屑类型及控制 ... 35
2.2.1 切屑形成过程 ... 35
2.2.2 切削变形区 ... 36
2.2.3 切屑类型及控制 ... 37
2.2.4 切屑积瘤 ... 38
2.3 切削力与切削功率 ... 39
2.3.1 切削力的来源 ... 39
2.3.2 切削合力和切削功率 ... 39
2.3.3 切削力的计算 ... 40
2.3.4 切削力测量 ... 44
2.4 切削热与切削温度 ... 45
2.4.1 切削热的产生与传导 ... 45
2.4.2 切削温度的测量 ... 46
2.4.3 影响切削温度的主要因素 ... 47
2.4.4 切削温度对工件、刀具和切削过程的影响 ... 49
2.5 切削用量的选择及工件材料加工性 ... 49
2.5.1 切削用量的选择 ... 49
2.5.2 工件材料的切削加工性 ... 51
习题与思考题 ... 52

第 3 章　机械加工机床与刀具　54

3.1 机床分类与型号 ... 54
3.1.1 机床型号表示方法 ... 54
3.1.2 机床的分类及代号 ... 55
3.1.3 机床的特性代号 ... 56
3.1.4 机床主参数、第二主参数和设计顺序号 ... 56
3.1.5 机床的重大改进顺序号 ... 57
3.1.6 同一型号机床的变型代号 ... 57
3.1.7 常见机床 ... 57
3.2 机床的组成与部件 ... 65

3.2.1　机床的基本组成 ……………………………… 65
　　3.2.2　机床的运动 …………………………………… 75
3.3　刀具种类与材料 …………………………………… 75
　　3.3.1　刀具的分类 …………………………………… 75
　　3.3.2　常用刀具简介 ………………………………… 76
　　3.3.3　刀具材料应具备的性能 ……………………… 82
　　3.3.4　常用刀具材料 ………………………………… 83
　　3.3.5　新型刀具材料 ………………………………… 84
3.4　刀具结构与刀具角度 ……………………………… 85
　　3.4.1　刀具切削部分的组成 ………………………… 85
　　3.4.2　刀具角度的参考平面 ………………………… 86
　　3.4.3　刀具的标注角度 ……………………………… 86
　　3.4.4　刀具的工作角度 ……………………………… 88
3.5　刀具磨损与刀具寿命 ……………………………… 89
　　3.5.1　刀具磨损的形式及其原因 …………………… 89
　　3.5.2　刀具磨损过程及磨钝标准 …………………… 90
　　3.5.3　刀具破损 ……………………………………… 91
　　3.5.4　刀具寿命 ……………………………………… 91
习题与思考题 …………………………………………… 93

第4章　机床夹具设计与应用　　94

4.1　机床夹具概述 ……………………………………… 94
　　4.1.1　工件的装夹方法 ……………………………… 94
　　4.1.2　机床夹具的原理及功用 ……………………… 96
　　4.1.3　机床夹具的组成及分类 ……………………… 96
4.2　工件在夹具上的定位 ……………………………… 98
　　4.2.1　基准的概念 …………………………………… 98
　　4.2.2　定位原理 ……………………………………… 99
　　4.2.3　常见定位方式与定位元件 …………………… 105
　　4.2.4　定位误差及其分析计算 ……………………… 112
4.3　工件在夹具上的夹紧 ……………………………… 116
　　4.3.1　夹紧装置的组成与要求 ……………………… 116
　　4.3.2　夹紧力的确定 ………………………………… 116
　　4.3.3　常用夹紧机构 ………………………………… 120
　　4.3.4　夹紧动力装置 ………………………………… 125
4.4　各类机床夹具 ……………………………………… 128

- 4.4.1 车床与圆磨床夹具 128
- 4.4.2 钻床夹具 129
- 4.4.3 铣床夹具 132
- 4.4.4 加工中心机床夹具 134
- 4.4.5 柔性夹具 136
- 4.4.6 其他柔性夹具 139
- 4.5 机床夹具的设计 140
  - 4.5.1 夹具设计的基本要求 140
  - 4.5.2 夹具设计的一般步骤 141
- 习题与思考题 142

第5章 机械加工精度与质量控制 147

- 5.1 机械加工精度 147
  - 5.1.1 机械加工精度的概念 147
  - 5.1.2 影响机械加工精度的主要因素及分类 148
  - 5.1.3 加工误差的综合分析 153
- 5.2 工艺系统受力受热变形 162
  - 5.2.1 概述 162
  - 5.2.2 工艺系统受力受热变形对加工精度的影响 162
  - 5.2.3 减小工艺系统受力受热变形的途径 170
- 5.3 提高加工精度的途径和措施 172
  - 5.3.1 误差预防技术 172
  - 5.3.2 误差补偿技术 175
- 5.4 机械加工表面质量 176
  - 5.4.1 加工表面质量的概念 176
  - 5.4.2 加工表面质量对零件使用性能的影响 177
- 5.5 影响表面质量的主要因素 179
  - 5.5.1 切削加工表面的表面粗糙度 179
  - 5.5.2 高速铣削和磨削加工后的表面粗糙度 180
  - 5.5.3 表面粗糙度和表面微观组织的测量 183
- 5.6 机械加工中的振动 184
  - 5.6.1 机械加工中的强迫振动 184
  - 5.6.2 机械加工中的自激振动 185
  - 5.6.3 机械加工振动的诊断技术 187
  - 5.6.4 机械加工振动的防治 189
- 习题与思考题 192

第6章 机械加工工艺规程设计 —— 194

- 6.1 概述 —— 194
  - 6.1.1 机械加工工艺规程的作用 —— 195
  - 6.1.2 机械加工工艺规程的格式 —— 195
  - 6.1.3 机械加工工艺规程的设计原则、步骤和内容 —— 197
- 6.2 工艺路线的设计 —— 198
  - 6.2.1 零件的工艺性分析 —— 198
  - 6.2.2 定位基准的选择 —— 201
  - 6.2.3 加工经济精度与加工方法的选择 —— 205
  - 6.2.4 典型表面的加工路线 —— 207
  - 6.2.5 工艺顺序的安排 —— 212
  - 6.2.6 工序的集中与分散 —— 213
  - 6.2.7 加工阶段的划分 —— 214
- 6.3 加工余量、工序尺寸及公差的确定 —— 215
  - 6.3.1 加工余量的概念 —— 215
  - 6.3.2 加工余量的确定 —— 218
  - 6.3.3 工序尺寸与公差的确定 —— 219
- 6.4 工艺尺寸链 —— 220
  - 6.4.1 直线尺寸链 —— 220
  - 6.4.2 平面尺寸链 —— 226
- 6.5 工艺方案经济性分析 —— 228
  - 6.5.1 时间定额 —— 228
  - 6.5.2 提高生产率的工艺途径 —— 229
  - 6.5.3 工艺过程方案的技术经济分析 —— 233
- 6.6 装配工艺规程设计 —— 235
  - 6.6.1 概述 —— 235
  - 6.6.2 装配尺寸链 —— 237
  - 6.6.3 保证装配精度的方法 —— 238
  - 6.6.4 装配工艺规程的制定 —— 244
- 习题与思考题 —— 247

参考文献 —— 251

绪 论

0.1 机械制造工程学科发展

机械制造是指应用机械设备、采用一定的工艺和方法，将产品从构思变为实物的过程，是对各种机械产品的制造和生产过程的总称。机械制造有两层含义：一方面是指使用机械来加工零件，更具体地说是在机器（常称为机床、工具机或工作母机）上采用切削方法进行加工；另一方面是指某种机械的制造，例如汽车、涡轮机或其他加工设备。随着制造方法的不断发展，除切削加工方法外，还出现了电加工、光学加工、化学加工等非机械加工方法。总而言之，机械制造就是利用一定的加工原理、制造工艺和相应的工艺设备，加工出人们想要的尺寸和形状的零件，最终达到制造高质量、低成本和高效率机械产品的目的。

制造业是国民经济的主体，是立国之本、兴国之器、强国之基。自十八世纪中叶开启工业文明以来，世界强国的兴衰史和中华民族的奋斗史一再证明，没有强大的制造业，就没有国家和民族的强盛。打造具有国际竞争力的制造业，是我国提升综合国力、保障国家安全、建设世界强国的必由之路。

制造业是高新技术产业的基础，制成品是高新技术的载体。信息技术、微电子技术、光电技术、纳米技术、核技术、空间技术、生命技术等都与制造有关。例如，电子制造所需的高精度、超精细、高加速度和高可靠性，离不开尖端的制造设备和相应的制造技术。因此，大力发展制造业，特别是装备制造业显得尤为重要。因此，我国提出了"中国制造2025"，强调发展制造业，特别是装备制造业。

今天，制造科学、信息科学、材料科学、生物科学四大支柱相互依存，但后三门科学必须依靠制造科学才能形成产业，创造社会物质财富。制造科学的发展还必须依靠信息、材料和生物科学的发展。机械制造业是其他高新技术实现产业价值的最佳聚集点，如果没有机械制造，这一切都是不可能的。

0.2 广义制造论

广义制造论

通用化制造是20世纪制造技术的重要发展，它是在机械制造技术的基础上发展起来的。长期以来，由于设计与技术的分离，制造被定位为加工技术，是制造的狭义概念。随着社会的发展和技术的进步，需要对各种技术进行综合、集成、复合，以研究和解决问题，特别是集成制造技术的问世，提出了广义制造，也称为"大制造"，体现了制造理念的扩展。广义制造概念的形成主要有以下几个原因。

（1）工艺和设计一体化

它体现了工艺和设计的密切结合，形成了设计工艺一体化，设计不仅是指产品设计，而且包括工艺设计、生产调度设计和质量控制设计等。

（2）制造技术的综合性

现代制造技术是一门以机械为主体，集光、电、信息、材料、管理等学科于一体，与社会科学、文化、艺术密切相关的综合体。

（3）制造模式的发展

长期以来，由于科学技术和生产的发展，制造变得越来越复杂，人们习惯将复杂的事物分解成几个单方面的事物来处理，形成了"分工"，这是正确的。但同时也忽略了各种事物之间的有机联系，当制造更为复杂时，不考虑这些有机联系就无法解决问题。这时，集成制造的概念应运而生，一时间受到极大重视。

计算机集成制造技术是制造技术与信息技术相结合的产物。集成制造系统首先强调信息集成，即计算机辅助设计、计算机辅助制造和计算机辅助管理的集成。集成有很多方面和层次，如功能集成、信息集成、流程集成和学科集成等，总的思路是从相互联系的角度统一解决问题。

后来，在计算机集成制造技术发展的基础上，出现了柔性制造、敏捷制造、虚拟制造、网络制造、智能制造、协同制造等多种制造模式，有效地提高了制造技术水平，扩大了制造技术的领域。并行工程、协同制造等概念及其技术和方法，强调可以在整个产品生命周期内并行有序地解决某一环节出现的问题，即从"点"到"全局"，强调了局部和全面的关系，在解决局部问题时要考虑其对整个系统的影响，并且能够协同解决。

（4）丰富的硬软件工具、平台和支撑环境

现代制造技术包括硬件和软件两个方面，应该在丰富的硬件和软件工具、平台和支持环境的支持下工作。硬件和软件必须相互配合才能发挥作用，密不可分。例如，计算机是现代制造技术中不可缺少的设备，但必须有相应的操作系统、办公软件和工程应用软件（如计算机辅助设计、计算机辅助制造等）才能投入使用；再比如网络，它本身有通信设备、光缆等硬件，但同时也必须有网络协议等软件才能正常运行；再比如数控机床，它是由机床本体和数控系统组成，数控系统除了数控装置等硬件外，还必须有编程软件才能使机床对工件进行加工。

0.3 机械制造技术的发展趋势

当今世界，新一轮科技革命和产业变革正在加速推进。信息技术、生物技术、新材料技术、新能源技术和制造技术的深度融合，带动了以绿色、智能、非凡、集成、服务为特征的机械工程技术的发展。

(1) 新一轮科技革命与产业变革

新一轮科技革命和产业变革的实质是信息网络技术与制造业的深度融合，以制造业为核心，在物联网和网络信息物理系统的基础上，同时增添新能量、新材料、生物技术等方面的突破，引发新一轮产业转型。

① 数字化技术、信息网络技术对机械制造的影响　未来10年，以信息网络技术为引领的技术创新与应用将更加快速发展，全球制造业和经济社会发展转型的方向和趋势更加清晰。信息网络、云计算、大数据等技术的发展和应用日新月异，为生产供给侧、应用和消费需求、商业服务、金融和商业流通、公共管理与服务、创新创业提供了新的机遇和挑战。

② 新材料对机械制造的影响　材料是技术创新的基础和核心。新材料的发明和应用引领了全球科技创新，推动了高新技术制造业的转型升级，同时催生了许多新兴产业。在前沿新材料引领产业发展方面，轻量化材料、纳米材料、增材制造材料、智能仿生材料与超材料等的创新程度，直接影响着我国在机械制造方面能否占据发展先机。

③ 新能源对机械制造的影响　进入21世纪以来，世界各国不断加大对太阳能、风能、地热能、海洋能、生物能、核能等新能源技术的投入。新能源和绿色经济将成为引领科技与产业融合的重要方向，生态农业领域将快速发展，逐步成为经济社会发展的新动力和新支柱。

④ 生物技术对机械制造的影响　生命科学、信息科学、纳米科学和认知科学的交叉领域正在成为科学探索的热点。生物制造将生物技术融入制造过程，可用于制造生物医学装置和设备，制造人造生物组织及其功能替代品等。仿生制造是通过模仿自然有机体，设计和制造高性能材料、结构、装置和设备。生物技术将制造技术延伸到生命科学领域，有望为医学工程的发展提供新的科学原理和技术手段。

(2) 机械制造技术五大发展趋势

① 绿色化　保护全球环境，维护社会可持续发展，已成为世界各国共同关心的问题。实现机械工业绿色、低碳、循环发展，不仅是机械工业自身可持续发展的需要，也是我国经济社会健康可持续发展的需要。应考虑产品从设计、制造、包装、运输、使用到回收处置的全生命周期的绿色化，绿色制造技术和工艺的不断升级和应用，减少资源能源的浪费，实现持续利用。污染物的减排提高了生产和消费过程与环境的相容性，最终实现经济效益和环境效益的优化。

② 智能化　数控技术、机器人技术和计算机辅助设计技术开创了数字技术在制造活动中的应用先河，也满足了柔性制造对制成品多样化的要求。传感技术的发展和普及提供了大量的制造数据，信息人工智能技术的发展，为生产数据和信息的分析处理提供了有效支撑，为制造技术增添了智能的翅膀。

智能制造技术是对产品生命周期中各种数据和信息的感知和分析，对相关经验和知识进行表达及学习，以及基于数据、信息和知识进行智能决策和执行的综合性交叉技术，旨在提高生产柔性、实现决策优化、提高资源生产力和利用效率。智能制造技术涵盖产品全生命周期的设计、生产、管理和服务。

③ 超常化　现代基础工业、航空航天和电子制造的发展对机械工程技术提出了新的要求，促成了各种超常态条件下制造技术的诞生。通过科学实践，人们将不断发现和认识物质在极大、极小尺度或超常制造领域的演化过程规律，以及超常环境与制造受体之间的相互作用机制，以期为未来的发展作出贡献。

④ 融合　随着信息、新材料、生物、新能源等先进技术的发展，社会文明的进步，以及新技术、新理念和制造技术的融合，将形成新的制造模式，实现新技术的重大突破和技术体系的变革。例如，2009年12月，波音787梦幻客机试飞成功。它的机身80%由碳纤维复合材料和钛合金材料制成，大大减轻了飞机的重量，降低了油耗和碳排放，引起了全世界的关注。在未来的机械工业发展中，将融入更多的高新技术和新概念，这将带来机械制造技术的质变。

⑤ 服务化　进入21世纪，全球网络通信、云计算、云存储、大数据等技术的发展，为制造业提供了新的技术驱动和信息网络物理环境。全球市场多元化、个性化需求，资源环境压力，成为制造业文明转型的新动力。制造业将从以工厂化、规模化、自动化为特征的工业制造，向更加注重用户体验的多元化、个性化、定制化、协同创新、全球网络化智能制造服务转变。

加快发展服务型制造，是促进我国机械工业提质增效、转变经济发展方式的重要途径，也是培育国民经济新增长点的重要举措。制造服务业已逐步渗透到众多行业，制造服务技术将成为机械制造技术的重要组成部分，支撑产品的全价值链服务。

0.4　本课程主要学习任务和要求

（1）课程性质、地位和任务

"机械制造技术基础"是以机械制造中的工艺问题为研究对象的一门课程，是机械制造工艺及设备、机械设计制造及其自动化和机械工程及自动化等专业的一门主要专业课。通过本课程的教学过程（如课堂理论教学、习题、实验等）及有关环节（如金工实习等）的配合，使学生初步具有制定工艺规程的能力；掌握机械加工工艺方面的基本理论知识；对于改进机械加工工艺过程，保证加工质量方面的知识和技能应得到初步训练；了解现代制造技术的新成就及发展趋向。

（2）课程教学的基本要求

① 典型零件加工与加工方法　掌握轴类零件、箱体零件的加工工艺过程安排及各种加工方法的选择。

② 机械加工工艺规程的制定和工艺尺寸链　掌握机械加工一些基本概念，对零件进行工艺分析，选择加工时的定位基准；安排加工路线；确定各工序余量、尺寸及公差；确定时间定额。

③ 机械加工精度　掌握影响加工精度的各种原始误差及其影响规律；掌握如何采取相应措施控制加工误差；掌握对加工误差进行统计分析的方法。

④ 机械加工表面质量　掌握机械加工表面质量的含义及对零件使用性能的影响规律；掌握影响零件表面粗糙度的工艺因素及其改善措施；掌握影响零件表面物理力学性能的因素及改善措施；掌握工艺系统振动的类型与控制振动的方法。

⑤ 装配工艺基础和装配尺寸链　掌握保证装配精度的方法及相应装配尺寸链的解算方法；掌握装配工艺规程的制定及产品结构工艺性分析。

⑥ 现代制造技术　了解现代制造技术的新成就及发展趋向。

第1章
机械加工工艺方法

 学习意义

　　机械加工工艺是零部件生产的重要组成部分,直接影响整个加工生产过程能否顺利进行。加工生产的过程中,须严格遵循加工工艺的相关要求及生产方式的具体规范。加工方法不同,具体的加工效果也会存在很大的差异,科学合理的机械加工工艺可以显著提高生产效率和产品质量。通过对机械制造工艺方法的整体认识,为后续的专业化学习打好基础。

 学习目标

① 掌握机械制造的基础知识,熟悉各种机械加工原理与方法;
② 了解机械加工工艺方法的工艺特点和加工范围;
③ 掌握金属切削加工的基本原理及一般机械加工方法;
④ 了解典型的非传统加工工艺方法。

1.1　机械加工方法

1.1.1　车削加工

　　(1) 车削的概念及用途

　　车削加工是机械加工方法中应用最广泛的方法之一,在金属切削机床中,各类车床约占机床总数的50%。车削加工主要用于回转体零件上回转面的加工,如各轴类、盘套类零件上的内外圆柱面、圆锥面、台阶面和各种成形回转面等。采用特殊的装置或技术后,利用车削还可以加工非圆零件表面,如凸轮、端面螺纹等;借助于标准或专用夹具,在车床上还可完成非回转体零件上的回转表面的加工。车削加工的主要工艺类型如图1-1所示。

　　车削加工是在由车床、车刀、车床夹具和工件共同构成的车削工艺系统中完成的。根据

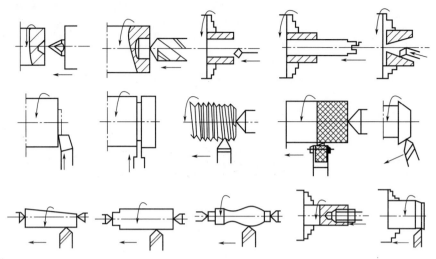

图 1-1 车削加工的主要工艺类型

所用机床精度不同、所用刀具材料及其结构参数不同，所采用工艺参数不同，能达到的加工精度和表面粗糙度也不同，因此车削一般可以分为粗车、半精车和精车等。如在普通精度的卧式车床上，加工外圆柱表面可达 IT7～IT6 级精度，表面粗糙度 Ra 达 $1.6～0.8\mu m$；在精密和高精密机床上，利用合适的工具和合理的工艺参数，还可完成对高精度零件的超精加工。车削加工的经济精度和表面粗糙度如表 1-1 所示。

表 1-1 车削加工的经济精度和表面粗糙度

加工类型	加工性质	经济精度(IT)	表面粗糙度 $Ra/\mu m$
车外圆	粗车	12～11	50～12.5
	半精车	10～9	6.3～3.2
	精车	8～6	1.6～0.8
	金刚石车	6～5	0.4～0.1
车平面	粗车	11～10	10～5
	半精车	9	10～2.5
	精车	8～7	1.25～0.63

（2）成形原理

车削是以工件的旋转运动为主运动、刀具的直线运动为进给运动来加工工件的。其成形原理可看作是以刀具进给运动的轨迹作为母线，绕车床的回转轴线旋转而形成曲面。因此，在车床上以加工回转体表面为主，如内外圆柱面、圆锥面、螺纹、成形面等，还可进行切断、切槽等加工。图 1-2 所示为车床上可加工的零件示例。

1.1.2 铣削加工

1.1.2.1 铣削概念及加工范围

铣削加工是利用多刃回旋体刀具在铣床上对工件表面进行加工的一种切削加工方法。加工时，工件用螺栓、压板或夹具安装在工作台上，铣刀安装在主轴的前刀杆上或直接安装在主轴上。铣刀的旋转运动为主运动，工件相对于刀具的直线运动为进给运动。它可以加工水平面、垂直面、斜面、沟槽、成形表面、螺纹和齿形等，也可以用来切断材料、钻孔、铰孔、镗孔。因此，铣削加工的工艺范围相当广泛，也是加工平面和沟槽最主要的方法。

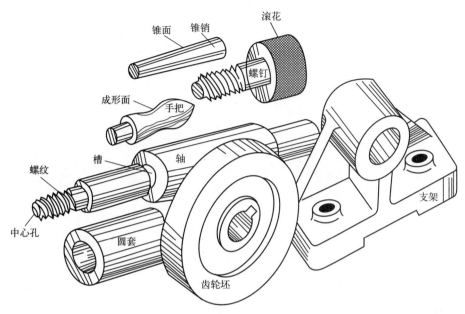

图 1-2 车床上可加工的零件示例

1.1.2.2 铣削的工艺特点及应用

与其他平面加工方法相比较，铣削主要有以下工艺特点。

① 生产效率高　铣刀属于多齿刀具，同时参与切削的刀齿多且刀刃长，切削过程中无空行程，且切削速度高，因此铣削比刨削生产效率高。

② 切削过程不平稳　铣刀的每个刀齿切入、切出，容易产生冲击和振动，使切削过程不平稳，这就限制了铣削加工的质量和生产效率的进一步提高。

③ 铣刀的散热条件好　铣刀的刀齿多，齿间不连续，易进入切削液，散热好；另外，刀齿间歇工作，可以得到一定的冷却时间，散热条件好。

④ 可以对工件进行中等精度加工　粗铣的尺寸公差等级为 IT13～IT11，表面粗糙度 Ra 为 $25～12.5\mu m$；半精铣的尺寸公差等级为 IT11～IT8，Ra 为 $6.3～3.2\mu m$；精铣的尺寸公差等级为 IT8～IT6，Ra 为 $3.2～1.6\mu m$。

铣刀属于多刃刀具，按安装方式可分为带孔铣刀和带柄铣刀；按用途又可分为平面铣刀、沟槽铣刀和成形铣刀，主要用于平面、台阶、沟槽和各种成形面的加工。

铣削加工应用十分广泛，适用于各种平面、沟槽和成形面等的成批大量生产，图 1-3 所示为铣削加工的应用举例。

1.1.2.3 铣削方式

铣削加工中最基本、应用最多的工艺方法是平面铣削。常用加工平面的铣刀有圆柱铣刀和面铣刀两种。按所用铣刀的不同，铣削平面有周铣和端铣两种方式。同一种方法中，按铣刀旋转方向与工件进给方向不同，又有顺铣和逆铣两种方式。生产中，根据具体条件选择合理的铣削方式，可进一步保证加工质量，提高生产效率。

(1) 周铣

周铣是利用分布在铣刀圆周上的切削刃铣削平面，铣刀的轴线平行于工件的加工表面，如图 1-4(b) 所示。周铣常用的圆柱铣刀一般都是用高速钢整体制造，也可镶焊硬质合金刀片，直线或螺旋线切削刃分布在圆周表面上，没有副切削刃。螺旋形的刀齿切削时是逐渐切

图 1-3 铣削加工的应用举例

入和脱离工件的,因此切削过程较平稳。周铣主要用于卧式铣床铣削宽度小于铣刀长度的狭长平面。

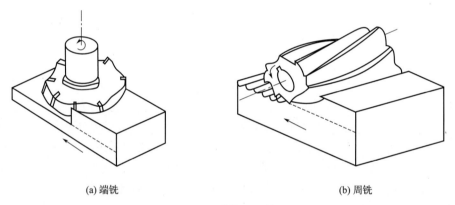

(a) 端铣　　　　　　　　　　　　(b) 周铣

图 1-4 端铣与周铣

周铣又分逆铣和顺铣。铣刀的旋转方向与工件进给方向相同时的铣削叫顺铣;铣刀的旋转方向与工件进给方向相反时的铣削叫逆铣,如图 1-5 所示。顺铣时,因工作台丝杠和螺母间存在传动间隙,会啃伤工件,损坏刀具,所以一般情况下都采用逆铣。

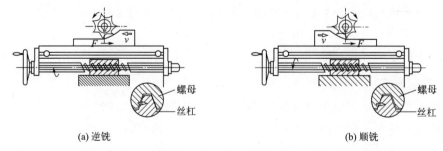

(a) 逆铣　　　　　　　　　　　　(b) 顺铣

图 1-5 逆铣和顺铣时的丝杠螺母间隙

逆铣时,每齿的切削厚度是从零增大到最大值,在铣刀刀齿接触工件的初期,因刀齿刃口有圆弧存在,故刀齿先在已加工表面滑行一段距离后才真正切入工件,产生挤压和摩擦,使这段表面产生冷硬层。由于已加工表面冷硬层与刀齿后刀面的强烈摩擦,加速了刀具磨损,影响已加工表面质量。同时,刀齿开始切入工件时,垂直铣削分力向下,当瞬时接触角大于一定数值后，该力向上，易引起机床振动。

顺铣时，每齿的切削厚度由最大减小到零，因此没有逆铣时的缺点。铣刀作用在工件上的垂直分力将工件压向工作台及导轨，减少了因工作台与导轨之间的间隙而引起的振动。

若工作台进给丝杠与固定螺母间存在间隙，会使工件台窜动，造成工作台运动不平稳，容易引起啃刀、打刀甚至损坏机床。在没有调整好丝杠轴向间隙或水平分力较大时，严禁用顺铣。逆铣时，切削力水平分力与进给方向相反，间隙始终在进给方向的前方，工作台不会窜动，所以生产中常采用逆铣。此外，加工有硬皮的铸件、锻件毛坯或工件硬度较高时，也应采用逆铣。精加工时，铣削力较小，为提高加工面质量和刀具耐用度，减少工作台的振动，常采用顺铣。

（2）端铣

端铣是利用分布在铣刀端面上的切削刃铣削平面的方法，铣床的主轴与进给方向垂直，如图 1-4(a) 所示。铣削面积比较大的平面时，通常采用镶齿端铣刀在立铣（立式铣床）上或在卧铣（卧式铣床）上进行。由于端铣刀铣削时，切削厚度变化小，同时进行切削的刀齿较多，而且刀杆短、刚性好，所以切削较平稳。端铣刀的端面刃承担着主要的切削工作，端面刃有副切削刃的修光作用，因此表面粗糙度值较小、效率高。

在实际生产中，可以根据具体情况采用不同铣削方式，以达到提高加工质量和刀具使用寿命的目的。

1.1.2.4　铣削技术发展

铣削技术主要朝两个方向发展：一是强力铣削，主要以提高生产率为目的；二是精密铣削，主要以提高加工精度为目的。

由于铣削效率比磨削高，特别是对大平面和长宽都较大的导轨面，采用精密铣削代替磨削将大大提高生产率。因此，"以铣代磨"成了平面和导轨加工的一种趋势。

高速铣削是近几年发展起来的先进切削方式。它不仅可以提高加工效率，同时也可改善加工质量。高速铣削时主轴转速可达每分钟一万转以上，因此对刀具及机床的要求较高。

随着铣削技术不断发展，铣削加工设备除了用于加工平面和曲面轮廓外，还可以加工复杂型面的工件，如样板、模具、螺旋槽等。同时，可以进行钻、扩、铰孔加工。在数控铣床的基础上，加工中心、柔性制造单元也迅速发展起来，各种性能和高精度铣削刀具也得到飞速发展和广泛的应用。

1.1.3　磨削加工

用高速回转的砂轮或其他磨具对工件表面进行加工的方法称为磨削加工。磨削加工大多数在磨床上进行。它主要用于零件的精加工，尤其适合难切削的高硬度材料，如淬硬钢、硬质合金、陶瓷等进行加工。

磨削加工应用广泛，精磨时精度可达 IT7～IT5 级，Ra 可达 $0.16\sim 0.04\mu m$；可磨削普通材料，又可磨削高硬度难加工材料，适应范围广；加工工艺范围广泛，可加工外圆、内孔、平面、螺纹、齿形等，不仅用于精加工，也可用于粗加工。

1.1.3.1　加工范围及特点

（1）磨削加工范围

磨削的应用范围很广，对内外圆、平面、成形面和组合面均能进行磨削。如图 1-6 所示，磨削时，砂轮的旋转为主运动，工件的低速旋转和直线移动（或磨头的移动）为进给运动。

(2) 磨削加工的特点

与其他加工方法相比，磨床加工有如下工艺特点。

① 磨削加工精度高　由于去除余量少，一般磨削可获得 IT7～IT5 级精度，表面粗糙度值低，磨削中参加工作磨粒数多，各磨粒切去切屑少，因此可获得较小表面粗糙度值，Ra 为 1.6～0.25μm。若采用精磨、超精磨等，将获得更低表面粗糙度值。

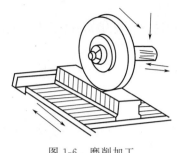

图 1-6　磨削加工

② 加工范围广　磨削加工可适应各种表面，如内外圆表面、圆锥面、平面、齿轮齿面、螺旋面及各种成形面；同时，磨削加工可适应多种工件材料，尤其是采用其他普通刀具难切削的高硬高强材料，如淬硬钢、硬质合金和高速钢等。不仅用于精加工，也可用于粗加工。

③ 砂轮具有一定的自锐性　磨粒硬而脆，它可在磨削力作用下破碎、脱落、更新切削刃，保持刀具锋利，并在高温下仍不失去切削性能。

④ 磨削温度高　由于磨削速度高，砂轮与工件之间发生剧烈的摩擦，产生大量的热量，且砂轮的导热性差，不易散热，磨削区域的温度可高达 1000℃ 以上，会使工件表面产生退火或烧伤。因此磨削时必须加注大量的切削液降温。

1.1.3.2　光整加工

光整加工是采用颗粒很细的磨料对工件表面进行挤压、擦研和微量切削的加工过程，是进一步提高零件加工精度和表面质量的精密加工方法之一。光整加工要求磨具与工件之间的相对运动越复杂越好，使每颗磨粒的运动轨迹不重复，工件表面的凸起点与磨粒随机接触，相互修整，从而提高零件的尺寸精度，降低表面粗糙度值。常用的光整加工方法有研磨、珩磨和抛光等。

(1) 研磨

研磨是在研磨工具与工件之间加入研磨剂，研具在一定压力下与工件表面之间做复杂的相对运动，通过研磨剂的机械与化学作用，从工件表面上去除很薄的一层材料，从而达到很高的加工精度和很低的表面粗糙度值的一种精密加工方法。

研具一般用低碳钢、铸铁、纯铜、塑料或硬木等比工件材料硬度低的材料制成。其中，最常用的是铸铁研具。研磨剂由磨料、研磨液和辅助填料混合而成。磨料大多是粒度为 W14～W5 的氧化铝、碳化硅和金刚石微粉，起机械切削作用；研磨液通常为煤油、汽油、机油等，起冷却、润滑作用；辅助填料为硬脂酸、油酸、工业甘油等催渗剂，使金属表面产生极薄、较软的一层薄膜。研磨剂可以制成膏状、液态或固态，以适应不同的加工需要。研磨方式包括手工研磨和机械研磨。

研磨的工艺特点如下：

① 设备和研具简单，成本低。

② 可提高工件的尺寸精度和形状精度，尺寸精度可达 IT5～0.1μm，但不能提高位置精度。

③ 表面质量高，加工变质层很小，表面粗糙度值小（$Ra \leqslant 0.025$μm），使零件的耐磨性、耐蚀性、疲劳强度提高。

④ 生产效率低。研磨效率很低，研磨余量一般为 5～30μm。干研的研磨速度一般为 10～30m/min，湿研为 20～120m/min，粗研为 40～50m/min，精研为 6～12m/min。

研磨可用于各种金属和非金属材料的加工，加工的表面形状有平面、内外圆柱面、圆锥面、凸凹球面、螺纹表面、齿面、成形面等。尤其适用于有密封要求的配偶件加工，如球阀的阀体与阀芯之间的配合，以及量规、量块、喷油嘴等的光整加工。

（2）珩磨

生产中，对于表面质量要求更高、直径较大的孔，在精磨后可采用珩磨。珩磨是利用带有油石条的珩磨头对工件上的孔进行精密加工的方法。

珩磨头由几根粒度很细的磨条和尺寸调整机构组成，磨条由极细粒度的磨料与陶瓷结合剂混合并烧结而成。加工时，珩磨头在孔内高速旋转并做往复直线运动，两种运动的传动链相对独立，使磨粒的运动轨迹为交叉而不重复的细微波纹，从而靠磨条在孔内切下一层极薄的金属。

珩磨的加工余量一般为 0.02～0.15mm。加工时，为排除磨屑和切削热，必须充分浇注切削液。在珩磨铸铁和钢件时，通常用煤油和机油的混合液作为切削液；在珩磨青铜时，可不用切削液，即干珩。

珩磨加工的工艺特点如下：

ⅰ．珩磨加工生产效率较高。由于珩磨头的运动速度高，且有多个磨条同时工作，并经常变化切削方向，能较长时间保持磨粒的锋利性，所以生产效率较高。

ⅱ．加工精度和表面质量高。一般，珩磨孔的加工精度可达 IT6～IT4，表面粗糙度 Ra 可达 0.2～0.05μm，甚至达 0.025μm，但不能提高加工表面间的位置精度。

ⅲ．珩磨工件表面的耐磨性好。由于珩磨表面形成交叉网纹，有利于油膜的形成，所以润滑性好，表面磨损慢。

ⅳ．不宜珩磨硬度低、塑性好的有色金属。加工塑性好的有色金属时，磨屑容易堵塞磨条孔隙，使磨条的切削能力降低。

ⅴ．珩磨头的结构复杂，调整比较费时。

珩磨主要用于孔的光整加工，加工孔径范围为 ϕ5～500mm，并可加工深径比大于 10 的深孔。珩磨已广泛用于飞机、汽车、拖拉机的缸套和连杆，液压机的液压缸，以及枪管、炮筒、轴承孔等的加工。

（3）抛光

抛光是利用机械、化学、电化学的方法对工件表面进行的一种微细加工方法，主要有手工抛光和机械抛光、超声抛光、化学抛光、电化学抛光、电化学-机械复合抛光、超声-机械复合抛光等方法。其中，手工或机械抛光应用最广泛，它是利用涂有抛光膏的抛光轮，在一定的压力下与工件表面做相对运动，以实现对工件表面进行光整加工的方法。

抛光轮一般是用具有弹性的毛毡、皮革、布或纸等材料叠压而成的软性轮子。抛光膏是由磨料和催渗剂（油酸等）配制而成的膏状物。磨料主要有金刚石、氧化铬、三氧化二铝和氧化铁等。

抛光时，先在抛光轮的圆周上涂以适量的抛光膏，然后将工件压于高速旋转的抛光轮上，并根据其形状做一定的辅助运动。在抛光过程中，油酸与工件材料作用，在工件表面腐蚀一层极薄的软膜，抛光膏中的磨料在运动中将这层软膜去除。同时，由于工件与抛光轮间的高速摩擦而产生高温，在工件材料的表面产生塑性极高的熔流层，被磨料挤压而流动，从而填平了原来的微观不平状况。在机械和化学的综合作用下，获得光亮的工件表面，甚至可达到镜面效果。

抛光的主要目的是提高表面质量，降低表面粗糙度值，但不能提高其尺寸精度、形状精度和位置精度。抛光工件的表面粗糙度 $Ra \leqslant 0.05\mu m$，主要用于平面、柱面、曲面和模具型腔的加工。

1.1.4 钻削加工

用钻头或扩孔钻、铰刀、锪刀在工件上加工孔的方法统称为钻削加工。

(1) 钻孔

在实体材料上用钻头加工孔的方法称为钻孔。在钻床上钻孔时，刀具的旋转运动为主运动，刀具的轴向移动为进给运动，工件静止不动。

钻孔用刀具为麻花钻（钻头），切削部分的结构如图 1-7 所示，有两个主后刀面、两个前刀面、两个副后刀面（棱边），以及两条对称的主切削刃、两条副切削刃和一条横刃。由于麻花钻的结构特点，钻孔存在如下工艺问题。

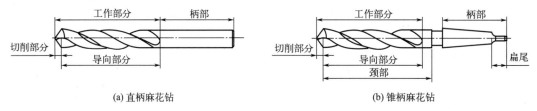

图 1-7 标准麻花钻结构

① 钻头容易引偏 由于麻花钻的刚度差、导向性差，同时横刃的存在会产生较大进给力，再加上钻头的两条主切削刃手工刃磨难以精确对称，致使在钻孔时容易产生钻头的"引偏"现象。

② 加工质量较差 钻孔属于半封闭式切削，散热条件差，排屑困难，且切削液难以进入切削区，产生大量切削热，钻头磨损严重，造成加工质量较差。

钻孔属于孔的粗加工，尺寸公差等级为 IT13～IT11，表面粗糙度 Ra 为 25～12.5μm，主要用于加工精度和表面质量要求不高的孔（如螺栓螺钉用过孔、内螺纹的底孔等），或精度和表面质量要求较高孔的预加工工序。

为解决钻孔时的工艺问题，生产中可以从两方面着手：

① 采取工艺措施 钻头在刃磨时使两主切削刃对称；打样冲眼或预钻定心坑；大批量生产时采用钻模钻孔。

② 改进钻头的结构 对麻花钻的改进，国内最著名的创新产品是群钻。群钻切削部分的结构改进体现在三个方面：一是在麻花钻的两个主切削刃上刃磨出两个对称的内圆弧刃，使其在孔底切出凸起的圆环，起到稳定钻头、改善定心的作用；二是修磨横刃，使其为原长的 1/7～1/5，并增大横刃前角，减小横刃的不利影响；三是对于直径大于 15mm 的钻头，在刀刃的一边磨出分屑槽，使较宽的切屑分成窄条，便于排屑。这三方面改进使钻头的切削性能和使用寿命显著提高。

(2) 扩孔

用扩孔刀具使工件上已加工孔、铸孔或锻孔直径扩大的方法称为扩孔。扩孔刀具可用专用扩孔钻，也可用直径较大的麻花钻，所用机床与钻孔相同，图 1-8 所示为钻床上扩孔的示意图。扩孔钻也属于定径刀具，直径规格为 ϕ10～100mm，常用的是 ϕ15～50mm，直径小于 ϕ15mm 的一般不扩孔。

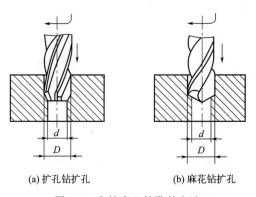

图 1-8 在钻床上扩孔的方法

与麻花钻相比，专用扩孔钻的特点是，扩孔钻刀齿多（3~4个），排屑槽浅而窄，钻芯粗壮，刚度大，导向性好；无横刃，进给力较小；加工余量（$D-d$）小，一般为孔径的1/8。扩孔的加工质量比钻孔高，尺寸公差等级为IT10~IT9，表面粗糙度Ra为6.3~3.2μm，属于孔的半精加工。

（3）铰孔

铰孔是用铰刀对工件上已有孔进行精加工的方法。铰刀（图1-9）分为圆柱铰刀和锥度铰刀，有机用和手用之分。机用圆柱铰刀多为锥柄，直径规格为ϕ10~100mm；手用圆柱铰刀多为柱柄，直径规格为ϕ1~40mm。铰刀可加工圆柱孔和圆锥孔。

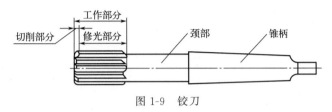

图1-9 铰刀

铰孔属于孔的精加工，加工余量一般为0.05~0.25mm，可以分为粗铰和精铰。粗铰的尺寸公差等级为IT8~IT7，表面粗糙度Ra为1.6~0.8μm；精铰的尺寸公差等级为IT7~IT6，表面粗糙度Ra为0.8~0.4μm。铰孔也属于定径刀具加工，适于加工成批和大量生产中不能采用拉削加工的孔，以及单件、小批量生产中要求加工精度高、直径不大且未淬火的孔（$D<10$~15mm）。在实际生产中，钻孔→扩孔→铰孔和粗车孔→半精车孔→铰孔是最常用的孔加工工艺路线。

1.1.5 其他机械加工方法

本节所介绍的切削加工方法主要是常规机械制造领域中使用的其他方法。这些方法都是经长期生产实践形成的基本方法，在机械制造中仍占有重要地位。

切削加工的对象是零件，但具体切削的却是组成零件的一个个基本表面。利用各种切削方法在毛坯上加工出这些表面，是切削加工的主要目的之一。在切削加工中，不同主运动和进给运动的组合便形成了不同的切削加工方法。

（1）镗削加工

镗刀的旋转运动为主运动，工件或镗刀的移动为进给运动的切削加工方法称为镗削加工，它是孔的主要加工方法之一，是箱体加工的最主要方法。镗削加工设备为镗床和铣镗床，所用刀具为镗刀，镗刀有单刃镗刀和浮动镗刀两种结构形式。

卧式铣镗床的进给运动不仅可由工作台来实现，也可由主轴和平旋盘来实现，可进行多种类型表面的加工。在卧式镗铣床上镗孔，主要有两种方式：一种是刀具旋转，工件做进给运动，另一种是刀具旋转并做进给运动，如图1-10所示。

镗床上镗孔主要用于机座体、箱体、支架等大型零件上孔和孔系的加工，可保证孔系的尺寸精度、形状精度和位置精度，这是其他的孔加工方法所不能达到的。在普通铣镗床上镗孔与车孔基本相似，粗镗的尺寸公差等级为IT12~IT11，表面粗糙度Ra为25~12.5μm；半精镗的尺寸公差等级为IT10~IT9，Ra为6.3~3.2μm；精镗的尺寸公差等级为IT8~IT7，Ra为1.6~0.8μm。

镗床上除了可进行一般孔的加工外，使用相应的刀具还可加工平面、螺纹、切槽等。

（2）刨削加工

在刨床上用刨刀对工件做水平直线往复运动并进行切削加工的方法称为刨削加工

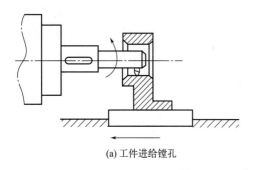
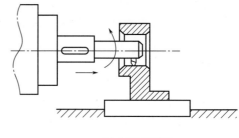

(a) 工件进给镗孔　　　　　　　　　　　(b) 主轴进给镗孔

图 1-10　两种卧式铣镗床镗孔方式

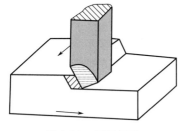

图 1-11　刨削加工

（图 1-11），它是加工平面和沟槽的主要方法之一。

刨削可以在牛头刨床和龙门刨床上进行。在牛头刨床上刨削时，主运动是滑枕带动刨刀的直线往复运动，进给运动是工作台带动工件的横向间歇运动，适于加工中、小型工件（工件尺寸较小，重量较轻）。在龙门刨床上刨削时，与牛头刨床不同，工作台带动工件的直线往复运动为主运动，刨刀沿横梁和立柱的间歇运动为进给运动，主要用于大型工件的平面加工，特别是加工长而窄的平面时，生产效率高（如导轨面、沟槽）；也可把多个中、小型工件安装在工作台上同时进行加工，提高生产效率。

与其他加工方法相比，刨削加工具有以下工艺特点：

① 生产效率较低　刨削加工为单刃切削，切削时受惯性力的影响，刀具在切入、切出时会产生冲击，因此切削速度较低；另外，刨刀返程不切削，增加了辅助时间，生产效率较低。

② 加工质量中等　刨削过程不连续，刀具切入、切出时会产生冲击和振动，使其加工质量不如车削。

③ 成本低　刨削除主要用于加工平面外，经适当地调整和增加某些附件，还可加工齿轮、齿条、沟槽、成形面等，通用性好。刨床结构简单、价格低、调整和操作方便；刨刀结构简单、制造和刃磨方便，因此加工成本较低。

综上所述，刨削常用于单件、小批量生产及修配中加工平面、成形面、沟槽（V形槽、T形槽、燕尾槽、直槽）等。燕尾槽和T形槽是机器上常用的两种槽形，燕尾槽多用于导轨的配合面，如车床的横溜板与小刀架间的燕尾槽。

在插床上，用插刀对工件做垂直直线往复运动并进行切削加工的方法称为插削加工。插削加工可以看作是"立式刨床"加工，主要用于单件、小批量生产中工件的内表面加工，如键槽、花键槽，以及各种多边形孔。

（3）拉削加工

在拉床上用拉刀对工件进行切削加工的方法称为拉削加工。拉床有卧式拉床和立式拉床，拉刀属于多齿刀具，后一刀齿比前一刀齿高出一个齿升量。拉削加工时，工件固定，拉刀使被加工表面一次成形，因此拉削只有主运动（拉刀的直线运动），没有进给运动，进给靠拉刀每齿升高量来实现，如图 1-12 所示。

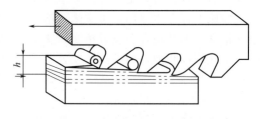

图 1-12　拉削加工的齿升量

与其他切削加工方法相比，拉削加工具有以下特点：

① 生产效率高　拉刀属于多齿刀具。拉削时，同时参与切削的刀齿多、切削刃长，可在拉刀的一次行程中完成粗、精加工，生产效率高，是铣削的 3～8 倍。

② 加工质量好　拉削加工的切屑薄，且拉床一般采用液压传动，切削过程平稳，加工质量好。一般，粗拉的尺寸公差等级为 IT8～IT7，表面粗糙度 Ra 为 $1.6～0.8\mu m$；精拉的尺寸公差等级为 IT7～IT6，Ra 为 $0.8～0.4\mu m$。

③ 只有主运动，没有进给运动　拉削加工时，只有拉刀的直线运动，拉床结构简单，操作方便。

④ 拉刀寿命高　拉削的切削速度较低，切削力小，切削热少，刀具磨损较慢，故拉刀寿命高。

⑤ 拉刀价格高　拉刀结构复杂，加工精度和表面质量要求较高，制造复杂，成本高。拉削加工主要适于成批大量生产，尤其适于加工各种截面形状的通孔，以及各种平面和沟槽等，内花键多采用拉削完成。

1.2　特种加工方法

随着科学技术和社会生产的发展，高硬度难加工的新材料不断出现，各领域对复杂零件的需求也日益增多，利用更高硬度的工具去除多余材料的传统机械加工方法开始无法满足严苛的技术要求。因此，冲破传统机械加工束缚的特种加工逐渐发展起来，目前已成为现代机械制造技术的重要组成部分。

特种加工技术

特种加工，也称非传统加工（non-traditional machining，NTM）、非常规加工，是将电能、磁能、声能、光能等能量施加在工件上，使材料被加工成各种零件的工艺方法。其主要特点为：

① 加工范围广　如激光加工、电火花加工、等离子弧加工、电化学加工等，是利用热能、化学能、电化学能等加工，工具不与工件接触，不受材料物理机械性能的限制，故可加工各种硬、软、脆、热敏、耐蚀、高熔点、高强度、特殊性能的金属和非金属材料。

② 加工质量高　如超声、电化学、水喷射、磨料流等，加工余量都是微细控制或调整的，不仅可加工尺寸微小的孔或狭缝，还能获得高精度、极小表面粗糙度的加工表面。加工过程中，工具与工件间不存在显著的切削力，工件变形小，尺寸稳定性好，一般不会产生残余应力。

③ 工艺优化设计方便　特种加工中的能量易于转换和控制，工件一次装夹可实现粗、精加工，有利于提高生产效率，对简化加工工艺、变革新产品的设计及零件结构工艺性等均会产生积极的影响。

④ 可开发新型复合加工　两种或两种以上不同类型的能量可以相互组合形成新的复合加工，其综合加工效果明显，如电解磨削、电化学放电、超声电火花电解等。

特种加工方法的种类很多，常用加工方法如表 1-2 所示。

表 1-2　特种加工方法的分类

特种加工方法		能量形式	作用原理	英文缩写
电火花加工	成形加工	电能、热能	熔化、气化	EDM
	线切割加工	电能、热能	熔化、气化	WEDM

续表

特种加工方法		能量形式	作用原理	英文缩写
电化学加工	电解加工	电化学能	阳极溶解	ECM
	电解磨削	机械能、电化学能	磨削、阳极溶解	EGM
	电铸、电镀	电化学能	阴极沉积	EFM、EPM
激光加工	切割、打孔	光能、热能	熔化、气化	LBM
	表面改性	光能、热能	熔化、相变	LBT
电子束加工	切割、打孔	电能、热能	熔化、气化	EBM
离子束加工	刻蚀、镀膜	电能、动能	原子撞击	IBM
超声加工	切割、打孔	声能、机械能	磨料高频撞击	USM

1.2.1 电火花加工

（1）基本原理

电火花加工利用工具电极与工件电极之间脉冲性的火花放电，产生瞬时高温将金属蚀除。这种加工又称为放电加工、电蚀加工、电脉冲加工。

图 1-13 所示为电火花加工原理图。图中采用正极性接法，即工件接阳极，工具接阴极，由直流脉冲电源提供直流脉冲。工作时，工具电极和工件电极均浸泡在工作液中，工具电极缓缓下降与工件电极保持一定的放电间隙。电火花加工是电力、热力、磁力和流体力等综合作用的过程，一般可以分成四个连续的加工阶段。

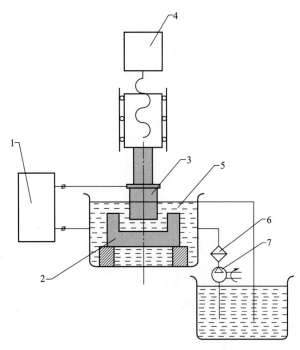

图 1-13　电火花加工原理图
1—脉冲电源；2—工件；3—工具；4—自动进给调节装置；5—工作液；6—过滤器；7—工作液泵

ⅰ．介质电离、击穿、形成放电通道。

ⅱ．火花放电产生熔化、气化、热膨胀。

ⅲ．抛出蚀除物。

ⅳ．间隙介质消电离。

由于电火花加工是脉冲放电，其加工表面由无数个脉冲放电小坑所组成，工具的轮廓和截面形状就在工件上形成。

(2) 电火花加工的影响因素

影响电火花加工的因素有下列几项：

① 极性效应　单位时间蚀除工件金属材料的体积或重量，称为蚀除量或蚀除速度。由于正负极性的接法不同而蚀除量不一样的现象，称为极性效应。将工件接阳极称为正极性加工，将工件接阴极称为负极性加工。

在脉冲放电的初期，由于电子重量轻、惯性小，很快就能获得高速度而轰击阳极，因此阳极的蚀除量大于阴极。随着放电时间的增加，离子获得较高的速度，由于离子的重量重，轰击阴极的动能较大，因此阴极的蚀除量大于阳极。控制脉冲宽度就可以控制两极蚀除量的大小，短脉宽时，选正极性加工，适合于精加工；长脉宽时，选负极性加工，适合于粗加工和半精加工。

② 工作液　工作液应能压缩放电通道的区域，提高放电的能量密度，并能加剧放电时流体动力过程，加速蚀除物的排出。工作液还应加速极间介质的冷却和消电离过程，防止电弧放电。常用的工作液有煤油、去离子水、乳化液等。

③ 电极材料　电极材料必须是导电材料，要求在加工过程中损耗小、稳定、机械加工性好。常用的电极材料有纯铜、石墨、铸铁、钢、黄铜等。蚀除量与工具电极和工件材料的热学性能有关，如熔点、沸点、热导率和比热容等。熔点、沸点越高，热导率越大，则蚀除量越小；比热容越大，耐蚀性越高。

(3) 电火花加工的特点

不论材料的硬度、脆性、熔点如何，电火花加工可加工任何导电材料，现在已研究出加工非导体材料和半导体材料的方法。由于加工时工件不受力，适于加工精密、微细、刚性差的工件，如小孔、薄壁、窄槽、复杂型孔、型面、型腔等零件。加工时，加工参数调整方便，可在一次装夹下同时进行粗、精加工。电火花加工机床结构简单，现已几乎全部数控化，实现数控加工。

(4) 电火花加工的应用

电火花加工的应用范围非常广泛，是特种加工中应用最为广泛的一种方法。

① 穿孔加工　可加工型孔、曲线孔（弯孔、螺旋孔）、小孔等。

② 型腔加工　可加工锻模、压铸模、塑料模、叶片、整体叶轮等零件。

③ 线电极切割　可进行切断、开槽、窄缝、型孔、冲模等加工。

④ 共轭回转加工　将工具电极做成齿轮状和螺纹状，利用回转共轭原理，可分别加工模数相同，而齿数不同的内、外齿轮和相同螺距齿形的内、外螺纹。

⑤ 电火花回转加工　加工时工具电极回转，类似钻削、铣削和磨削，可提高加工精度。这时工具电极可分别做成圆柱形和圆盘形，称为电火花钻削、铣削和磨削。

⑥ 金属表面强化。

⑦ 打印标记、仿形刻字等。

1.2.2　电化学加工

(1) 基本原理

电化学加工是在工具和工件之间接上直流电源，工件接阳极，工具接阴极。工具极一般用铜或不锈钢等材料制成。两极间外加直流电压6~24V，极间间隙保持0.1~1mm，在间隙处通以6~60m/s的高速流动电解液，形成极间导电通路，产生电流。加工时工件阳极表面的材料不断溶解，其溶解物被高速流动的电解液及时冲走，工具阴极则不断进给，保持极间间隙，其加工原理如图1-14所示，可见其基本原理是阳极溶解，是电化学反应过程。它包括电解质在水中的电离及其放电反应、电极材料的放电反应和电极间的放电反应。

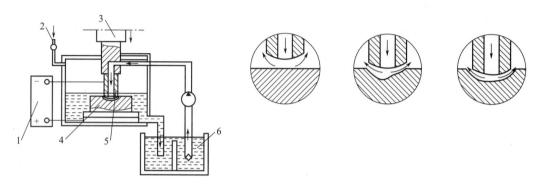

图 1-14　电化学加工原理
1—直流电源；2—氧气；3—进给结构；4—工件；5—工具电极；6—电解液

在生产中，应用最广的电解液通常为NaCl或$NaNO_3$的水溶液。在图1-14中，加工开始时，阴极与阳极较近的地方通过的电流密度较大，电解液的流速较高，此处阳极工件溶解的速度也较快，两极间距离较远处，则阳极工件溶解的速度较慢。随着工具阴极的不断进给，工件表面不断被蚀除，电化学产物被流动的电解液带走。当两极间隙大致相等时，整个加工区的电流密度趋于一致，工件溶解以均匀的速度进行，工具电极的形状就被复制在工件上，从而得到所需要的加工形状。

（2）电化学加工的特点及应用

电化学加工具有以下特点：

ⅰ. 加工范围广。由于电化学加工是利用阳极的化学腐蚀使工件成形的，因此不受材料的强度和硬度限制，凡是可导电的材料都能加工。

ⅱ. 加工型面、型腔生产效率高。电解加工能以简单的进给运动，一次加工出各种型面和型腔（如锻模、叶片等），取代几道甚至几十道机械加工工序；加工型面和型腔的效率比电火花加工高5~10倍。采用振动进给和脉冲电流新技术，可进一步提高生产效率和加工精度。

ⅲ. 加工表面质量好。加工中无机械切削力或切削热，以及电火花加工的热效应，因此加工表面无飞边、残余应力和变形层。

ⅳ. 加工过程中，工具电极（阴极）损耗很小，一般可加工上千个零件。

ⅴ. 加工精度不够理想。由于工具电极制造精度有限，以及电参数、电解液等诸多因素的影响，难以实现高精度的稳定加工。尺寸精度低于电火花加工，且不易控制。一般，型孔的加工精度为0.03~0.05mm，型腔的加工精度为0.05~0.2mm。

ⅵ. 电解液对机床有腐蚀作用，设备费用高，污染较严重，需要防护。

电解加工广泛用于航空、航天、模具制造等领域；适用于加工各种型腔、型面、穿孔、套料、膛线（炮管、枪管的来复线等）等。此外，还可进行电解抛光、倒棱、去毛刺、切割和刻印等加工。电解加工适于成批和大量生产，多用于粗加工和半精加工。

1.2.3 高能束加工

1.2.3.1 激光加工

(1) 激光加工基本原理

激光是一种通过受激辐射而得到的放大的光。原子由原子核和电子组成。电子绕核转动，具有动能；电子又被核吸引，而具有势能。两种能量的总称为原子的内能。原子因内能大小而有低能级、高能级之分。高能级的原子不稳定总是力图回到低能级去，称为跃迁；原子从低能级到高能级的过程，称为激发。在原子集团中，低能级的原子占多数。氦原子和二氧化碳分子等在外来能量的激发下，有可能使处于高能级的原子数大于低能级的原子数，这种状态称为粒子数的反转。这时，在外来光子的刺激下，导致原子跃迁，将能量差以光的形式辐射出来，产生原子发光，称为受激辐射发光。这些光子通过共振腔的作用产生共振，受激辐射越来越强，光束密度不断放大，形成了激光。

激光是非常强烈的光束，它可以通过破坏原子键来去除物质。光可以被描述成具有波长和频率的能量包或光量子。单色光的特殊之处，就在于它只包含一种波长分量，此波长分量具有相同的相位，且是相干的；而相比之下，白炽灯光由不同波长的光组成。光学能量通过吸收作用而转移到电子上，此过程实质上是通过增强电子振动来增加电子能量，而电子振动的增加则表现为发热。由于激光是以受激辐射为主的，故具有不同于普通光的如下一些基本特性：

ⅰ. 强度高、亮度大。

ⅱ. 单色性好，波长和频率确定。

ⅲ. 相干性好，相干长度长。

ⅳ. 方向性好，发散角可达 0.1m/rad，光束可聚集到 0.001mm。

当能量密度极高的激光束照射到加工表面上时，光能被加工表面吸收，转换成热能，使照射斑点的局部区域温度迅速升高、熔化、气化而形成小坑。由于热扩散，使斑点周围的金属熔化，小坑中的金属蒸气迅速膨胀，产生微型爆炸，将熔融物高速喷出，并产生一个方向性很强的反冲击波，这样就在被加工表面上打出一个上大下小的孔。因此激光加工的机理是热效应，如图 1-15 所示。

(2) 激光加工的设备

激光加工的设备主要有激光器、电源、光学系统和机械系统等。激光器的作用是把电能转变为光能，产生所需要的激光束。激光器分为固体激光器、气体激光器、液体激光器和半导体激光器等。固体激光器的构成如图 1-16 所示。

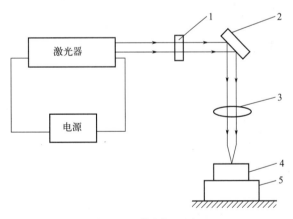

图 1-15 激光加工原理
1—光阐；2—反射镜；3—聚光透镜；4—工件；5—工作台

固体激光器常用的工作物质有红宝石、钕玻璃和掺钕钇铝石榴石（YAG）等。光泵使工作物质产生粒子数反转，目前多用氙灯作为光泵，因它发出的光波中有紫外线成分，对钕玻璃等有害，会降低激光器的效率，故用滤光液和玻璃套管来吸收。聚光器的作用是把氙灯发出的光能聚集在工作物质上。谐振腔又称为光学谐振腔，其结构是在工作物质的两端各加

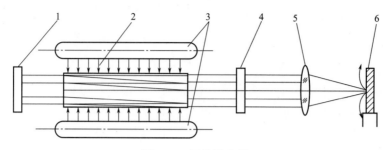

图 1-16 固体激光器
1—全反射镜；2—工作物质；3—光泵；4—部分反射镜；5—透镜；6—工件

一块相互平行的反射镜，其中一块做成全反射，另一块做成部分反射。激光在输出轴方向上多次往复反射，正确设计反射率和谐振腔长度，就可得到光学谐振，从部分反射镜一端输出单色性和方向性很好的激光。气体激光器有氦-氖激光器和二氧化碳激光器等。

电源为激光器提供所需能量，有连续和脉冲两种。光学系统的作用是把激光聚焦在加工工件上，它由聚集系统、观察瞄准系统和显示系统组成。机械系统是整个激光加工设备的总成。先进的激光加工设备已采用数控系统。

(3) 激光加工的特点和应用

ⅰ．加工精度高。激光束斑直径可达 $1\mu m$ 以下，可进行微细加工，它又是非接触方式，力、热变形小。

ⅱ．加工材料范围广。激光加工可加工陶瓷、玻璃、宝石、金刚石、硬质合金、石英等各种金属和非金属材料，特别是难加工材料。

ⅲ．加工性能好。工件可放置在加工设备外进行加工，可透过透明材料加工，不需要真空。可进行打孔、切割、微调、表面改性、焊接等多种加工。

ⅳ．加工速度快、效率高。

ⅴ．价格比较昂贵。

1.2.3.2 电子束加工

(1) 电子束加工基本原理

在真空条件下，利用电流加热阴极发射电子束，经控制栅极初步聚焦后，由加速阳极加速，并通过电磁透镜聚焦装置进一步聚焦，使能量密度集中在直径为 $5\sim10pm$❶ 的斑点内。高速而能量密集的电子冲击到工件上，使被冲击部分的材料温度在几分之一微秒内升高到几千摄氏度以上，这时热量还来不及向周围扩散就可以把局部区域的材料瞬时熔化、气化，甚至蒸发而去除。

(2) 电子束加工设备

电子束加工设备主要由电子枪系统、真空系统、控制系统和电源系统等组成。电子枪由电子发射阴极、控制栅极和加速阳极组成，用来发射高速电子流，进行初步聚焦，并使电子加速；真空系统的作用是造成真空工作环境，因为在真空中电子才能高速运动，发射阴极不会在高温下氧化，同时也能防止被加工表面和金属蒸气氧化；控制系统由聚焦装置偏转装置和工作台位移装置等组成，控制电子束的束径大小和方向，按照加工要求控制工作台在水平面上的两坐标位移；电源系统用于提供稳压电源、各种控制电压和加速电压。

---

❶ $1pm=10^{-12}m$。

(3) 电子束加工的应用

电子束可用来在不锈钢、耐热钢、合金钢、陶瓷、玻璃和宝石等材料上打圆孔、异形孔和槽。最小孔径或缝宽可达 0.02~0.03mm。电子束还可用来焊接难熔金属、化学性能活泼的金属，以及碳钢、不锈钢、铝合金、钛合金等。另外，电子束还用于微细加工中的光刻。

电子束加工时，高能量的电子会渗入工件材料表层达几微米甚至几十微米，并以热的形式传输到相当大的区域，因此将它作为超精密加工方法时要注意其热影响，但作为特种加工方法是有效的。

1.2.3.3 离子束加工

(1) 离子束溅射加工基本原理

在真空条件下，将氩（Ar）、氪（Kr）、氙（Xe）等惰性气体，通过离子源电离形成带有 10keV 数量级动能的惰性气体离子，并形成离子束，在电场中加速，经集束、聚焦后，射到被加工表面上，对加工表面进行轰击，这种方法称为溅射。由于离子本身质量较大，因此比电子束有更大的能量，当冲击工件材料时，有三种情况，其一是如果能量较大，会从被加工表面分离出原子和分子，这就是离子束溅射去除加工；其二是如果被加速了的离子从靶材上打出原子或分子，并将自身附着到工件表面上形成镀膜，则为离子束溅射镀膜加工；其三是用数十万电子伏特的高能量离子轰击工件表面，离子将打入工件表层内，其电荷被中和，成为置换原子或晶格间原子，留于工件表层内，从而改变了工件表层的材料成分和性能，这就是离子束溅射注入加工。

离子束加工与电子束加工不同。离子束加工时，离子质量比电子质量大千倍甚至万倍，但速度较低，因此主要通过力效应进行加工；而电子束加工时，由于电子质量小，速度高，其动能几乎全部转化为热能，使工件材料局部熔化、气化，因此主要是通过热效应进行加工。

(2) 离子束加工的设备

离子束加工设备由离子源系统、真空系统、控制系统和电源组成。离子源又称为离子枪，其工作原理是将气态原子注入离子室，经高频放电、电弧放电、等离子体放电或电子轰击等方法被电离成等离子体，并在电场作用下使离子从离子源出口孔引出而成为离子束。

首先将惰性气体充入低真空（1.3Pa）的离子室中，利用阴极与阳极之间的低气压直流电弧放电，被电离成为等离子体。中间电极的电位一般比阳极低些，两者都由软铁制成，与电磁线圈形成很强的轴向磁场，所以以中间电极为界，在阴极和中间电极、中间电极和阳极之间形成两个等离子体区。前者的等离子体密度较低，后者在非均匀强磁场的压缩下，在阳极小孔附近形成了高密度、强聚焦的等离子体。经过控制电极和引出电极，只将正离子引出，使其呈束状并加速，从阳极小孔进入高真空区，再通过静电透镜所构成的聚焦装置形成高密度细束离子束，轰击工件表面。工件装夹在工作台上，工作台可做双坐标移动及绕立轴的转动。

(3) 离子束加工的应用

离子束加工被认为是最有前途的超精密加工和微细加工方法，其应用范围很广，可根据加工要求选择离子束直径和功率密度。例如，做去除加工时，离子束直径较小而功率密度较大；做注入加工时，离子束直径较大而功率密度较小。

离子束去除加工可用于非球面透镜的成形、金刚石刀具和压头的刃磨、集成电路芯片图形的曝光和刻蚀。离子束镀膜加工是一种干式镀，比蒸镀有较高的附着力，效率也高。

离子束注入加工可用于半导体材料掺杂、高速钢或硬质合金刀具材料切削刃表面的改性等。

1.2.4 超声波加工

(1) 基本原理

超声波加工是利用工具做超声振动,通过工件与工具之间的磨料悬浮液而进行加工,图1-17所示为其加工原理图。加工时,工具以一定的力压在工件上,由于工具的超声振动,使悬浮磨粒以很大的速度、加速度和超声频打击工件,工件表面受击处产生破碎、裂纹、脱离而形成颗粒,这是磨粒撞击和抛磨作用。磨料悬浮液受工具端面超声振动作用而产生的高频、交变的液压正负冲击波和"空化"作用,促使工作液渗入被加工材料的微裂缝,有利于工作液在加工间隙中循环流动,使磨料不断更新,加剧了机械破坏作用。

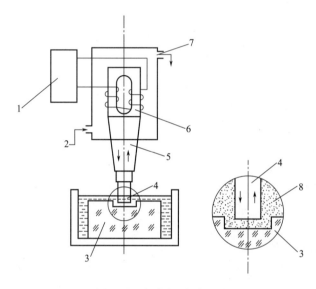

图1-17 超声加工原理图

1—超声波发生器;2—冷却水;3—工件;4—工具;5—变幅杆;6—换能器;7—冷却水;8—悬浮液

(2) 超声波加工的设备

超声波加工的设备主要由超声波发生器、超声频振动系统、磨料悬浮液系统和机床本体等组成。

超声波发生器是将50Hz的工频交流电转变为具有一定功率的超声频振荡,一般为16000～25000Hz。超声频振动系统主要由换能器、变幅杆和工具所组成。换能器的作用是把超声频电振荡转换成机械振动,一般用磁致伸缩效应或压电效应来实现。由于振幅太小,要通过变幅杆放大,工具是变幅杆的负载,其形状为预加工的形状。

(3) 超声波加工的特点及应用

ⅰ. 适于加工各种硬脆金属材料和非金属材料,如硬质合金、淬火钢、金刚石、石英、石墨、陶瓷等。

ⅱ. 加工过程受力小、热影响小,可加工薄壁、薄片等易变形零件。

ⅲ. 被加工表面无残余应力、无破坏层、加工精度较高,表面粗糙度值较小。

ⅳ. 可加工各种复杂形状的型孔、型腔和型面,还可进行套料、切割和雕刻。

ⅴ. 生产率较低。

超声波加工的应用范围十分广泛，除一般加工外，还可进行超声波旋转加工。这时用烧结金刚石材料制成的工具绕其本身轴线做高速旋转，因此除超声撞击作用外，尚有工具回转的切削作用。这种加工方法已成功地用于加工小深孔、小槽等，且加工精度大大提高，生产率较高。此外尚有超声波机械复合加工、超声波焊接和涂敷、超声清洗等。

1.3 增材制造方法

增材制造（AM），也称为快速成形或3D打印，由于能够基于计算机辅助设计（CAD）模型直接逐层生产具有近净成形尺寸的3D零件，在过去几十年中发展迅速。与传统制造工艺相比，增材制造可以轻松生产和定制复杂的几何形状。它还显著降低了制造成本，特别是对于小批量生产，并且生产周期相对较短。在AM中，零件整合有助于减少为组装完整组件而生产的零件数量。这些特征降低了许多传统加工步骤和装配线的必要性。同时，与传统的制造方法（例如铸造和锻造）相比，AM可以节省大量原材料。因此，增材制造被广泛认为是第四次工业革命的关键，也是生产高性能组件的主流制造工艺。凭借这些优势，增材制造已应用于汽车、航空航天、机械、电子、医疗行业和建筑施工等领域。

根据所使用的能源种类，增材制造技术可分为基于激光束、基于电子束和基于电弧的增材制造，见表1-3。除此之外，AM技术还根据原料的分配方法分为粉末床、送粉和送丝增材制造工艺。

表 1-3 增材制造使用的能源

范围	激光束	电子束	电弧
能量源	光子	电子	金属离子
热源	电磁波	动能	电弧
能量密度	10^6W/mm^2	10^8W/mm^2	$10^6 \sim 10^8 \text{W/mm}^2$
能源效率	偏低	中等	优秀
沉积率	150~200g/h	600~800g/h	2~4kg/h
真空环境	不需要	需要	不需要

1.3.1 选择性激光熔化

选择性激光熔化（SLM），也称为激光束熔化（LBM）和激光粉末床熔合（LPBF），是应用最广泛的、基于粉末床的增材制造技术。在SLM过程中，激光束用于将金属粉末熔化并融合在一起。一层薄薄的粉末均匀地分布在基材或先前沉积的层上，随后激光束根据CAD模型所示选择性地熔化并融合粉末颗粒。影响加工质量的关键参数包括构件层厚度、激光功率、扫描速度和孵化间距，必须仔细调整以制造具有优化微观结构和性能的无缺陷零件。根据所用金属粉末的反应性，SLM工艺通常在充满惰性气氛（如氩气或氮气）的封闭室中进行。此外，构件室还受到过压条件的影响，这两者都有助于最大限度地减少制造过程中的氧气污染。在SLM过程中，可以实现$10^4 \sim 10^6 \text{K} \cdot \text{s}^{-1}$的高冷却速率。在此AM过程中，通过优化的工艺参数，确保金属粉末的质量、制造零件的尺寸精确性和均匀性。激光粉末熔覆原理图如图1-18所示。

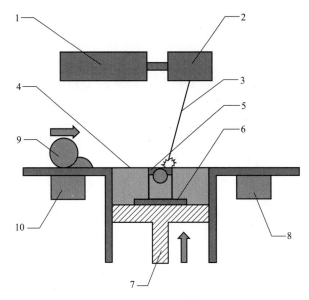

图1-18　激光粉末熔覆原理图
1—激光；2—X-Y扫描系统；3—激光束；4—粉末床；5—打印体；6—基体；
7—制造活塞；8—粉末收纳盒；9—滚轴；10—粉末传送系统

1.3.2　激光熔化沉积

激光熔化沉积（LMD）是另一种基于激光的增材制造方法，采用粉末进料系统，可通过调整原材料实现更高的灵活性和产量。在一些文献中，LMD也称为激光工程网成形（LENS）、直接激光制造（DLF）、直接金属沉积（DMD）、直接激光沉积（DLD）、直接能量沉积（DED）和激光定向能量沉积（LDED）。在LMD过程中，金属粉末被动态地送入激光束点，并与先前沉积的层一起熔化以形成一定的结构。激光熔池通常通过应用氩气或氮气等保护气体来防止氧化。LMD可以相对快速地制造大型零件，并且由于过程中涉及的附加参数而提供了出色的设计自由度。LMD的独特功能是使用多个料斗来更改输入粉末成分与粉末进料速率，以制造整个AM零件的复合材料或等级成分。LMD也可用于修复零件，因为它能够准确地将材料沉积在构件室的任何位置。这些特性使LMD能够处理功能梯度结构，这可以减轻与不同材料（如W钢和铁素体-马氏体钢）连接的问题。

与SLM技术相比，LMD提供了更高的沉积速率并允许打印大尺寸的大块样品。但需要注意的一个问题是，由于在此过程中某些元素的蒸发，生成物的化学成分可能会偏离起始粉末成分。激光熔化沉积原理图如图1-19所示。

1.3.3　电子束熔化

电子束熔化（EBM）是一种粉末床融合技术，采用高功率电子束作为加热源，在真空下熔化和熔化金属粉末，在一些文献中也称为选择性电子束熔化（SEBM）。与激光相比，电子束的能量密度高超过几千瓦的光在熔化时会聚焦成直径为几百微米的光斑。

EBM与SLM的工作原理相似，两者都使用逐层方法来熔化和熔合金属粉末。EBM在

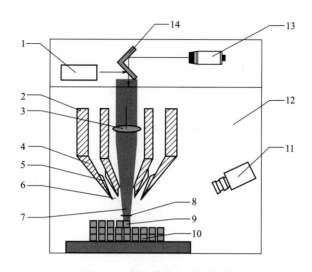

图 1-19　激光熔化沉积原理图

1—激光；2—沉积头；3—透镜；4—送粉嘴；5—惰性气体嘴；6—粉末流；7—聚焦激光束；8—焦平面；9—熔池；10—沉积金属；11—红外相机；12—惰性气体；13—测温仪；14—转向镜

受控的真空条件下发生，以保持电子束光斑尺寸的质量，并抵消与电子束熔化时液态金属蒸发相关的压力波动。在 EBM 过程中，需要预热粉末床，以防止由残余热应力引起的构件部件的结构变形，这将影响制造部件的冷却速度和最终微观结构。由于加热了粉末床，通过 EBM 加工的材料通常比通过 SLM 加工的相应材料具有较低水平的残余应力。EBM 工艺相对于 SLM 工艺的优势之一是能够在整个构件区域上快速操纵电子束热源以局部控制材料的热条件。这已被证明有利于控制微观结构以及材料的应力状态，以抑制诸如不可焊接材料中的裂纹等缺陷。

EBM 工艺比其他 AM 技术涉及更多的工艺参数，包括光束功率、光束焦点、光束直径、光束线间距、光束扫描速度、板温、预热温度、轮廓策略和扫描策略。这种 EBM 工艺非常缓慢，因此制造的零件非常昂贵。此外，在构件部件的尺寸和晶格结构中单元的最小尺寸方面存在限制。电子束熔化原理图如图 1-20 所示。

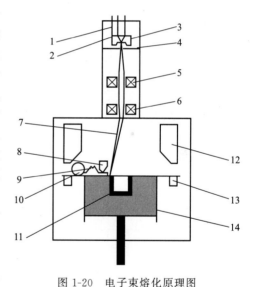

图 1-20　电子束熔化原理图

1—栅极；2—灯丝；3—聚束极；4—阳极（接地）；5—聚束线圈；6—偏转线圈；7—电子束；8—移动料斗；9—粉末；10—辊子；11—成形件；12—送粉箱；13—回收箱；14—工作台升降系统

1.3.4　电弧增材制造

（1）加工原理

表 1-4 给出的工艺中，基于电弧的增材制造是一种以更高的沉积速率提供经济的金属增材制造的方法。电弧增材制造（WAAM）于 1925 年首次出现，当时贝克拉夫申请了一项专利，该专利使用电弧作为热能源，以金属丝为原料制造金属装饰品。与其他 AM 技术相比，

WAAM 使用电弧提供了更高效率的融合源。从能量消耗的角度来看，在 WAAM 中使用更高效率的聚变源是有益的，特别是对于激光耦合效率较差的反射金属，例如铝、铜和镁。与此相辅相成的是，在 WAAM 中使用金属丝作为原料，不再需要对粉末回收过程，为操作员提供了更好的工作条件。与用于许多工程材料的粉末相比，使用金属丝还可以显著降低成本。

WAAM 技术利用电弧焊接工艺的概念与送丝机构相结合，使用电弧的热能使原料金属丝熔化，并使用 3D CAD 模型数据，以逐层方式使熔融金属沉积在给定的基材上，使用机器人或龙门系统连续一层一层地沉积粉末，以形成整个 3D 金属部件。

（2）WAAM 工艺的分类

根据应用热能源的形式，WAAM 工艺可大致分为三类：气体保护电弧焊（GMAW）（图 1-21）、钨极气体保护电弧焊（GTAW）（图 1-22）和等离子弧焊（PAW）。WAAM 工艺的选择直接影响给定材料的沉积速率、时间消耗和工艺条件的选择。

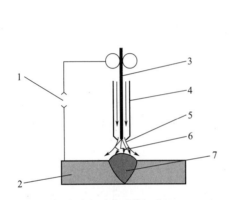

图 1-21　GMAW 原理图

1—DC 电源；2—工件；3—电极丝；4—喷嘴；
5—保护气体；6—电弧；7—熔池

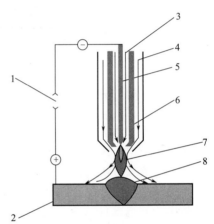

图 1-22　GTAW 原理图

1—DC 电源；2—工件；3—等离子气体；4—保护气体；
5—钨电极；6—喷嘴；7—等离子弧

表 1-4　不同 WAAM 工艺的比较

WAAM 工艺	热源	特征
GMAW	GMAW	耗材电极丝 典型沉积速率：3～4kg/h 电弧稳定性低，飞溅
GMAW	基于冷金属转移(CMT)的 GMAW	耗材电极丝 典型沉积速率：2～3kg/h 低热输入，零飞溅，高工艺公差
GMAW	串联 GMAW	两个自耗电极 典型沉积速率：6～8kg/h 易于混合以控制金属间材料制造的成分
GTAW	GTAW	非自耗电极，单独送丝过程 典型沉积速率：1～2kg/h 需要旋转焊丝和割炬
PAW	等离子体	非自耗电极，单独的送丝过程 典型沉积速率：2～4kg/h 需要旋转焊丝和割炬

（3）气体保护电弧焊（GMAW）

在 GMAW 中，热量由电弧产生，向原料电极和基板之间连续喷出保护气体，将空气与焊接区域中的融化金属分隔开，以保护电弧和焊接熔池中的液态金属不受大气中的氧氮、氢等污染，以达到提高焊接质量的目的。金属转移模式是 GMAW 的关键因素，因为它直接影响表面质量、微观结构和机械性能。事实证明，基于冷金属转移（CMT）的 GMAW 提供了一种受控的金属转移模式，并提供了对几何形状和微观结构的良好控制。在 GMAW 中，电极被外部供应的保护气体保护，还开发了通过混合增材/减材制造铣削设置的 GMAW 系统，以研究在线铣削对线材沉积精度的影响。基于双线的串联 GMAW-WAAM 为金属间化合物制造提供了相对较高的沉积速率和更容易的成分控制。事实证明，与基于电子束、基于激光束、基于 GTAW 和基于 PAW 的 AM 技术相比，基于 GMAW 的 WAAM 有更高的沉积速率、更好的材料利用率、更低的制造成本和更友好的环境。

（4）钨极气体保护电弧焊（GTAW）

在 GTAW 中，电弧将在钨合金制成的非消耗性电极和基板之间产生。填充焊丝通过其前缘单独的送丝机构进入由该电弧产生的熔池，导致其熔化并沉积在基板上。阳极产生的热量仅用于在基板表面产生熔池，导致 GTAW 工艺的能源效率低。焊条的大小取决于焊接电流；大尺寸电极允许更高的电流，反之亦然。与 GMAW 和 PAW 工艺相比，GTAW 的工艺中的沉积速率最低。

（5）等离子弧焊（PAW）

电弧在由钨制成的非消耗性电极和水冷喷嘴之间产生。惰性气体（主要是 Ar）通过此电弧区域时会发生电离并产生等离子射流。该等离子射流通过窄尺寸喷嘴孔聚焦到基板上，从而在基板上形成熔池。原料丝通过单独的送丝机构送入该熔池，填料熔化并沉积在基材表面上。PAW 的沉积速率高于 GTAW，但低于 GMAW。PAW 提供能量密度最高的电弧，允许更高的行进速度和更小的焊缝变形。PAW 可以产生最高质量的焊缝，但它需要大量的成本支出来进行工艺设置。

（6）WAAM 的应用

基于 WAAM 工艺的增材制造技术已在主要工业领域得到应用，例如：航空航天、汽车、船舶等的喷气发动机和涡轮机的高温应用，通过技术和材料的不同组合制造所需应用领域的组件。除了制造新结构外，WAAM 还可用于修复有缺陷和磨损的零件。

1.4　微纳加工技术

在过去的十年中，市场对低成本消费类产品的需求，例如便携式通信设备、计算机以及医疗诊断设备，推动了微米加工技术的飞速发展，而该技术在很大程度上源于硅半导体和微芯片的生产工艺。早在 20 世纪 80 年代初，人们对非硅技术的兴趣就随着德国的一种制造工艺的发展而变得日益浓厚，这种技术称为 LIGA。LIGA 技术常常用于加工零部件，与其他零部件一起构成最终产品。

纳米技术和微米技术之间的界限可能比较模糊，而它们在技术和设备上有一定的共通性，但是在本质和应用上又大相径庭。材料的物理和化学性质是在纳米尺度，而非微米尺度上发生变化的。微米加工本质上是自顶向下的技术，然而，在纳米尺度加工中，自顶向下或自底向上都可以应用。

图 1-23～图 1-25 所示为微米加工的基本原理，由添加、倍增和减去三个基本阶段构成。添加阶段是在衬底材料上涂覆一层薄膜。这可以采用在衬底上电镀或者向衬底喷涂一层液体膜并使之干燥的办法来实现；也可以通过氧化或者在大气室内涂层来形成薄膜。其他的方法包括：以熔融键合工艺将固体材料固定到衬底上，或者利用低压及高压真空技术来将薄的涂层粘贴到衬底上。图形的倍增复制也具有多种形式，在制备微米级尺寸结构，特别是在制造微/纳米流体器件的管道状结构时是必不可少的工艺步骤。

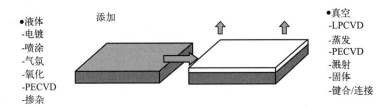

图 1-23 通过添加固态薄膜实现的微纳加工

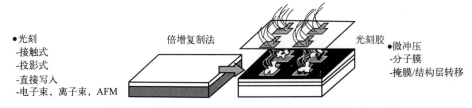

图 1-24 通过固态薄膜的倍增复制实现的微纳加工

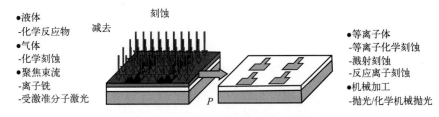

图 1-25 通过固态薄膜的减去实现的微纳加工

图形的倍增复制可以通过多种工艺来实现，例如利用电子束、离子束以及原子力显微方法的图形直写等。除了利用微冲压工艺生成微/纳米级图形的新方法外，接触式刻印也是淀积图形的另一种常用方法。利用材料的减去法来产生图形也可以通过多样化的技术方法实现。对于非硅材料，减去法工艺包括机械微铣削、激光烧蚀、水切割微机械加工等。

将所有这些技术组合起来，就可以产生尺寸、形状和规模各异的各类图形。在单片硅上形成图形的标准方法正在被更新的微米加工方法所超越，新的方法将提升单个器件的性能。

1.4.1 X 射线光刻技术

使用 X 射线光刻的微米加工技术称为深 X 射线光刻（DXRL），像所有光刻工艺一样，最终其线宽受限于辐照的波长。从二维图形到三维结构的转换取决于若干因素，这些因素将在下文中进行讨论。

光刻技术有多种类型，包括紫外线（UV）、深紫外线、X 射线以及电子束光刻等。目前，对于非硅基材料，可借助 DXRL 实现最高的精度，该光刻技术利用了来自同步加速器辐射源（SRS）的、高度平行的高能 X 射线。目前全球范围内投入运行的同步加速器数量众多（80 台以上），获取相应服务的渠道更为广泛，同时低溶解度、可缩短曝光时间的光刻胶已上市供应，正是在上述因素的推动下，人们对 DXRL 的兴趣更加浓厚。

(1) LIGA 工艺

虽然这里只考虑基于 X 射线的光刻技术，但是 UV-LIGA 和激光 LIGA 技术也发展到了高级阶段。特别是 UV-LIGA 技术促进了 SU-8 负性光刻胶的生产，它也可以用于 X 射线光刻，因为它的辐射敏感度超出了更为常用的聚甲基丙烯酸甲酯（PMMA）光刻胶，从而降低了曝光时间和相应的成本。与其他波长较长的辐射相比，X 射线的穿透力允许人们加工垂直长度从数百微米到几毫米、水平尺寸在微米量级的结构。

(2) 光刻步骤

X 射线光刻技术的第一步，是让来自同步加速器的高能量 X 射线束通过图形化掩膜对一层厚光刻胶进行曝光。其图形借助 X 射线的光致腐蚀作用转移到光刻胶衬底上。通过化学溶剂溶解受损的材料部分，于是便产生掩膜图案的负性图形复制品。某些金属可以电沉积到光刻胶模具中，除去光刻胶后形成可自由站立的金属结构。这些金属结构既可能是最终产品，也可以用作精密塑料模塑的模具镶件。模塑出来的塑料零件既可能是最终产品，也可以用作可丢弃的模具。塑料模具保留了与原始光刻胶结构相同的形状、大小和形式，不同的是可以快速生产。塑料的可丢弃模具随后在下一步工艺中用于制作金属部件，或者可以在注浆成形工艺中用于生产陶瓷部件。

(3) X 射线光刻

从根本上来说，X 射线光刻属于阴影印刷工艺，其涂敷在掩膜上的图形转移到光刻胶材料的第三维度上，该材料通常为 PMMA。在随后的化学过程中，将受到 X 射线损伤的那部分材料溶解掉。余下结构的质量依赖于光束的曝光量、掩膜的图案化精度以及光刻胶材料的纯度和处理工艺。除曝光之外，电铸和微模塑工艺的精度也会决定最终产品的质量。

微机械加工技术正在改变各种各样小零件的制造方式。人们常常将半导体并行微加工方法与传统的串行机械加工方法一并考虑。从这个意义来说，X 射线光刻和准 X 射线光刻被视为混合型工艺技术，它们在半导体和经典制造技术之间起到桥梁的作用。X 射线光刻和准 X 射线光刻可以在各种不同的材料上加工出多样化的结构形状，这一特色类似于经典机加工方法；此外，其优势还在于，在高纵横比和绝对容差等方面达到了光刻和其他高精度模铸加工方法才能实现的水平。

(4) X 射线掩膜

质量优良的辐射光刻胶掩膜是光刻技术的要素之一。掩膜的衬底必须是一种低 Z（原子序数）薄膜，以保证 X 射线的高透过性。X 射线掩膜应该能耐受多次曝光而不出现扭曲，必须能与样品对准，并做到坚固耐用。图 1-26 所示为一种可能的 X 射线掩膜架构。

这里所示的掩膜有三个主要组成部分：吸收层、支撑膜片或掩膜底膜、外框。吸收层中包含将被成像到光刻胶上的信息，它由高原子序数（Z）的材料组成；所用的材料常

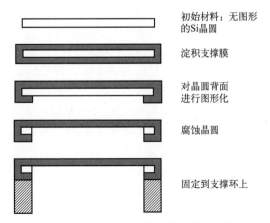

图 1-26 典型的 X 射线掩膜架构示意图

常是金，淀积到低 Z 的支撑膜片材料表面，并完成图形化。高 Z 材料吸收 X 射线，而低 Z 材料保证 X 射线的透过性。与支撑膜片/吸收层组件相比，外框要坚固得多，这样就可以保证整个组件都可以被搬移。X 射线光刻对 X 射线掩膜的要求与半导体行业中的相关要求有

一定的差异。表 1-5 对其进行了比较，其中主要的差异就在于吸收层的厚度。由于光刻胶的灵敏度低和曝光深度大，为了实现高对比度，必须使用非常厚的吸收层（>10μm，而非 1μm）和高透明的掩膜底膜（透明度>80%）。两者的另一个区别主要在于支撑膜片和吸收层的辐射稳定性。

表 1-5　X 射线光刻用掩膜和半导体工业用掩膜的比较

项目	半导体光刻技术	X 射线光刻技术
透明度	50%	80%
吸收层厚度	±1μm	10μm 或更高
光刻场面积	50mm×50mm	100mm×100mm
耐辐射性	=1	=100
表面粗糙度	<0.1μm	<0.5μm
波纹起伏	<±1μm	<±1μm
尺寸稳定性	<0.05μm	<0.1~0.3μm
支撑膜片残余应力	约等于 10^8Pa	约等于 10^8Pa

常规光学光刻的支撑衬底相对较厚，是一片对光波长高度透明且具有光学级平坦度的玻璃或石英平面。它为薄铬吸收层（0.1μm）图形提供了高度稳定（>$10^3\mu$m）的基底。与此相反，X 射线掩膜由一个极薄的（2~4μm）低 Z 材料支撑膜片及其所承载的高 Z 的厚吸收层图案构成。X 射线光刻中单次曝光的剂量比半导体行业所用光刻曝光剂量高 100 倍。

基于 X 射线光刻和 LIGA 技术的微米加工的全部潜力还有待充分释放。该技术未来的价值就在于它有低成本大规模生产精密微零部件的能力，这一能力是其他工艺所不能实现的。这也要求形成设计规则以及在工艺和生产制造方面制定出得到各方认同的标准。

1.4.2　微纳结构的刻蚀技术

（1）干法刻蚀

干法刻蚀工艺的原理是：被称为自由基的、高度活性的反应粒子作用于衬底（这里是指硅），产生一种新的分子，该分子的能量稳定性要优于原来的原子键的能量稳定性，这种新分子很容易从衬底的表面上脱落下来，刻蚀过程便最终完成。由于自由基本质上是各向同性的，其刻蚀作用也会沿各个方向进行；如果需要刻蚀出一个方形边的沟槽，就需要进行垂直刻蚀，而不希望出现横向的刻蚀；为了阻止横向刻蚀，则应使用抑制层。

当刻蚀气体与衬底作用时，会形成一层抑制层，阻碍自由基通过，这一机制保护衬底不受刻蚀。然而，如果要发生刻蚀作用，必须让衬底暴露在自由基下，因此，必须除去抑制层，这个去除的过程是通过离子轰击来实现的。离子的能量仅仅足以去除抑制层，而不会与衬底反应。刻蚀只发生在抑制层被离子去除的区域，由于离子运动的方向和位置是可控的，故可以极为精确地去除材料。掩膜可以阻挡从预定的区域入射的离子，从而保证在硅上实现所希望的图形轮廓。因为刻蚀速率已知，故可以在这些位置实现特定深度的刻蚀。这就是在二维硅衬底上创建三维结构的原理。

等离子刻蚀一个吸引人的特性就是能够产生高深宽比的沟槽结构，这种结构对于许多微、纳米尺度的应用来说是必需的。例如，一个晶体管沟槽隔离区要求宽度达到 0.25μm、深度达到 3μm（深宽比为 12）。这一条件常常限制了结构成形方面可选用的加工方法，于是，干法等离子刻蚀便成为高深宽比结构加工的首选方法。

（2）等离子刻蚀加工

干法等离子刻蚀加工最初之所以被采用，是由于它具有高度的选择性，且与当时的竞争对手湿法腐蚀工艺相比，显得更为洁净，湿法工艺需要进行进一步的后处理。选择性是指两种材料刻蚀速率的比例，在这种情况下指的就是抑制层和衬底。高选择性意味着各材料的刻蚀速率差别很大，能够对工艺可实现的最小刻蚀分辨率和精确度进行更精确的控制。特征尺寸日益缩小的结构的制造需求已出现增长，同时，对衬底刻蚀的要求则从各向同性转向各向异性，于是人们开发出了离子束刻蚀技术（IBE）。然而，IBE 也有它自己的问题，比如，它在掩膜和衬底间的选择性很差，导致加工的产品无法达到规格要求。因此，化学辅助离子束刻蚀（CAIBE）应运而生，以应对这个特定的难题。这类工艺演进中的最新技术叫作离子束辅助自由基刻蚀（IBARE）。这项工艺同时具备高选择性和强各向异性，在加工平行边和方形面状的高深宽比沟槽时是一种理想的方法。

（3）离子束辅助自由基刻蚀

在该项工艺中，两个电极处在电解质气体中，通过在电极间施加射频电压，从而激发等离子体。此时电子有足够的能量从它们的基态发生跃迁，摆脱原子键的束缚，这样一来原子就发生了电离。这一作用将在反应腔室内产生大量的带电粒子，即自由电子和离子。电极分别为负极（阴极）和正极（阳极），所以带负电荷的电子快速涌向阳极，而带正电荷的离子则涌向阴极。在粒子运动的过程中，气体所产生的中性粒子、自由基、电子、离子和光子之间会发生相互碰撞。等离子体产生的离子被强力吸引到阴极。它们带着足够的能量移动，这样在撞击到阴极上时，阴极表面的电子被释放出来，这是自由电子的第二次发生。随后，最新产生的自由电子被引向正极，当它们穿过腔室时，它们和空气中的中性粒子及其他粒子发生碰撞，导致进一步的电离。因此，正是二次发生的自由电子和随后的碰撞在维持着等离子体。自由电子在和其他粒子碰撞之前通常可以获得 $1\sim10\text{eV}$ 的能量，具体取决于系统的气体压力。

在某些碰撞中，自由电子携带的能量不足以引起电离。在气体中，它们所获取的能量在气体内发生的碰撞中被耗尽，具体来说，是轨道上的电子跃迁至原子能量壳层之外的过程中的能量的耗尽。因为这个能量不足以引起电离，电子就会在碰撞前衰减回最初的能级。衰减的原因是自由电子不能长时间待在其新的轨道上，多余的能量以光子的形式被释放出来。等离子体辉光的来源正是这些光子的释放。等离子体的颜色取决于原子的类型和衰减的幅度。

习题与思考题

1-1 机械加工工艺和特种加工工艺之间有何关系？

1-2 从特种加工的发生和发展来举例分析科学技术中有哪些事例是"物极必反"？有哪些事例是"坏事有时变为好事"？

1-3 电火花加工时的自动进给系统和车、钻、磨削时的自动进给系统，在本质上有何不同？为什么会引起这种不同？

1-4 从原理和机理上来分析，电化学加工有无可能发展成为"纳米级加工"或"原子级加工"技术？原则上要采用哪些措施才能实现？

1-5 固体、气体等不同激光器的能量转换过程具体有何不同？

1-6 电子束加工和离子束加工在原理上和在应用范围上有何异同？

1-7 超声波加工时的进给系统有何特点？

1-8 超声波能够"强化"工艺过程,试举出几种超声波在工业、农业或其他行业中的应用。

1-9 增材制造的工艺原理与其他加工工艺有何不同?具有什么优点?

1-10 微纳加工技术是由什么技术发展而来的,但又不完全同于这种技术?独特的微加工技术包括哪些?

1-11 刻蚀工艺有哪两种类型?简单描述各类刻蚀工艺。

1-12 微纳加工和其他技术领域有什么联系?在生产实际中的应用前景如何?

第 2 章 金属切削原理

学习意义

金属切削过程是指刀具与工件在相对运动中相互作用的过程。在此过程中，对刀具结构和材料提出了一定的要求，尽可能高效率、高质量地去除工件上的多余材料。本章主要介绍了切削运动及其要素、刀具结构、材料的选择、切削热以及切削过程中出现的物理现象。针对以上提到的切削过程中出现的要点，对切削过程做出有效的规范。只有在理解上述切削现象原理之后，才能合理地设置参数，正确选择合适的刀具，最终加工出需要的合格产品。

学习目标

① 掌握切削运动与要素，了解刀具的结构；
② 熟悉切屑形成过程，掌握变形区域的划分、切屑形成过程以及切屑类型，了解切削的作用；
③ 理解切削力的产生原理，掌握切削力、切削功率的计算和切削力的测量；了解影响切削力大小的因素；
④ 理解切削热的产生和传导原理，掌握切削温度的测量方法；了解影响切削热大小的因素以及切削热对切削加工过程的影响；
⑤ 掌握切削用量的选取。

2.1 切削运动与要素

2.1.1 切削类型

金属切削加工指的是利用刀具与工件之间的相互作用和相对运动来切除待加工工件上多余的金属部分（加工余量），以获得具有一定的尺寸、形状、位置精度和表面质量的机械加工方法。

切削运动是指刀具与工件间的相对运动,也叫作表面成形运动。切削运动可分解为主运动和进给运动两部分。

① 主运动是使刀具与工件产生相对运动进而切下切屑所需的最基本的运动。主运动是表面形成运动中的主要运动,是切除工件上的被切削层,使之转变为切屑的运动。主运动在切削运动中,有速度最高、消耗的功率最大的特点。主运动的形式有主轴的旋转、刀架或工作台的直线往复运动等。在切削加工时主运动只有一个,如车削时工件的旋转运动、铣削时铣刀的旋转运动。

② 进给运动是使工件多余材料部分持续不断被投入切削,从而加工出完整表面所需的运动。切削运动中的进给运动可以是一个或一个以上,如车削时车刀的连续直线运动,牛头刨床刨水平面时工件的间歇移动。通常,在主运动为旋转运动时,进给运动是连续的;主运动为直线运动时,进给运动是间歇的。

用切削运动的速度矢量来表示切削运动及其方向。如图 2-1 所示,用车刀加工普通外圆时的切削运动,图中主运动切削速度 v_c,进给速度 v_f 和切削运动速度 v_e 之间的关系为:

$$v_e = v_c + v_f$$

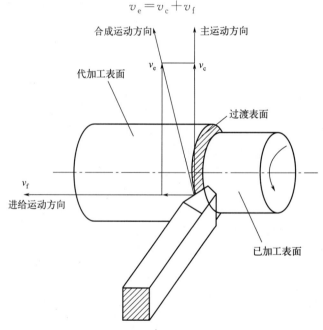

图 2-1 切削运动与切削表面

2.1.2 切削三要素

切削要素指的是切削用量三要素,表示的是主运动和进给运动的大小参数,包括切削用量和切削层的几何参数。切削用量是切削时各参数的合称,包括切削速度、进给量和背吃刀量(切削深度)三要素,它们是设计机床运动的依据。

(1) 切削速度 v

在单位时间内,刀具切削刃上的某一点相对于待加工表面在主运动方向上的相对位移,单位为 m/s。在主运动为旋转运动时,计算公式为:

$$v = \frac{\pi d_w n}{1000 \times 60}$$

式中 d_w——工件待加工表面或刀具的最大直径，mm；

n——工件或刀具每分钟转数，r/min。

若主运动为往复直线运动（如刨削），则常用其平均速度 v 作为切削速度，即

$$v = \frac{2L n_r}{1000 \times 60}$$

式中 L——往复直线运动的行程长度，mm；

n_r——主运动每分钟的往复次数，次/min。

（2）进给量 f

在主运动每经过一个周期或每一圈时（或单位时间内），刀具和工件之间在进给运动方向上的相对位移，单位是 mm/r（用于车削、镗削等）或 mm/行程（用于刨削、磨削等）。进给量还可以用进给速度 v_f（单位是 mm/s）或每齿进给量 f_z（用于铣刀、铰刀等多刃刀具，单位为 mm/齿）表示。一般情况下：

$$v_f = nf = nzf_z$$

式中 n——主运动的转速，r/s；

z——刀具齿数。

（3）背吃刀量 a_p（切削深度）

待加工表面与已加工表面之间的垂直距离（mm）。车削外圆时为：

$$a_p = \frac{d_w - d_m}{2}$$

式中 d_w、d_m——待加工表面和已加工表面的直径，mm。

2.2 切屑类型及控制

金属切削过程是指在刀具对工件施加切削力的作用下形成切屑的过程，在这个过程中会出现诸多能够影响切削加工的物理现象，如切削力、切削热、积屑瘤、刀具磨损和加工硬化等。对切削过程进行研究并加以改进，可以达到提高加工质量、降低生产成本、提高生产效率等效果。

2.2.1 切屑形成过程

切削塑性金属材料时，切削层金属的变形过程就是切屑的形成过程。直角自由切削指的是不需要副切削刃参与切削，且刃倾角 $\lambda = 0°$ 的切削方式，如图 2-2 所示。

切削过程晶粒的滑移线如图 2-3 所示。当被加工区域受到刀具的挤压后，切削层金属在始滑移面 OA 左侧发生弹性变形，离 OA 面越近，弹性变形越大。在 OA 面上，应力达到了材料的屈服强度 σ_s，开始发生塑性变形，产生滑移现象。在刀具连续移动的同时，原本在始滑移面上的金属持续不断地朝着刀具移动，应力和变形也逐渐加大。在终滑移面 OE 上，应力和变形达到最大值。越过 OE 面，切削层金属开始与工件脱离，沿着刀具前面流出而形成切屑，完成切离阶段。经过塑性变形的金属，其晶粒大致沿相同的方向伸长。可见，金属切削过程本质是一种剪切→滑移→断裂的过程，在切削过程中的变形和摩擦引起这一过程中产生的许多物理现象。

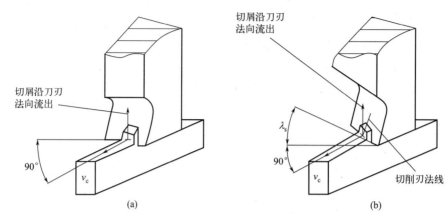

图 2-2 直角切削与斜角切削

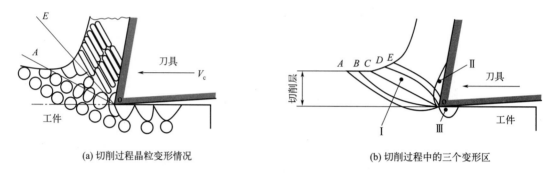

图 2-3 切削过程晶粒变形情况以及变形区

2.2.2 切削变形区

根据图 2-3(a) 所示的晶粒滑移线，将塑性金属材料在切削时，刀具与工件接触的区域分为三个变形区，如图 2-3(b) 所示。

(1) 第一变形区（近切削刃处切削层内产生的塑性变形区）

OA 与 OE 之间是切削层的塑性变形区 I，称为第一变形区（或称基本变形区），基本变形区的变形量最大，反映切削过程的变形情况。金属的剪切滑移变形切削层受刀具的作用，经过第一变形区的塑性变形后形成切屑。切削层受刀具前刀面与切削刃的挤压作用，使近切削刃处的金属先产生弹性变形，继而塑性变形，并同时使金属晶格产生滑移。

(2) 第二变形区（与前刀面接触的切屑层产生的变形区）

切屑与前刀面摩擦的区域 II 称为第二变形区（或称摩擦变形区）。金属的挤压摩擦变形经过第一变形区后，形成的切屑要沿前刀面方向排出，还必须克服刀具前刀面对切屑挤压而产生的摩擦力。此时将产生挤压摩擦变形。

(3) 第三变形区（近切削刃处已加工表面内产生的变形区）

工件已加工表面与后刀面接触的区域 III 称为第三变形区（或称加工表面变形区）。金属的挤压摩擦变形使已加工表面受到切削刃钝圆部分和后刀面的挤压摩擦，造成纤维化和加工硬化。

这三个变形区聚集在切削刃附近，此处的应力比较集中而复杂，金属被切削层就在此处与工件基体发生分离，大部分变成切屑，很小一部分留在已加工表面上。

2.2.3 切屑类型及控制

在不同工件材料上进行切削,变形程度也是不同的,因此而产生的切屑也有很大的区别,图 2-4(a)~(c) 所示为切削塑性材料的切屑,图 2-4(d) 所示为切削脆性材料的切屑。

(1) 带状切屑

最常见的一种切屑 [图 2-4(a)]。切屑的内表面是光滑的,外表面不平滑。可用显微镜观察到在切屑外表面上有很多剪切面的条纹,但每根条纹很薄,以至于用肉眼观察到的这个表面是平整的。切削塑性金属材料,采用低切削厚度、较高切削速度、较大切削前角时,常得到这种切屑。其切削过程平滑稳定,切削力变化幅度不大,被加工过的表面粗糙度较小。

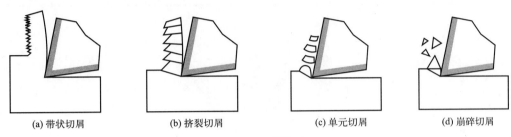

图 2-4 切屑类型

(2) 挤裂切屑

相较于带状切屑,这类切屑在外表面呈锯齿形,内表面有概率产生裂纹。由于这类切屑的第一变形区较宽,所以呈锯齿形,在剪切滑移过程中滑移量较大。大多切屑滑移变形产生的加工硬化增加了剪切力,在局部地方达到材料的破裂强度。这种切屑在切削速度较低、切削厚度较大、刀具前角较小时产生。

(3) 单元切屑

如果在挤裂切屑的前切面上,裂纹扩展到整个面上,则整个单元被切离,成为梯形的单元切屑。

以上三种切屑只有在加工塑性材料时才可能得到。通过对比有以下区分:

ⅰ. 带状切屑在四种切屑中,切削过程最稳定,切削力变化最小,单元切屑的切削力波动最大。在生产中最普遍的是带状切屑,有时可以切削出挤裂切屑,单元切屑则十分少见。

ⅱ. 在能切削出挤裂切屑时,如果减小刀具前角,降低切削速度,或加大切削厚度,挤裂切屑会变为单元切屑。反之,增加刀具前角,提升切削速度,或减小切削厚度,挤裂切屑会变为带状切屑。由此看来切屑的形态可以随着切削条件的变化而变化。通过控制切削条件,可以实现对切屑的变形、形态和尺寸的控制,以达到卷屑和断屑的目的。

(4) 崩碎切屑

崩碎切屑是脆性材料的切屑,这种切屑的大小形状不规则,加工表面不平整,如图 2-4(d) 所示。从切削过程来看,在切屑破裂之前,切屑的前变形很小,和塑性材料的切屑形成原理有很大不同,断裂原因是切屑材料所受应力超过了它的抗拉极限。加工脆硬材料,如高硅铸铁、白口铸铁等,切削厚度越大,越容易得到这种切屑。得到崩碎切屑的切削过程极不平稳,容易损坏刀具,同时对机床也有损伤,已加工表面质量不佳,这种切削条件在生产中是需要尽量避免的。改善方法是降低切削厚度,目的是使切屑变成针状或片状,同时要用适当提高切削速度的方法增加工件材料的塑性。

以上介绍的四种切屑是常见的典型切屑,但是在日常加工现场,得到的切屑形状是多样且复杂的。现代切削生产中,切削速度范围和金属切除率达到了很高的水平,因此产生了很多恶劣的切削条件，时常造成大量"不可接受"的切屑的产生。这类切屑可能会损伤已加工表面，使产品表面粗糙度提升；也可能会损伤机床，卡在机床运动副之间；也可能造成刀具的前期损坏；有时甚至对操作者的安全有很大的影响。特别是数控机床、生产自动线和柔性制造系统，在切屑控制上没有行之有效的办法，这可能会降低机床的性能，后果严重时可能会很大程度上影响生产的进行。切屑控制（又称切屑处理，工厂中一般简称为"断屑"），是指在切削加工时采用一些行之有效的方法对切屑的卷曲、流出与折断进行控制和调整，形成良好的、健康的屑形。从切屑控制的角度出发，GB/T 16461—2016《单刃车削刀具寿命试验》制定了切屑分类标准（此标准源于 ISO 3685—1993），如表 2-1 所示。

表 2-1 国际标准化组织的切屑分类方法

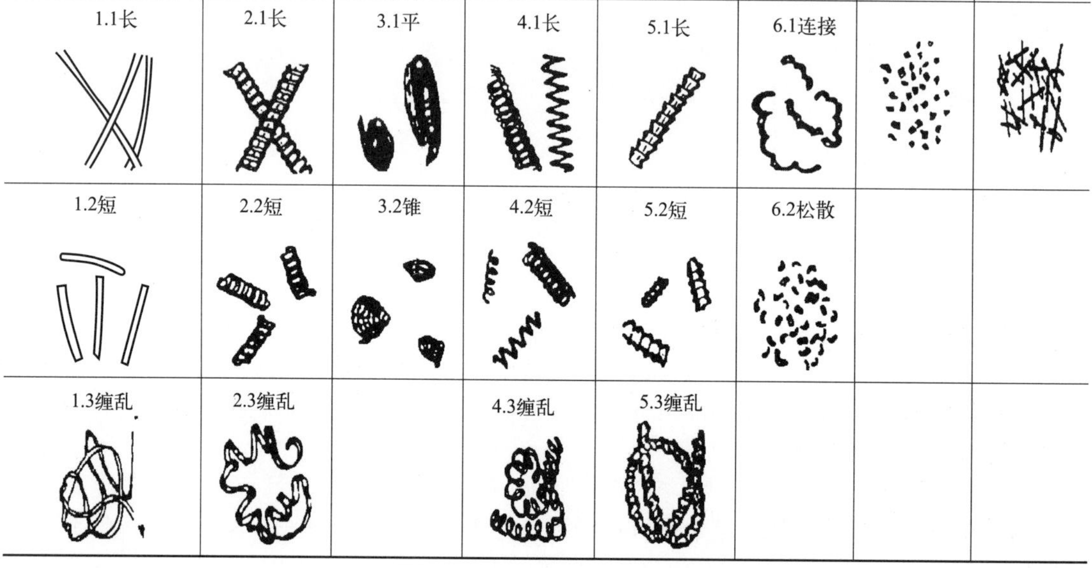

1 带状切屑	2 管形切屑	3 盘旋形切屑	4 环形螺旋切屑	5 锥形螺旋切屑	6 弧形切屑	7 单元切屑	8 针形切屑
1.1 长	2.1 长	3.1 平	4.1 长	5.1 长	6.1 连接		
1.2 短	2.2 短	3.2 锥	4.2 短	5.2 短	6.2 松散		
1.3 缠乱	2.3 缠乱		4.3 缠乱	5.3 缠乱			

由以下主要标准衡量切屑可控性：

ⅰ. 不影响加工的正常进行，即切屑对工件、刀具没有缠绕现象，切屑不会飞溅到机床运动部件中；

ⅱ. 对操作者没有安全隐患；

ⅲ. 方便清理、存放和搬运。在不同的工作场合中，例如不同的机床、刀具或者不同的被加工材料，有对应的常规、健康的屑形。因此在进行切屑控制时，要针对不同情况采取不同的方法措施，来得到相应的常规的切屑形状。

在实际加工中，应用最多的是使用可转位刀具，并且在刀具前方磨制出断屑槽或使用压块式断屑器。

2.2.4 切屑积瘤

在切削速度不高而又能形成连续切屑的条件下，加工一般钢料或其他塑性材料时，常常在切削刃前面处黏着一块剖面呈三角形的硬块。硬块的硬度很高，一般是工件材料的 2～3 倍，在处于比较稳定的状态时，这个硬块可以代替切削刃进行切削。这种冷焊在切削刃前面上的金属称为积屑瘤，也称刀瘤。积屑瘤剖面的照片如图 2-5 所示。

在积屑瘤产生时，刀具实际角度会发生变化，如前角可增大，有时刀具寿命会延长，但是积屑瘤并不是稳定的，其体积在达到一定大小之后会发生破裂，破裂后的碎片会很容易嵌

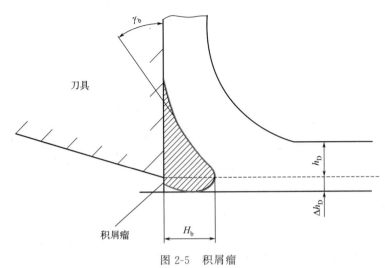

图 2-5 积屑瘤

γ_b—积屑瘤前角；H_b—积屑瘤高度；Δh_D—伸出量；h_D—切削层厚度

入在已加工的表面内部，使已加工表面粗糙度上升。积屑瘤在加工过程中是不可控的，可通过调整切削条件进行改变。

2.3　切削力与切削功率

2.3.1　切削力的来源

对切削力进行分析和计算，是计算消耗功率数值，进行机床、刀具、夹具设计、切削用量的合理制订、刀具几何参数优化的重要前提。同时，在自动化生产中，切削力还可作为监控切削过程和刀具工作状态的重要依据，如刀具折断、磨损、破损等。

对金属进行切削时，刀具与工件相互作用，使被加工金属材料发生变形并产生切屑所需的力，就是切削力。由前文对切削变形的分析可以得到，切削力来源于三个方面（图2-6）：

ⅰ. 克服被加工材料弹性变形的抗力；

ⅱ. 克服被加工材料塑性变形的抗力；

ⅲ. 克服切屑与刀具前面的摩擦力和刀具后面与过渡表面和已加工表面之间的摩擦力。

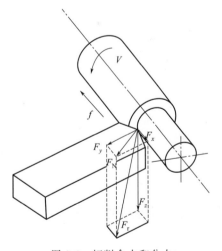

图 2-6 切削合力和分力

2.3.2　切削合力和切削功率

切削各力的总和形成作用在刀具上的合力 F_r。为了实际应用，F_r 可分解为相互垂直的 F_x、F_y 和 F_z 三个分力（图2-6）。

在车削时：

F_z——切削力或切向力。它的方向与过渡表面相切并与基面垂直。切削力是计算车刀强度、设计机床主轴系统、确定机床功率所必需的。

F_x——进给力或轴向力。它是处于基面内并与工件轴线平行与进给方向相反的力。进给力是设计进给机构、计算车刀进给功率所必需的。

F_y——切深抗力或背向力、径向力、吃刀力。它是处于基面内并与工件轴线垂直的力。切深抗力是计算工件挠度、机床零件和车刀强度的依据。工件在切削过程中产生的振动往往与切深抗力有关。

由图 2-6 可以看出
$$F_r = \sqrt{F_z^2 + F_N^2} = \sqrt{F_z^2 + F_x^2 + F_y^2}$$

根据实验,当 $\kappa_r = 45°$,$\lambda = 0°$ 和 $\gamma_o \approx 15°$ 时,F_x、F_y 和 F_z 之间的关系为:

$$F_y = (0.15 \sim 0.7) F_z$$

$$F_x = (0.1 \sim 0.6) F_z$$

由此可得
$$F_r = (1.02 \sim 1.36) F_z$$

随车刀材料、车刀几何参数、切削用量、工件材料和车刀磨损情况的不同,F_x、F_y 和 F_z 之间的比例会在较大范围内变化。

消耗在切削过程中的功率称为切削功率 P_m(国标为 P_0)。切削功率是切削力(F_z)和进给力(F_x)所消耗的功率之和,因为切深抗力(F_y)方向没有位移,所以不消耗功率。因此

$$P_m = \left(F_z v_c + \frac{F_x n_w f}{1000} \right) \times 10^{-3}$$

式中　P_m——切削功率,kW;

　　　v_c——切削速度,m/s;

　　　n_w——工件转速,r/s;

　　　f——进给量,mm/r。

切削力的计算公式中,进给运动中消耗的功率相对于 F_z 所消耗的功率很小,一般仅为其 1%~2%,因此可以略去不计,则

$$P_m = F_z v_c \times 10^{-3}$$

在求得切削功率后,就可以对主运动电动机的功率 P_E 进行计算求解,此时需要考虑机床的传动效率 η,即

$$P_E \geq \frac{P_m}{\eta}$$

一般 η 取 0.75~0.85,大值适用于新机床,小值适用于旧机床。

2.3.3　切削力的计算

根据以往日常生产中积累的大量切削力实验数据,在一般加工方法,如车削、孔加工和铣削等加工中已建立起了可直接利用的经验公式。切削力的计算常采用四种方法:指数公式、单位切削力法、解析计算、有限元计算。另一类是按单位切削力进行计算的公式。

(1) 指数公式

在金属切削中,指数公式计算切削力被广泛应用,常用的指数公式形式为:

$$F_z = C_{F_z} a_p^{x_{F_z}} f^{y_{F_z}} v^{n_{F_z}} K_{F_z}$$

$$F_y = C_{F_y} a_p^{x_{F_y}} f^{y_{F_y}} v^{n_{F_y}} K_{F_y} \tag{2-1}$$

$$F_x = C_{F_x} a_p^{x_{F_x}} f^{y_{F_x}} v^{n_{F_x}} K_{F_x}$$

式中 C_{F_z}、C_{F_y}、C_{F_x}——系数,由被加工材料性质和切削条件决定;

x_{F_z}、y_{F_z}、n_{F_z}、x_{F_y}、y_{F_y}、n_{F_y}、x_{F_x}、y_{F_x}、n_{F_x}——三个分力公式中,背吃刀量 a_p、进给量 f 和切削速度 v 的指数;

K_{F_z}、K_{F_y}、K_{F_x}——分别为三个分力公式中,当实际加工条件与求得经验公式时的条件不符时,各种因素对切削力的修正系数的积。式中的系数 C_{F_z}、C_{F_y}、C_{F_x} 和指数 x_{F_z}、y_{F_z}、n_{F_z}、x_{F_y}、y_{F_y}、n_{F_y}、x_{F_x}、y_{F_x}、n_{F_x} 可在切削用量手册中查得。手册中的数值,是在不同的刀具几何参数(包括几何角度和刀尖圆弧半径等)条件下搭配不同的加工材料、刀具材料和加工形式,再由大量的实验结果统计处理而来的。表 2-2 列出了计算车削切削力的指数公式中的系数和指数,其中对硬质合金刀具主偏角 $\kappa_r = 45°$,前角 $\gamma_0 = 10°$,刃倾角 $\lambda_s = 0°$;对高速钢刀具 $\kappa_r = 45°$,前角 $\gamma_0 = 20° \sim 25°$,刀尖圆弧半径 $r_\varepsilon = 1.0 \mathrm{mm}$。当刀具的几何参数及其他条件与上述不符时,各个因素都要用相应的修正系数进行修正,对于 F_z、F_y 和 F_x 所有相应修正系数的乘积就是 K_{F_z}、K_{F_y}、K_{F_x}。各个修正系数的值和计算公式,可由切削用量手册查得。

表 2-2 计算车削切削力的指数公式中的系数和指数

被加工材料	刀具材料	加工形式	公式中的系数及指标											
			切削力 F_z				背向力 F_y				进给力 F_x			
			C_{F_z}	x_{F_z}	y_{F_z}	n_{F_z}	C_{F_y}	x_{F_y}	y_{F_y}	n_{F_y}	C_{F_x}	x_{F_x}	y_{F_x}	n_{F_x}
结构钢及铸铁 $R_m = 0.637 \mathrm{GPa}$	硬质合金	外圆纵车、横车及镗孔	1433	1.0	0.75	−0.15	572	0.9	0.6	−0.3	561	1.0	0.5	−0.4
		切槽及切断	3600	0.72	0.8	0	1393	0.73	0.67	0	—	—	—	—
		切螺纹	23879	—	1.7	0.71	—	—	—	—	—	—	—	—
	高速钢	外圆纵车、横车及镗孔	1766	1.0	0.75	0	922	0.9	0.75	0	530	1.2	0.65	0
		切槽及切断	2178	1.0	1.0	0	—	—	—	—	—	—	—	—
		成行车削	1874	1.0	0.75	0	—	—	—	—	—	—	—	—
不锈钢	硬质合金	外圆纵车、横车及镗孔	2001	1.0	0.75	0	—	—	—	—	—	—	—	—

续表

被加工材料	刀具材料	加工形式	公式中的系数及指标											
			切削力 F_z				背向力 F_y				进给力 F_x			
			C_{F_z}	x_{F_z}	y_{F_z}	n_{F_z}	C_{F_y}	x_{F_y}	y_{F_y}	n_{F_y}	C_{F_x}	x_{F_x}	y_{F_x}	n_{F_x}
灰铸铁 190HBW	硬质合金	外圆纵车、横车及镗孔	903	1.0	0.75	0	530	0.9	0.75	0	451	1.0	0.4	0
		切螺纹	29013	—	1.8	−0.82	—	—	—	—	—	—	—	—
	高速钢	外圆纵车、横车及镗孔	1118	1.0	0.75	0	1167	0.9	0.75	0	500	1.2	0.65	0
		切槽及切断	1550	1.0	1.0	0	—	—	—	—	—	—	—	—
可锻铸铁 150HBW	硬质合金	外圆纵车、横车及镗孔	795	1.0	0.75	0	422	0.9	0.75	0	373	1.0	0.4	0
	高速钢	外圆纵车、横车及镗孔	981	1.0	0.75	0	863	0.9	0.75	0	392	1.2	0.65	0
		切槽及切断	1364	1.0	1.0	0	—	—	—	—	—	—	—	—
中等硬度不均质铜合金 120HBW	高速钢	外圆纵车、横车及镗孔	540	1.0	0.66	0	—	—	—	—	—	—	—	—
		切槽及切断	736	1.0	1.0	0	—	—	—	—	—	—	—	—
铝及铝硅合金	高速钢	外圆纵车、横车及镗孔	392	1.0	0.75	0	—	—	—	—	—	—	—	—
		切槽及切断	491	1.0	1.0	0	—	—	—	—	—	—	—	—

注：R_m 表示抗拉强度。

由表 2-2 可见，除切螺纹外，切削力 F_z 中切削速度 v 的指数 n_{F_z} 几乎全为 0，由此看来切削速度对切削力影响不明显（由经验公式无法反映出）这一点在后文还要继续说明。对于最常见的外圆纵车、横车或镗孔，$x_{F_z}=1.0$，$y_{F_z}=0.75$，这是一组典型的取值，不只计算切削力,还可用来反映切削中的一些现象。由此可以简单地算出某种具体加工条件下的切削力和切削功率。例如用某硬质合金车刀外圆纵车 $R_m=0.637\text{GPa}$ 的结构钢,车刀几何参数为:$\kappa_r=45°$,$\gamma_0=10°$,$\lambda=0°$,切削用量为:$a_p=4\text{mm}$,$f=0.4\text{mm/r}$,$v=1.7\text{m/s}$。

把由表 2-2 查出的系数和指数代入(由于所给条件与表 2-2 条件相同,故 $K_{F_z}=K_{F_y}=K_{F_x}=1$)得

$$F_z=C_{F_z}a_p^{x_{F_z}}f^{y_{F_z}}v^{n_{F_z}}K_{F_z}=1433\times4^{1.0}\times0.4^{0.75}\times1.7^{-0.51}\times1=2662.5(\text{N})$$

$$F_y=C_{F_y}a_p^{x_{F_y}}f^{y_{F_y}}v^{n_{F_y}}K_{F_y}=572\times4^{0.9}\times0.4^{0.6}\times1.7^{-0.3}\times1=980.3(\text{N})$$

$$F_x=C_{F_x}a_p^{x_{F_x}}f^{y_{F_x}}v^{n_{F_x}}K_{F_x}=561\times4^{1.0}\times0.4^{0.5}\times1.7^{-0.4}\times1=1147.8(\text{N})$$

切削功率 P_m 为:

$$P_m=F_zv\times10^{-3}=2662.5\times1.7\times10^{-3}\approx4.5(\text{kW})$$

(2)单位切削力法

单位切削力 k_c 是指单位切削面积上的切削力,表示为:

$$k_c=\frac{F_z}{A_C}=\frac{F_z}{a_pf}=\frac{F_z}{a_ca_w} \tag{2-2}$$

式中 k_c——单位切削力,N/mm^2;

A_C——切削面积,mm^2;

a_p——背吃刀量,mm;

f——进给量,mm/r;

a_c——切削厚度,mm;

a_w——切削宽度,mm。

如单位切削力为已知,则可由上式求出切削力 F_z。

在单位时间内切除单位体积的金属所消耗的功率称为单位切削功率 $P_s[\text{kW}/(\text{mm}^3\cdot\text{s}^{-1})]$ 为:

$$P_s=\frac{P_m}{Q_z} \tag{2-3}$$

式中 Q_z——单位时间内的金属切除量,mm^3/s;

$$Q_z\approx1000va_pf$$

P_m——切削功率,kW;

$$P_m=F_zv\times10^{-3}=k_ca_pfv\times10^{-3}$$

将 Q_z 和 P_m 代入得

$$P_s=\frac{k_ca_pfv\times10^{-3}}{1000va_pf}=k_c\times10^{-6} \tag{2-4}$$

由实验求得 k_c 后,即可由式(2-4)和式(2-3)求出 P_m,再求出 F_z。

实验结果表明,切削不同的材料,当单位切削力不同时,尽管是同一材料,在切削量、刀具几何参数不同时,k_c 值也不相同。因此,在利用 k_c 的实验值计算 P_m 和 F_z 时,如果切削条件与实验条件不同,须引入修正系数加以修正。

实践证明,影响切削力的因素很多,主要有工件材料、切削用量、刀具几何参数、刀具材料、刀具磨损状态和切削液等。需要注意的是,在某些场合需要大概地估计一下切削力的大小,在这种情况下,可以暂时忽略其他因素的影响而只考虑单位切削力,用初选的切削层

面积乘单位切削力即可。例如用硬质合金刀具车削钢材单位切削力可大约取 $2000\text{N}/\text{mm}^2$，若 $a_p=5\text{mm}$、$f=0.4\text{mm/r}$，则 F_z 大约为 $2000\times5\times0.4=4000$（N）。

（3）解析计算

在已提出的切削力模型中，切削力被假设与切屑横截面面积成正比，其中的比例系数由切削条件和材料特性决定，并已成功应用于铣削过程，其中瞬时刚性力模型可以较准确地预测加工过程中任意时刻铣削力的大小和方向，其计算公式为：

$$\mathrm{d}F_\mathrm{t}=K_\mathrm{tc}h\mathrm{d}z+K_\mathrm{te}\mathrm{d}s$$
$$\mathrm{d}F_\mathrm{r}=K_\mathrm{rc}h\mathrm{d}z+K_\mathrm{re}\mathrm{d}s$$
$$\mathrm{d}F_\mathrm{a}=K_\mathrm{ac}h\mathrm{d}z+K_\mathrm{ae}\mathrm{d}s$$

式中　$\mathrm{d}F_\mathrm{t}$、$\mathrm{d}F_\mathrm{r}$、$\mathrm{d}F_\mathrm{a}$——切向、径向和轴向切削力微元；

　　　$\mathrm{d}s$、$\mathrm{d}z$、h——切削刃长度微元、轴向切深微元及切削厚度；

　　　K_tc、K_rc、K_ac——切向、径向和轴向剪切力系数；

　　　K_te、K_re、K_ae——切向、径向和轴向犁切力系数。

（4）有限元计算

利用计算机软、硬件技术的优势，采用有限元技术特有的优势在金属切削领域对切削加工进行计算模拟，商用有限元软件层出不穷，被开发应用于切削加工的模拟，包括ABAQUS、DEFORM、Third Wave AdvantEdge 等。有限元方法不只可以计算切削力，同时可分析切削温度、残余应力、刀具磨损等，优化切削参数，是用于模拟切削过程的有效工具。

2.3.4　切削力测量

在给定具体切削条件下（如工件材料、切削用量、刀具材料和刀具几何角度以及周围介质等），切削力究竟可以有多大？针对切削力的理论计算，近一个世纪以来海内外学者做了大量的工作。但因为具体的金属切削过程十分复杂且影响因素多，所以现在的很多理论公式均是在一些假说的基础上得出的，仍然有着不小的缺点，计算结果与实验结果无法较好地吻合。因此在生产实际中，一般用实验结果建立起来的经验公式计算切削力的大小。在具体切削条件下，如果需要准确知道该条件下的切削力，还须进行实际测量。经过测试手段的不断进步，切削力的测量方法有了很大的发展，在很多场合下已经能做到对切削力很精确地测量。目前采用的切削力测量手段主要有：

（1）功率反求法

在切削过程中，用功率表测出机床电动机所消耗的功率 P_E 后，计算出切削功率 P_m。这种方法测得的切削力较为粗略，不够精确。

（2）切削力测力仪

测力仪的测量原理是：切削力作用在测力仪的弹性元件上时，弹性元件会产生变形，或切削力作用在压电晶体上，压电晶体产生的电荷经过转换处理后，读出 F_x、F_y 和 F_z 的值。先进的测力仪一般与计算机搭配工作，根据自动显示被测力值和建立切削力的经验公式，直接进行数据处理。在自动化生产中，还可利用测力传感装置产生的信号优化和监控切削过程。

按工作原理，测力仪可以分为机械、液压和电气测力仪。目前最普遍的是电阻应变片式测力仪和压电测力仪。图 2-7 所示为车削力计算机辅助测量切削力的系统框图。

由于切削条件复杂和不确定，理论计算很难得到精确的切削力，并且随着切削动力学的深入研究，加工过程中的适应控制与在线检测等都需要准确地知道切削力，尤其是其动态分

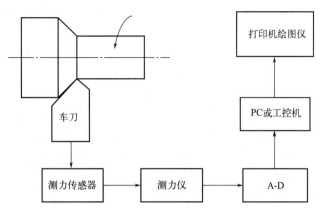

图 2-7　车削力计算机辅助测量切削力系统框图

量的幅值与相位。测力仪进行实验测量切削力的方法可靠且实用，面对这种情况，诸多不同类型的测力仪相继问世。这些测力仪对于有效监测加工过程、改进加工工艺、提高加工质量具有重要的实用价值。

研究切削力，对进一步弄清切削机理，对计算功率消耗，对刀具、机床、夹具的设计，对制订合理的切削用量，优化刀具几何参数等，都具有非常重要的意义。通过对实测的切削力进行分析处理，可以推断切削过程中的切削变形、刀具磨损、工件表面质量的变化机理。在此基础上，可进一步为切削用量优化、提高零件加工精度等提供实验数据支持。

2.4　切削热与切削温度

2.4.1　切削热的产生与传导

(1) 切削热的来源与影响因素

切削热是切削过程中的重要且普遍的物理现象之一，切削时所消耗的能量中有很大一部分转换为热能，这种能量占比一般在 98%～99%。而剩余的 1%～2% 用于形成新表面和以晶格扭曲等形式潜藏，所以我们近似认为切削时所消耗的能量全部转换为热能。因此使得切削温度升高，高温条件直接影响到刀具前面上的摩擦系数、积屑瘤的形成和消退、刀具的磨损、工件加工精度和已加工表面的质量等，因此研究切削热和切削温度也是分析工件加工质量和刀具寿命的重要内容。

被切削的金属在刀具的作用下，发生弹性和塑性变形因此耗功，产生了大量的切削热。除此之外，切屑与刀具前面、工件与刀具后面之间的摩擦也会产生大量的热量。因此，切削时共有三个发热区域，即剪切面、切屑与刀具前面接触区、刀具后面与过渡表面接触区，如图 2-8 所示，三个发热区对应三个变形区。所以，切屑变形功和刀具前、后面的摩擦功就是切削热的两大来源。

在切削塑性材料时，变形和摩擦都很大，所以发热较多。提高切削速度，因切屑的变形减小，所以塑性变形产生的热量比例降低，所以摩擦产生热量的百

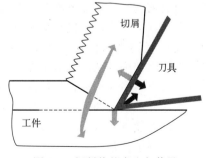

图 2-8　切削热的产生与传导

分比增高。切削脆性材料时,刀具后面上摩擦产生的热量在切削热中所占的百分比增大。

采用磨损量较小的刀具时,刀具后面与工件的摩擦较小,计算切削热时,如果忽略不计刀具后面的摩擦功转化来的热量,则切削时所做的功计算公式如下,即

$$P_m = F_z v$$

式中 P_m——切削功率,J/s;也是每秒所产生的切削热。

在用硬质合金车刀车削 $R_m = 0.637\text{GPa}$ 的结构钢时,将切削力 F_z 的经验公式代入后得

$$P_m = F_z v = C_{F_z} a_p f^{0.75} v^{-0.15} K_{F_z} v = C_{F_z} a_p f^{0.75} v^{0.85} K_{F_z} \quad (2\text{-}5)$$

由式(2-5)可知,切削用量中,a_p 增加一倍的同时,P_m 相应也成比例地增大一倍,所以切削热也增大一倍;影响因素中切削速度 v 对切削热的影响次之,进给量 f 的影响最小;其他因素对切削热的影响和它们对切削力的影响完全相同。

(2) 切削热的传导

切削区域在切削中产生的热量通过切屑、工件、刀具和周围介质传出,向周围介质直接传出的热量,在干切削(不用切削液)时,所占比例在1%以下,故在分析和计算时可忽略不计。

工件材料的导热性在热量传导的过程中影响巨大。工件材料的导热系数越低,工件和切屑在切削过程中传导出去的切削热量就越少,因此通过刀具传导出去的热量就会增加。例如切削钛合金时,因为它的导热系数只有碳素钢的1/4~1/3,切削产生的热量难以传出,切削温度因而随之升高,刀具就很容易发生磨损。

刀具材料的导热系数较高时,切削热就容易传导出去,切削区域温度随之不易升高,这有利于延长刀具的寿命。切屑与刀具接触时间,对刀具的切削温度也会有一定的影响。外圆车削时,切屑形成后迅速脱离车刀然后落入机床的容屑盘中,故切屑传给刀具的热量不多。钻削或其他半封闭式容屑的切削加工,切屑形成后仍然与刀具及工件相接触,切屑会将所带的切削热再次传给工件和刀具,使切削温度升高,从而对刀具产生消极影响。

切削热由切屑、刀具、工件及周围介质传出的比例,大致如下:

i.车削加工时,切屑带走的切削热为50%~86%,车刀传出10%~40%,工件传出3%~9%,周围介质(如空气)传出1%。切削速度越高或切削厚度越大,则切屑带走的热量越多。

ii.钻削加工时,切屑带走切削热28%,刀具传出14.5%,工件传出52.5%,周围介质传出5%。

2.4.2 切削温度的测量

切削热是切削温度升高的重要原因,切削温度会直接影响切削过程。切削温度一般是指刀具前面与切屑接触区域的平均温度。刀具前面的平均温度可近似地认为是剪切面的平均温度和刀具前面与切屑接触面摩擦温度之和。

和切削力相比,已经有很多理论推算方法可以比较准确地计算切削温度(与实验结果较为一致),但这些方法在一定程度上具有局限性,且应用比较烦琐。例如,计算机有限元方法可以求出切削区域的近似温度场,但由于工程问题具有一定的复杂性,不可避免地有一些假设。所以,最为可靠且最精确的方法是对切削温度进行实际测量。在现代生产过程中,控制切削过程的信号源之一就可以是测得的切削温度。

切削温度的测量方法很多,常用的有热电偶法、光辐射法、热辐射法、金相结构法等。

(1) 热电偶法

当两种不同材料组成的材料副(如切削加工中的刀具-工件)靠近并传热升温时,会因

表层电子溢出而产生溢出电动势，在材料副的接触界面之间形成电位差（即热电势）。由于特定材料副在一定的温升条件下形成一定的热电势，因此用测试热电势的大小来确定材料副（即热电偶）的受热情况及温度变化情况。采用热电偶法的测温设备结构简单，测量方便，这种切削温度测量方法是目前较成熟也较常用的。它分为自然热电偶法和人工热电偶法。

（2）光/热辐射法

采用光、热辐射法测量切削温度，其原理是：刀具、切屑和工件材料受热时都会产生一定强度的光、热辐射，且随着温度的升高，辐射强度随之加大，因此可通过测量光、热辐射的辐射能量大小，间接确定切削温度，如红外热像仪法。

（3）金相结构法

金相结构法的原理是：金属材料在高温下会产生相应的金相结构变化，根据观测这一变化进行测温。该方法判定切削温度变化的方法是，通过观察刀具或工件切削前后金相组织的变化来判断切削温度变化。除此以外，还有一种用扫描电镜观测刀具预定剖面显微组织的变化，并与标准试样对照，从而确定刀具切削过程中所达到的温度值的方法。

2.4.3 影响切削温度的主要因素

根据理论分析和大量的实验研究得出结论，切削温度主要受切削用量、刀具几何参数、工件材料、刀具磨损和切削液等因素的影响。

（1）切削用量的影响

实验得出的切削温度经验公式为：

$$\theta = C_\theta v^{z_\theta} f^{y_\theta} a_p^{x_\theta}$$

式中　　θ——实验测出的刀具前面接触区平均温度，℃；

　　　　C_θ——切削温度系数；

　　　　v——切削速度，m/min；

　　　　f——进给量，mm/r；

　　　　a_p——背吃刀量，mm；

z_θ、y_θ、x_θ——相应的指数。

表 2-3　切削温度系数及指数

刀具材料	加工方法	C_θ	z_θ	y_θ	x_θ
高速钢	车削	140～170	0.35～0.45	0.2～0.3	0.08～0.10
	铣削	80			
	钻削	150			
硬质合金	车削	320	f/mm·r^{-1} ： 0.1　0.2　0.3 0.41　0.31　0.26	0.15	0.05

实验得出，用高速钢和硬质合金刀具切削中碳钢时，切削温度系数 C_θ 及指数 z_θ、y_θ、x_θ 见表 2-3。

分析各种因素对切削温度的影响，主要从单个因素对单位时间内产生的热量和传出的热量的影响入手。如果产生的热量比传出的热量大，则切削温度将因为这个因素增高；某个因素使传出的热量增大，则切削温度将因为这个因素降低。

由表 2-3 知，在切削用量三要素中，v 的指数最大，f 次之，a_p 最小。因此切削速度对切削温度影响效果最明显，当切削速度提高时，切削温度迅速上升。而当背吃刀量 a_p 变化时，散热面积和产生的热量也会有相应的变化，故 a_p 对切削温度的影响很小。因此，在机床允许的条件下，选用较大的背吃刀量和进给量，可以有效控制切削温度以提高刀具寿命，比选用大的切削速度更为有利。

(2) 工件材料的影响

工件材料对切削温度的影响与材料的强度、硬度及导热性有关。材料的强度、硬度越高，切削时消耗的功越多，切削温度也就越高。在采用导热性好的材料时，可以降低切削温度。例如，一般来说合金结构钢的强度普遍高于 45 钢，而热导率又多低于 45 钢，故切削温度一般高于 45 钢。

(3) 刀具角度的影响

前角和主偏角对切削温度影响较大。随着前角增大、变形和摩擦减小，切削热少。但前角不能过大，否则刀头部分散热体积过小，导致切削难以降低温度。主偏角减小将增加切削刃工作长度，改善散热条件，从而使切削温度降低。

(4) 刀具磨损的影响

刀具后面的磨损值达到一定数值后，对切削温度的影响骤然增大。切削速度越高，影响就越明显。合金钢强度大，热导率小，所以切削合金钢时刀具磨损对切削温度的影响就大于碳素钢。

(5) 切削液的影响

切削液对切削温度的影响因素有：切削液的导热性能、比热容、流量、注入方式以及本身的温度。就导热性能这一因素来看，油类切削液不如乳化液，乳化液不如水基切削液。用乳化液来代替油类切削液的话，加工生产率可提高 50%～100%。

① 水溶液　主要成分是水，在水中加入一定量的防锈剂，其冷却性能好，但润滑性能差，呈透明状，磨削中较为常见。

② 乳化液　由乳化油用水稀释而成，呈乳白色。为了使油和水混合均匀，常在其中加入一定量的乳化剂（如油酸钠皂等）。乳化液具有良好的冷却和清洗性能，并具有一定的润滑性能，在粗加工及磨削中较为适用。

③ 切削油　主要是矿物油，特殊情况时也采用动植物油或复合油，其润滑性能好，但冷却性能差，常用于精加工工序。

切削液的品种很多，性能不同，通常应根据加工性质、工件材料和刀具材料等来选择合适的切削液，才能收到良好的效果。

粗加工时，对切削液的主要要求是冷却能力，同时需要降低一些切削力及切削功率，一般采用冷却作用较好的切削液，如低浓度的乳化液等。精加工时，需要在提高工件表面质量的同时减少刀具磨损，一般采用润滑作用较好的切削液，如高浓度的乳化液或切削油等。

在加工一般钢材时，一般选用乳化液或硫化切削油。加工铜合金和有色金属时，为避免腐蚀工件，一般不宜采用含有硫化油的切削液。加工铸铁、青铜、黄铜等脆性材料时，一般不使用切削液，防止崩碎切屑进入机床运动部件之间。在低速精加工（如宽刀精刨、精铰、攻螺纹）时，可用煤油作为切削液，以提高工件的表面质量。

高速钢刀具的耐热性较差，为了提高刀具的寿命，一般要根据加工性质和工件材料选用合适的切削液。硬质合金刀具由于耐热性和耐磨性都较好，一般不用切削液。

2.4.4 切削温度对工件、刀具和切削过程的影响

刀具磨损的主要原因是切削温度高,它大大限制了生产率的提高;切削温度还会降低加工精度,让已经加工的表面产生残余应力和其他缺陷。

(1) 切削温度对工件材料强度和切削力的影响

切削时的温度会很高,但切削温度对工件材料硬度及强度的影响不明显。切削温度对剪切区域的应力影响不很明显,原因有二,一是在切削速度较高时,变形速度很高,切削温度对增加材料强度的影响足以抵消高的切削温度使材料强度降低的影响;二是在切削变形过程中产生切削温度,因此切削温度没有足够的时间对前切面上的应力应变状态产生充足的影响,仅对切屑底层的剪切强度产生一定的影响。

工件材料预热至 500~800℃后进行切削时,切削力降低很多。但处于高速切削状态时,切削温度通常可以达到 800~900℃,但切削力却下降不大,由此间接看出,切削温度对剪切区域内工件材料强度影响不明显。目前加热切削是切削难加工材料的一种较为可行的方法,但其中的加热区过大、热效率低、温控困难、加工质量难以保证等是需要研究解决的技术问题。

(2) 切削温度对刀具材料的影响

适当地提高切削温度,有利于提高硬质合金的韧性。高温条件下,硬质合金冲击强度比较高,所以硬质合金不易发生崩刃现象,磨损强度也会有一定的降低。实验证明,各类刀具材料在切削各种工件材料时,都有一个最合适的切削温度范围。在最合适的切削温度范围内,刀具的寿命最高,同时工件材料的切削加工性也是符合要求的。

(3) 切削温度对工件尺寸精度的影响

在车削外圆时,工件本身受热膨胀,直径发生变化,此时膨胀的工件满足加工要求,但在切削之后工件冷却至室温,工件恢复至正常体积,可能产生不符合要求的加工精度。

刀杆受热膨胀,切削时实际切削深度增加使直径减小。

工件受热变长,但因夹固在机床上不能自由伸长而发生弯曲,车削后工件中部产生直径变化。在精加工和超精加工时,切削温度对加工精度的影响特别突出,所以必须注意降低切削温度。

(4) 利用切削温度自动控制切削速度或进给量

前文提到,各种刀具材料切削不同的工件材料都有一个最佳切削温度范围。所以,机床的转速或进给量可利用切削温度来控制,以保持切削温度在最佳范围内,最终实现提高生产率及工件表面质量的目的。

(5) 利用切削温度与切削力控制刀具磨损

运用热电偶能在极短的时间内检测出刀具是否发生明显的磨损。观察切削过程中的切削力和切削分力之间比例的变化,可反映切屑碎断、积屑瘤变化或刀具前、后面的磨损情况。切削力和切削温度这两个参数能够互相补充,用来分析切削过程的状态变化。

2.5 切削用量的选择及工件材料加工性

2.5.1 切削用量的选择

选择正确的切削用量,可以提高切削效率、保证必要的刀具寿命、提高经济性以及加工

质量，可以从切削用量对切削加工的影响来确定切削用量的选取原则。

（1）对加工质量的影响

切削用量三要素中，增大切削深度和进给量，都会使切削力增大，从而使工件变形增大，并可能引起振动，进一步对加工精度造成影响并增大表面粗糙度 Ra 值。进给量增大还会使残留面积的高度明显增大，表面变得更粗糙。切削速度增大时，会使切削力减小并可减小或避免积屑瘤，有利于提高加工质量和表面质量。

（2）对基本时间的影响

以图 2-9 所示车外圆为例，基本时间的计算式为：

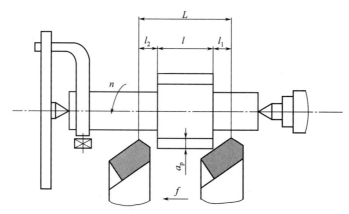

图 2-9　车外圆时基本工艺时间的计算

$$t_m = \frac{L}{nf}i$$

因为 $i=\dfrac{h}{a_p}$，$n=\dfrac{1000v}{\pi d_w}$，所以

$$t_m = \frac{\pi d_w L h}{1000 v f a_p}$$

式中　d_w——毛坯直径，mm；
　　　L——车刀行程长度，它包括工件加工面长度 l、切入长度 l_1 和切出长度 l_2，mm；
　　　i——进给次数；
　　　h——毛坯的加工余量，mm。

为了便于分析，可将上式简化为：

$$t_m = \frac{k}{vfa_p}i \quad \left(k=\frac{\pi d_w L h}{1000}\right)$$

由此可知，切削用量三要素对基本时间 t_m 的影响是相同的。

（3）对刀具寿命和辅助时间的影响

用试验的方法可以求出刀具寿命与切削用量之间关系的经验公式。例如用硬质合金车刀车削中碳钢时，有

$$T = \frac{C_T}{v^5 f^{2.25} a_p^{0.75}} \quad (f>0.75\text{mm/r})$$

由上式可知，在切削用量的诸多因素中，切削速度对刀具寿命的影响最大，进给量的影响次之，切削深度的影响最小。在提高切削速度时，刀具寿命下降的速度，要比增大同样倍数的进给量或切削深度时快得多。由于刀具寿命快速下降，必然会增加磨刀或换刀的次数，

从而被迫增加辅助次数，大大影响了生产率。

综合切削用量三要素对刀具寿命、生产率和加工质量的影响，在选择切削用量的前后顺序应为：首先选尽可能大的切削深度；其次选尽可能大的进给量；最后选尽可能大的切削速度。

粗加工时，以提高生产率为主要目的，同时还要保证一定的刀具寿命。因此，一般选取较大的切削深度和进给量，在选取切削速度时，切削速度不能很高，即在机床功率足够时，应尽可能选取较大的切削深度，尽量一次进给就把该工序的加工余量切完，只有在余量过大、机床功率不足、刀具强度不足时，才要两次或多次进给切完余量。在切削表层有硬皮的铸、锻件或切削不锈钢等加工硬化较严重的材料时，应尽量加大切削深度，使切削深度越过硬皮或硬化层深度；其次，根据机床-刀具-夹具-工件工艺系统的刚度，尽量选择较大的进给量；最后，根据工件的材料和刀具的材料选择合适的切削速度。粗加工的切削速度一般选用中等切削速度或更低的数值。

精加工时，以保证工件的加工精度和表面质量为主要目的，同时也要考虑刀具寿命和尽量提高生产率。精加工通常要逐渐减小切削深度，来逐步提高加工精度，进给量的大小依据表面粗糙度的加工要求来选取。选择切削速度避免产生积屑瘤，因此要避开产生积屑瘤的切削速度区域内的切削速度，切削硬质合金用到的刀具通常采用较高的切削速度，高速钢刀具则采用较低的切削速度。精加工常选用较小的切削深度、进给量和较高的切削速度，这样在可以保证加工质量的同时，又可提高生产率。

切削用量的选取有计算法和查表法两种方法。但在大多数情况下，切削用量的选取是根据给定的条件按有关切削用量手册中推荐的数值选取。

2.5.2 工件材料的切削加工性

（1）工件材料切削加工性的概念

工件材料被切削加工的难易程度，称为材料的切削加工性。

当前衡量材料切削加工性的标准有很多，一般来说，良好的切削加工性是：刀具寿命较长或一定寿命下可以保证较高的切削速度；在相同的切削条件下切削力却较小、切削温度较低；容易获得优质的表面质量；可以容易地控制切屑形状或容易断屑。但要衡量一种材料切削加工性的好坏，往往还要看具体的加工要求和切削条件。例如，纯铁切除余量较容易实现，但加工出光洁的表面却很困难，所以在精加工的要求下，这种情况属于切削加工性不好；不锈钢在普通机床上加工难度不大，但在自动机床上加工会有难以断屑的情况出现，因此认为其切削加工性较差。

在生产和试验中，往往在诸多指标中用其中某一项指标来评价材料切削加工性的某一侧面。最常用的指标是一定刀具寿命下的切削速度 v_T 和相对加工性 K_r。

v_T 的含义是指当刀具寿命为 T 时，切削某种材料所允许的最大切削速度。v_T 越高，表示材料的切削加工性越好。通常取 $T=60\min$，则 v_T 写作 v_{60}。

切削加工性的概念具有相对性。所谓某种材料切削加工性的好与坏，是相对于其他另一种材料来说的。在判别材料的切削加工性时，一般以切削正火状态 45 钢的 v_{60} 作为基准，写作 $(v_{60})_j$，而把其他各种材料的 v_{60} 同它相比，其比值 K_r，称为相对加工性，即

$$K_r = v_{60}/(v_{60})_j$$

常用材料的相对加工性 K_r 分为八级，见表 2-4。$K_r > 1$ 的材料，加工性比 45 钢好，$K_r < 1$ 的材料，加工性比 45 钢差。K_r 实际上也反映了不同材料对刀具磨损和刀具寿命的影响。

表 2-4 材料切削加工性能等级

加工性能等级	名称及种类		相对加工性 K_r	代表性材料
1	很容易切削材料	一般有色金属	>3.0	HPb59-1 铜铅合金、HA160-1-1 铝铜合金、铝镁合金
2	容易切削材料	易切削钢	2.5～3.0	15Cr 退火 R_m=380～450MPa 自动机钢 R_m=400～500MPa
3		较易切削钢	1.6～2.5	30 钢正火 R_m=450～560MPa
4	普通材料	一般钢与铸铁	1.0～1.6	45 钢、灰铸铁
5		稍难切削材料	0.65～1.0	2Cr13 调质 R_m=850MPa 85 钢 R_m=900MPa
6	难切削材料	较难切削材料	0.5～0.65	45Cr 调质 R_m=1050MPa 65Mn 调质 R_m=900～1000MPa
7		难切削材料	0.15～0.5	50CrV 调质,某些钛合金
8		很难切削材料	<0.15	镍基高温合金

（2）改善工件材料切削加工性的途径

材料的切削加工性对表面质量和生产率有十分显著的影响，因此在满足零件使用要求的同时也要尽量选用加工性较好的材料。

工件材料的物理性能（如热导率）和力学性能（如强度、塑性、韧性、硬度等）对切削加工性有着很大影响，但这种影响不是一成不变的。

在日常生产中，须采取一些措施来提高切削加工性。生产中常用的措施主要有以下两种。

① 调整材料的化学成分　因为材料的化学成分会直接影响其机械性能。如碳钢中，随着碳比例的增加，其强度和硬度一般都会提高，但同时其塑性和韧性也在降低，因此高碳钢强度和硬度较高，切削加工性不理想；低碳钢塑性和韧性较高，切削加工性也不理想；中碳钢的强度、硬度、塑性和韧性都处于高碳钢和低碳钢之间，所以中碳钢切削加工性较好。

在钢中加入适量的硫、铅等元素，可有效地改善其切削加工性。这样处理之后的钢称为易切削钢，但只有在工件满足对材料性能要求时才可以这样做。

② 采用热处理改善材料的切削加工性　化学成分相同的材料，在其金相组织不一样时，力学性能也会不一样，所以切削加工性就不同。因此，可采用热处理的方式来对不同材料改善切削加工性。例如，对高碳钢进行球化退火，可降低硬度；对低碳钢进行正火，可降低塑性；白口铸铁可在 910～950℃经 10～20h 的退火或正火，使其变为可锻铸铁，从而改善切削性能。

◆ 习题与思考题 ◆

2-1　金属切削过程有何特征？用什么参数来表示和比较？

2-2　切削过程的三个变形区各有何特点？它们之间有什么关联？

2-3　分析积屑瘤产生的原因及其对加工的影响，生产中最有效的控制积屑瘤的手段是什么？

2-4　切屑与刀具前面之间的摩擦与一般刚体之间的滑动摩擦有无区别？若有区别，二者有何不同之处？

2-5 车刀的角度是如何定义的？标注角度与工作角度有何不同？
2-6 金属切削过程中为什么会产生切削力？
2-7 车削时切削合力为什么常分解为三个相互垂直的分力来分析？试说明这三个分力的作用。
2-8 背吃刀量和进给量对切削力的影响有何不同？
2-9 切削热是如何产生和传出的？仅从切削热产生的多少能否说明切削区温度的高低？
2-10 切削温度的含义是什么？它在刀具上是如何分布的？它的分布和三个变形区有何联系？
2-11 刀具材料应具备哪些性能？常用刀具材料有哪些？各有何优缺点？
2-12 试比较磨削和单刃刀具切削的异同。
2-13 高速切削是如何定义的？
2-14 分析高速切削时切削力、切削热与切削速度变化的关系。

第3章 机械加工机床与刀具

学习意义

机床是用来制造机器的机器,被称为工作母机,是工业体系中不可或缺的一部分。切削刀具是机床的重要组成部分,直接承担着切削任务,影响着零件成形质量。学习各类机床以及刀具的组成、应用、特点,有助于了解机床在国民经济现代化建设中的重大作用。

学习目标

① 掌握机床的分类及型号表示,了解各种机床的适用范围;
② 了解机床的基本组成部分;
③ 了解刀具的材料,会根据加工工艺条件选择刀具材料;
④ 掌握刀具的基本结构、刀具角度及参考平面;
⑤ 了解刀具的磨损以及刀具寿命。

3.1 机床分类与型号

机床种类繁多,必须对各式机床进行分类和型号编制,以方便机床的设计、制造、管理以及使用。根据加工工艺方法的不同,可将机床分为:金属切削机床、电加工机床、锻压机床、铸造机床、热处理机床、坐标测量机等。本章讨论的主要为金属切削机床。

3.1.1 机床型号表示方法

随着机械工业的不断发展,为满足各种零部件形状、精度等方面的要求,各式各样的机床不断被开发出来。每台机床产品都要有自己的代号,即机床型号,用以标明机床的类型、性能、结构特点以及主要技术参数等信息。我国现行的机床型号按照 GB/T 15375—2008

《金属切削机床 型号编制方法》进行编制，由一组大写英文字母和阿拉伯数字组合而成。型号由基本部分和辅助部分组成，中间用"/"隔开，读作"之"。基本部分按标准统一管理，辅助部分由企业自定是否纳入型号。型号构成如下：

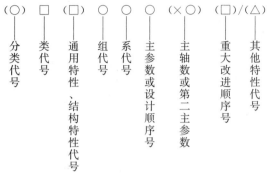

注：① 有"（）"的部分无内容时不予表示，若有内容则不带括号；
② "□"表示大写英文字母；
③ "○"表示阿拉伯数字；
④ "△"表示大写英文字母或阿拉伯数字，或两者兼有。

3.1.2 机床的分类及代号

按照机床加工性质和所用刀具的不同进行分类，可将金属切削机床分为十二个大类，即车床、钻床、镗床、磨床、齿轮加工机床、螺纹加工机床、铣床、刨插床、拉床、特种加工机床、锯床以及其他机床。每一个大类的机床按其工艺范围、布局和结构形式不同，可分为若干个组，每一组又细分为若干个系列。我国制定的金属切削机床型号编制标准大致就是按此方法规定的。

除此之外，对金属切削机床还有其他分类方法。

(1) 按机床通用程度分类

① 通用机床　它可用于多种零件的不同加工工序，加工范围较广，通用性较大，但结构比较复杂，主要适用于单件小批量生产，如普通卧式车床、万能升降台铣床，万能外圆磨床等均属于通用机床。

② 专门化机床　它的加工范围较窄，主要用于完成形状类似而尺寸不同的工件的某一道（或几道）特定工序的加工。其特点介于通用机床和专用机床之间，既有加工尺寸的通用性，又有加工工序的专用性，生产效率较高，适用于成批生产。凸轮轴车床、曲轴车床、丝杠车床、齿轮加工机床等均属于专门化机床。

③ 专用机床　它的加工范围最窄，只能用于某一种工件的某一道特定加工工序，具有专用、高效、自动化程度高和易于保证加工精度的特点，适用于大批大量生产，如加工机床床身导轨的专用磨床，汽车、拖拉机制造中使用的各种组合机床都属于专用机床。

(2) 按工作精度分类

相同类型的机床，按工作精度可分为普通精度机床、精密机床和高精度机床。

(3) 按自动化程度分类

机床按自动化程度可分为手动机床、机动机床、半自动机床和自动机床。

(4) 按重量和尺寸分类

机床按重量和尺寸可分为中小型机床（一般机床）、大型机床（重 10t 以上）、重型机床（重 30t 以上）和超重型机床（重 100t 以上）。

(5) 按主要工作部件（主轴和刀具）的数目分类

机床按照刀具数目可以分为单刀机床、多刀机床；按主轴数目可以分为单轴机床、多轴机床等。

(6) 按数控功能分类

可分为非数控机床、一般数控机床、加工中心、柔性制造单元等。

有时，某类机床在类以下还有若干分类，分类代号用阿拉伯数字表示（分类代号为"1"时不予表示），位于类代号之前，作为机床型号的首位。机床的分类和代号见表3-1。

表 3-1 机床的分类和代号

类别	车床	钻床	镗床	磨床			齿轮加工机床	螺纹加工机床	铣床	刨插床	拉床	特种加工机床	锯床	其他机床
代号	C	Z	T	M	2M	3M	Y	S	X	B	L	D	G	Q
读音	车	钻	镗	磨	二磨	三磨	牙	丝	铣	刨	拉	电	割	其

每类机床划分为十个组，用数字 0~9 表示，主要布局、性能或使用范围基本相同的机床为同一组。每一组之下又分为若干个系（系列），主参数相同，工件和刀具本身及其特点基本相同，且基本结构及布局形式也相同的机床，即为同一系。例如车床组代号 6（落地及卧式车床）之下分为若干个系：60（落地车床）、61（卧式车床）、62（马鞍车床）、63（轴车床）等。

3.1.3 机床的特性代号

当某类型机床除有普通型外，还具有某种通用特性时，则在类代号之后加上通用特性代号，通用特性代号在各类机床型号中表示的意义相同。若某机床仅有通用特性，而无普通型，则通用特性不必表示。机床的通用特性代号见表 3-2 所示。对主参数相同而结构、性能不同的机床，在型号中加结构特性代号予以区分。与通用特性代号不同，结构特性代号只在同类机床中起区分作用。结构特性代号为英文字母，字母由企业自定，排在类代号之后，当型号中有通用特性代号时，排在通用特性代号之后。

表 3-2 机床的通用特性代号

通用特性	高精度	精密	自动	半自动	数控	加工中心（自动换刀）	仿形	轻型	加重型	柔性加工单元	数显	高速
代号	G	M	Z	B	K	H	F	Q	C	R	X	S
读音	高	密	自	半	控	换	仿	轻	重	柔	显	速

3.1.4 机床主参数、第二主参数和设计顺序号

机床主参数代表机床规格的大小，用折算值（主参数乘以折算系数）表示。几种常用机床的主参数及折算系数见表3-3。某些通用机床，当无法用一个主参数表示时，则在型号中用设计顺序号表示，设计顺序号由 1 起始。第二主参数一般是指主轴数、最大跨距、最大工件长度、工作台工作面长度等，是对主参数的补充，也用折算值表示，不过一般情况下第二主参数不予表示。

表 3-3　几种常用机床的主参数及折算系数

机床名称	卧式车床	摇臂钻床	坐标镗床	外圆磨床	卧式升降台铣床	立式升降台铣床	牛头刨床	龙门刨床
主参数	床身最大回转直径	最大钻孔直径	工作台面宽度	最大磨削直径	工作台面宽度	工作台面宽度	最大刨削长度	最大刨削宽度
折算系数	1/10	1/1	1/10	1/10	1/10	1/10	1/10	1/100

3.1.5　机床的重大改进顺序号

当机床的结构布局和性能有重大改进，并按新产品重新设计、试制和鉴定时，按改进的先后顺序选用 A、B、C 等字母（为避免混淆，不选用"I""O"两个字母）作为重大改进序号，加在原机床型号基本部分的尾部，以区别于原机床型号。

重大改进设计是在原机床的基础上进行的改进设计，若只是采取局部小改进或增减某些附件、测量装置以及改变工件装夹方法等措施，对原机床结构布局和性能没有重大改变，则不属于重大改进。

3.1.6　同一型号机床的变型代号

某些机床，根据不同的加工需要，在基本型号机床的基础上，仅改变机床的部分结构时，则在原机床型号之后加变型代号，用阿拉伯数字表示，并用"/"分开（读作"之"），以示区别。

机床型号示例：

CA6140

C——类别代号（车床类）

A——结构特性代号（结构不同）

6——组别代号（落地及卧式车床组）

1——系列代号（卧式车床系）

40——主参数（最大车削直径 400mm）

MG1432A

M——类别代号（磨床类）

G——通用特性（高精度）

1——组别代号（外圆磨床组）

4——系列代号（万能外圆磨床系）

32——主参数（最大磨削直径 320mm）

A——重大改进顺序号（第一次重大改进）

3.1.7　常见机床

机床种类繁多，在实际的机械制造工业中最常见的有如下几种：

3.1.7.1　车床

车床是切削加工中使用最多的一类机床，在普通的机器制造厂中，车床的数量约占金属切削机床总台数的 20%～35%。车床的主运动在正常情况下为主轴的回转运动，进给运动为刀具在各方向的移动。车床加工所使用的刀具一般以车刀为主，可用于加工内外圆柱面、圆锥面、端面、成形回转表面以及内外螺纹面等。除车刀之外，车床还可以使用钻头、扩孔钻、铰刀等孔加工刀具。

车床按其结构和用途的不同可分为卧式车床、立式车床、转塔车床、自动车床、半自动车床以及各种专门化车床等，其中卧式车床是应用最为广泛的一种。卧式车床的主参数为床身上工件的最大回转直径，其经济加工精度一般可达 IT8 左右，精车时的表面粗糙度 Ra 可达 $2.5\sim1.25\mu m$。

(1) CA6140 型卧式车床

图 3-1 所示为一台 CA6140 型卧式车床外形图。其结构为典型的卧式车床布局，通用性程度高、加工范围广，尤其适用于各种中、小型轴类和盘套类零件的加工。CA6140 型卧式车床可以车削内外圆柱面，圆锥面，各种环槽，成形面，端面以及常用的米制、英制、模数制及径节制四种标准螺纹，也可以车削加大螺距螺纹、非标准螺距及较精密的螺纹，还可以进行钻孔、扩孔、铰孔、滚花和压光等工作。

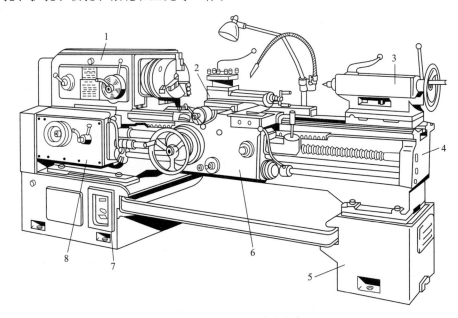

图 3-1　CA6140 型卧式车床
1—主轴箱；2—刀架；3—尾座；4—床身；5—床腿；6—溜板箱；7—床腿（电气箱）；8—进给箱

(2) 立式车床

立式车床（图 3-2）的主参数为最大车削直径，折算系数为最大车削直径的 1/100。例如，C5112A 型单柱立式车床型号中的主参数为"12"，表示其最大车削直径为 1200mm。立式车床按结构形式可分为单柱立式车床和双柱立式车床两种，与卧式车床不同，立式车床的工作台位于水平位置，因此方便对较为笨重的工件进行找正，常用于加工高径比 $h/d<1$ 的大型工件。且在立式车床上工件和工作台的质量比较均匀地分布在导轨面和推力轴承上，有利于保持机床的工作精度和提高生产率。

(3) 转塔车床

转塔车床在结构上与卧式车床有着明显的不同，它没有丝杠，且尾座被转塔刀架所代替。根据工件实际的加工工艺情况，需要预先将所用的全部刀具安装在转塔车床上，并调整好，加工时用这些刀具轮流进行切削，每组刀具的行程终点位置由可调整的挡块来加以控制。机床调整好后，加工每个工件时不必再反复地装卸刀具及测量工件尺寸。因此，与卧式车床相比，转塔车床更适合大批量加工复杂工件，生产效率较高。

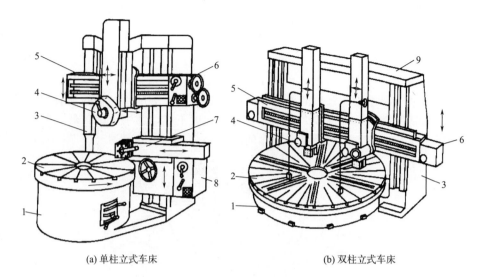

(a) 单柱立式车床　　　　　　　　(b) 双柱立式车床

图 3-2　立式车床

1—底座；2—工作台；3—立柱；4—垂直刀架；5,9—横梁；6—垂直刀架进给箱；7—侧刀架；8—侧刀架进给箱

普通转塔车床外形图如图 3-3 所示。刀架可以沿着床身做纵向进给运动，以切削大直径外圆柱面；也可以做横向进给运动，以切削内外端面、沟槽等。转塔刀架只能做纵向运动，转塔的六角面上可利用附具分别安装挡料块、车刀、镗刀、钻头、铰刀、板牙等切削刀具和工具，也可在一个附具上安装数把车刀以实现多刀同时加工，因此转塔刀架的加工范围较广。

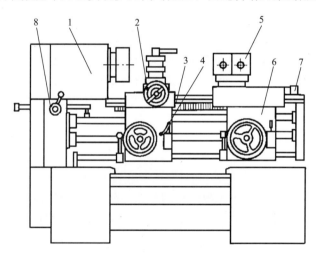

图 3-3　普通转塔车床外形图

1—主轴箱；2—前刀架；3—床身；4—前刀架溜板箱；5—转塔刀架；
6—转塔刀架溜板箱；7—定程装置；8—进给箱

3.1.7.2　磨床

磨床是用磨具或磨料（如砂轮、砂带、磨石、研磨料）为工具进行切削加工的机床。磨床一般用于精加工，可满足高精度以及硬表面的加工需求，如今也有部分高效磨床可用于粗加工。

磨床的种类很多，可适应磨削各种加工表面、工件形状及生产批量的要求，其中主要类型有：外圆磨床、内圆磨床、平面磨床、工具磨床、刀具刃磨磨床、各种专门化磨床（如曲轴磨床、凸轮轴磨床、花键轴磨床、活塞环磨床、齿轮磨床、螺纹磨床等）、研磨床和其他磨床（如珩磨机、抛光机、超精加工机床、砂轮机等）。

（1）M1432B 型万能外圆磨床

外圆磨床的主参数为最大磨削直径，折算系数为 1/10，如 M1432B 型万能外圆磨床的最大磨削直径为 320mm。图 3-4 所示为 M1432B 型万能外圆磨床外形图。M1432B 型万能外圆磨床主要用于磨削圆形或圆锥形的外圆和内孔，也可用于磨削阶梯轴的轴肩和端平面。这种磨床属于普通精度级，通用性较大，而且自动化程度不高，磨削效率较低，所以适用于工具车间、机修车间和单件、小批量生产的车间。

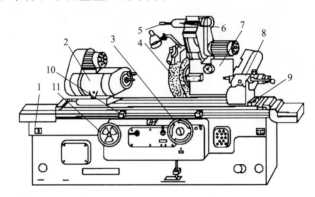

图 3-4　M1432B 型万能外圆磨床

1—床身；2—头架；3—横向进给手轮；4—砂轮；5—内圆磨头；6—内圆磨具；
7—砂轮架；8—尾架；9—工作台；10—挡块；11—纵向进给手轮

（2）普通外圆磨床

普通外圆磨床与万能外圆磨床在结构上有几点不同：普通外圆磨床头架和砂轮架不能绕轴心在水平面内调整角度位置；普通外圆磨床头架主轴直接固定在箱体上不能转动，工件只能用顶尖支承进行磨削；普通外圆磨床不配置内圆磨头装置。因此普通外圆磨床的工艺范围比通用外圆磨床窄，但由于减少了主要部件的结构层次，头架主轴又固定不转，故机床及头架主轴部件的刚度高，工件的旋转精度好。普通外圆磨床适用于大批量加工磨削外圆柱面、锥度不大的外圆锥面及阶梯轴轴肩等。

（3）无心磨床

无心磨削加工原理如图 3-5 所示。与其他常见机加工方式不同，无心磨削加工时工件不用顶尖支承或卡盘夹持，只需置于磨削砂轮和导轮之间并用托板支承定位。导轮一般为刚玉砂轮，以树脂或橡胶为结合剂，摩擦系数较大。无心磨床在工作时，工件在摩擦力的作用下

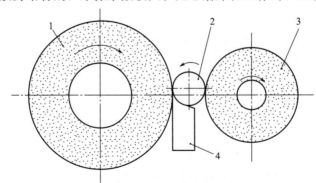

图 3-5　无心磨削示意图

1—磨削砂轮；2—工件；3—导轮；4—托板

跟随导轮旋转，线速度约等于导轮的线速度，在 10～50m/min。磨削砂轮采用一般的外圆磨砂轮，通常不变速，线速度很高，一般为 35m/s 左右，所以在磨削砂轮与工件之间有很大的相对速度，这就是磨削工件的切削速度。工件中心必须高于磨削砂轮和导轮中心的连线，以确保工件可以一直跟随导轮转动，避免磨削出棱圆形工件。

无心磨削通常有纵磨法和横磨法两种，如图 3-6 所示。图 3-6(a) 所示为纵磨法（又称贯穿磨法），砂轮做旋转运动，工件做圆周进给运动以及轴向运动，导轮轴线相对于工件轴线偏转 $\alpha = 1°\sim 4°$ 的角度，粗磨时取大值，精磨时取小值；图 3-6(b) 所示为横磨法（又称切入磨法或径向磨法），工件不做轴向运动，导轮做横向进给运动，为了使工件在磨削时紧靠挡块，一般取偏转角 $\alpha = 0.5°\sim 1°$。

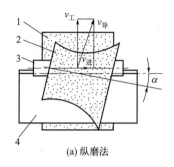 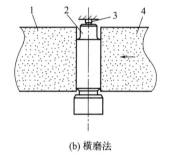

(a) 纵磨法　　　　　　　　　　　　　(b) 横磨法

1—磨削砂轮；2—导轮；3—工件；4—托板　　　1—磨削砂轮；2—工件；3—挡块；4—导轮

图 3-6　无心磨削的两种方法

无心磨床适用于大批量生产中磨削细长轴以及不带中心孔的轴、套、销等零件。纵磨法主要用于磨削轴向尺寸大于砂轮宽度的工件，横磨法主要用于磨削轴向尺寸小于砂轮宽度的工件。

（4）内圆磨床

内圆磨床有普通内圆磨床、无心内圆磨床和行星内圆磨床等多种类型，用于磨削圆柱孔和圆锥孔。按自动化程度分为普通、半自动和全自动内圆磨床三类。普通内圆磨床比较常用，主参数为最大磨削孔径，折算系数为 1/10。

内圆磨削一般采用纵磨法，如图 3-7 所示。工件装夹在头架上，做圆周进给运动。头架安装在工作台上，可随工作台沿床身导轨做纵向往复运动，还可在水平面内调整位置角度以磨削圆锥孔。砂轮由砂轮架主轴带动做旋转运动，砂轮架可由手动或液压传动沿床鞍做横向进给，工作台每往复一次，砂轮架横向进给一次。砂轮装在加长杆上，加长杆锥柄与主轴端锥孔相配合，可根据磨孔的不同直径和长度进行更换。砂轮的线速度通常为 15～25m/s 左右，这种磨床适用于单件小批量生产。

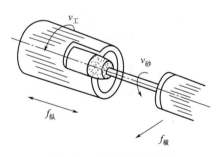

图 3-7　内圆磨削示意图

（5）平面磨床

顾名思义，平面磨床是用于磨削平面的机床。根据磨削砂轮工作面的不同，平面磨床可分为两类，一类是用砂轮轮缘磨削的平面磨床，砂轮主轴一般处于水平位置（卧式）；另一类是用砂轮端面磨削的平面磨床，砂轮主轴一般处于竖直位置（立式）。根据工作台的形状不同，平面磨床又可分为矩形工作台和圆形工作台两类。所以，根据砂轮工作面和工作台形状的不同，平面磨床主要有四种类型：卧轴矩台平面磨床、卧轴圆台平面磨床、立轴矩台平面磨床和立轴圆台平面磨床。其中卧轴矩台平面磨床和立轴圆台平面磨床是最为常用的两种平面磨床。

3.1.7.3 钻床

钻床是进行孔加工的主要机床。在钻床上进行钻孔所使用的刀具为钻头，工作时工件固定不动，刀具做旋转主运动，同时沿轴向移动做进给运动。在车床上也能进行孔加工，但是工件做旋转主运动，刀具做进给运动。所以钻床更适用于加工外形较复杂、没有对称回转轴线的工件上的孔，尤其是多孔加工。例如，加工箱体、机架等零件上的孔。除钻孔外在钻床上还可完成扩孔、铰孔、锪平面以及攻螺纹等工作。

钻床的主参数是最大钻孔直径，折算系数为 1/1。根据用途和结构的不同，钻床可分为：立式钻床、摇臂钻床、深孔钻床、台式钻床以及中心孔钻床等。

(1) 立式钻床

立式钻床的结构如图 3-8 所示。工作时将工件装夹在工作台上，钻头安装在主轴上，主轴在电动机的驱动下做旋转运动，同时主轴沿轴向做进给运动。工作台和进给箱可沿立柱上的导轨调整其上下位置，以加工不同高度的零件。立式钻床不适合加工大型零件，生产效率较低，常用于单件、小批量生产加工中、小型工件。

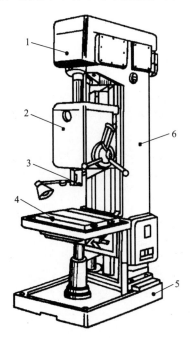
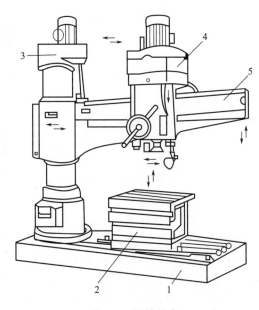

图 3-8 立式钻床
1—变速箱；2—进给箱；3—主轴；4—工作台；5—底座；6—立柱

图 3-9 摇臂钻床
1—底座；2—工作台；3—立柱；4—主轴变速箱；5—摇臂

(2) 摇臂钻床

摇臂钻床的结构如图 3-9 所示。摇臂钻床的摇臂可绕立柱回转和升降，主轴箱又可在摇臂上做水平移动。主轴运动灵活，可以很容易地被调整到所需的加工位置上。与立式钻床相比，摇臂钻床适合加工较为笨重的工件。

(3) 深孔钻床

深孔钻床是专门用于加工深孔的钻床，如加工炮筒、枪管和机床主轴等零件中的深孔，使用的刀具为深孔钻头。为便于操作和排除切屑，深孔钻床一般采用卧式布局。为保证获得好的冷却效果，在深孔钻床上配有周期退刀排屑装置及切削液输送装置，使切削液由刀具内部输入至切削部位。

（4）台式钻床

台式钻床是一种主轴垂直布置的小型钻床，钻孔直径一般在 15mm 以下。由于加工孔径较小，台钻主轴的转速可以很高。台式钻床小巧灵活，使用方便，但一般自动化程度较低，适用于单件、小批生产中加工小型零件上的各种孔。

3.1.7.4 铣床

铣床是用铣刀进行铣削加工的机床。铣削的主运动是铣刀的旋转，进给运动一般为工件或铣刀的移动。铣床适应的工艺范围较广，除了可加工各种平面之外，还可加工台阶面、沟槽、成形面、螺旋面等。

铣床的类型有很多，如常见的升降台式铣床、床身式铣床、龙门铣床、工具铣床、仿形铣床，以及近年来发展起来的数控铣床等。

（1）升降台式铣床

升降台式铣床按主轴在铣床上布置方式的不同，分为卧式升降台铣床和立式升降台铣床两种类型。

卧式升降台铣床简称卧铣，其主轴沿水平布置，如图 3-10 所示。在卧式升降台铣床上还可安装由主轴驱动的立铣头附件。

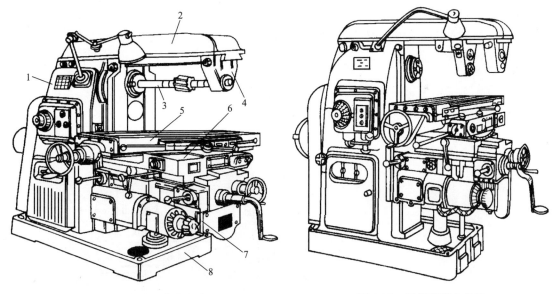

图 3-10　卧式升降台铣床　　　　　图 3-11　万能升降台铣床
1—床身；2—悬臂；3—铣刀轴心；4—挂架；5—工作台；
6—床鞍；7—升降台；8—底座

图 3-11 所示为万能升降台铣床。它与卧式升降台铣床的区别在于它在工作台与床鞍之间增装了一层转盘，转盘相对于床鞍可在水平面内扳转一定的角度（±45°范围），以便加工螺旋槽等表面。

立式升降台铣床简称立铣，其主轴为垂直布置，如图 3-12 所示。主轴头架可在垂直面内旋转一定的角度，以铣削斜面。其工作台与升降台的结构与卧铣相同。

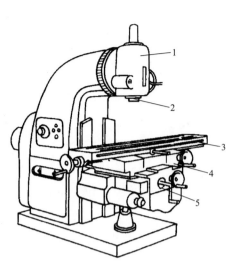

图 3-12 立式升降台铣床　　　　　　　图 3-13 双轴圆形工作台铣床
1—立铣头；2—主轴；3—工作台；4—床鞍；5—升降台　　1—主轴；2—立柱；3—圆形工作台；4—滑座；5—底座

（2）床身式铣床

与升降台铣床不同，床身式铣床的工作台不做升降运动，机床的垂直进给运动由安装在立柱上的主轴箱来实现，这样可以提高机床的刚度，便于采用较大的切削用量。床身式铣床的工作台有圆形和矩形两类，图 3-13 所示为双轴圆形工作台铣床，主要用于粗铣和半精铣顶平面。床身式铣床的生产率较高，但需专用夹具装夹工件。适用于成批或大量生产中铣削中、小型工件的顶平面。

（3）龙门铣床

龙门铣床主要用来加工大型工件上的平面和沟槽，是一种大型高效通用铣床。机床主体结构呈龙门式框架，如图 3-14 所示。龙门铣床刚度高，可多刀同时加工多个工件或多个表面，生产率高，适用于成批大量生产。

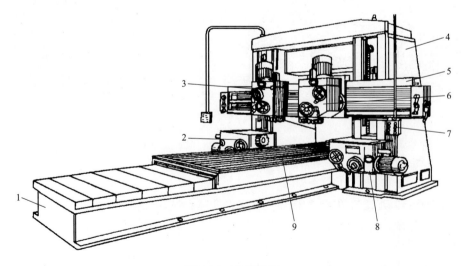

图 3-14 龙门铣床
1—床身；2,8—卧铣头；3,6—立铣头；4—立柱；5—横梁；7—控制器；9—工作台

3.2 机床的组成与部件

3.2.1 机床的基本组成

各类机床虽然用途不同,但基本结构大致相似,一般都由以下几个基本部分组成。

(1) 传动系统

包括主传动系统、进给传动系统和其他运动的传动系统。

(2) 支承件

用于安装和支承其他固定的或运动的部件,承受其重力和切削力,如床身、立柱等。支承件是机床的基础构件,又称机床大件或基础件。

(3) 工作部件

① 与最终实现切削加工的主运动和进给运动有关的执行部件。如主轴及主轴箱、工作台及其滑板或滑座、刀架及其滑板和滑枕等,安装工件或刀具的部件。

② 与工件和刀具安装及调整有关的部件或装置。如自动上下料装置、自动换刀装置、砂轮修整器等。

③ 与上述部件或装置有关的分度、转位、定位机构和操纵机构等。

不同种类的机床,由于其用途、表面形成运动和结构布局的不同,这些工作部件的构成和结构差异很大,但就运动形式来说,主要是旋转运动和直线运动,所以工作部件结构中大多含有轴承和导轨。

(4) 控制系统

用于控制各工作部件的正常工作,主要是电气控制系统,有些机床局部采用液压或气动控制系统。数控机床则是数控系统,它包括数控装置、主轴和进给的伺服控制系统(伺服单元)、可编程序控制器和输入输出装置等。

(5) 冷却系统

用于对加工工件、刀具及机床的某些发热部位进行冷却。

(6) 润滑系统

用于对机床的运动副(如轴承、导轨等)进行润滑,以减小摩擦、磨损和发热。

(7) 其他装置

如排屑装置、自动测量装置等。

下面选取几个重要的组成部分做详细介绍。

3.2.1.1 传动系统

传动系统一般由动力源、变速装置、执行件(如主轴、刀架、工作台),以及开停、换向和制动装置等部分组成。动力源为执行件提供完成运动所需的动力;变速装置调节运动速度并传递动力;执行件执行机床所需的运动,带动刀具或工件运动完成切削工作。机床的传动系统可分为主传动系统和进给传动系统。

(1) 主传动系统

主传动系统可按不同的特征来分类:

① 按驱动主传动的电动机类型 可分为交流电动机驱动和直流电动机驱动。交流电动机驱动中又可分单速交流电动机驱动和调速交流电动机驱动。调速交流电动机驱动又可细分

为多速交流电动机驱动和无级调速交流电动机驱动。无级调速交流电动机最为先进，通常采用变频调速的原理。

② 按传动装置类型　可分为机械传动装置、液压传动装置、电气传动装置以及它们的组合。

③ 按变速的连续性　可以分为分级变速传动和无级变速传动。

分级变速传动方式有滑移齿轮变速、交换齿轮变速和离合器变速。分级变速传动的变速级数一般不超过 20～30 级，在某一级只能获得一定范围内的转速。分级变速传动具有传递功率较大、变速范围广、传动比准确、工作可靠等优点，被广泛应用于通用机床，尤其是中小型通用机床。但分级变速传动不能在运转中进行变速，且在传动过程中速度会发生损失。

无级变速传动可以在一定的变速范围内连续改变转速，以便获得理想的切削速度。无级变速传动能够在运转过程中以及负载作用下变速，便于实现自动化，比如在车削大端面时可随切削表面直径的减小而自动调整转速以保持恒定的切削速度，从而保证加工质量并提高生产效率。无级变速传动可由机械摩擦无级变速器、液压无级变速器和电气无级变速器实现。机械摩擦无级变速器结构简单、使用可靠，常用在中小型车床、铣床等机床的主传动中。液压无级变速器传动平稳、运动换向冲击小，易于实现直线运动，常用于磨床、拉床、刨床等主运动为直线运动的机床中。电气无级变速器分为直流电动机和交流调速电动机两种，便于实现自动变速、连续变速和负载下变速，并且能够大大简化机械结构。电气无级变速的应用越来越广泛，尤其是在数控机床上几乎全部采用电气无级变速。在一些大型机床以及数控机床中，有时会在无级变速器后面串接机械分级变速装置，可进一步扩大变速范围或者在变速范围之内满足一定的恒功率和恒转矩要求。

(2) 进给传动系统

进给传动系统主要有机械进给传动、液压进给传动、电气伺服进给传动等。机械进给传动结构较为复杂，制造及装配工作量大，但工作可靠、检查维修方便，仍被许多机床所采用。在数控机床中，主要使用电气伺服进给传动系统。

电气伺服进给传动系统是数控装置和机床之间的联系环节，是以机械位置或角度作为控制对象的自动控制系统，其作用是接收来自数控装置发出的进给脉冲，经变换和放大后驱动工作台按规定的速度和距离移动。

① 电气伺服进给传动系统的控制类型　电气伺服系统按有无检测装置分为开环、闭环和半闭环系统。

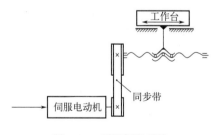

图 3-15　开环伺服系统

a. 开环系统。典型的开环伺服系统如图 3-15 所示，开环系统一般采用步进电动机，对工作台的实际位移量没有监测和反馈装置。数控装置发出的进给脉冲由步进电动机直接变换为一个转角（步距角），再通过齿轮（或同步带、滚珠丝杠螺母）带动工作台移动。

开环伺服系统的精度取决于步进电动机的步距角精度，以及步进电动机至执行部件间传动系统的传动精度。开环系统的定位精度相对较低，一般在 ±0.01～±0.02mm，但系统简单、成本低、调试方便，通常用在对精度要求不高的数控机床中。

b. 闭环系统。典型的闭环伺服系统如图 3-16 所示。在闭环系统中，使用位移测量元件来检测机床执行部件的移动量（或转动量），将执行部件的实际移动量（或转动量）和控制量进行比较，将所得的差值用信号反馈给控制系统，数控装置根据接收到的反馈信号增减发出的进给脉冲数从而对执行部件的移动量（或转动量）进行补偿，直至差值为零，从而消除传动误差。为提高系统的稳定性，闭环系统还会检测执行部件的速度。

闭环系统的检测反馈装置有两种，一种是用旋转变压器作为位置反馈，测速发电机作为速度反馈；另一种是用脉冲编码器兼作位置和速度反馈。第二种显然结构更为简单，所以运用更广泛。

闭环控制可以消除整个系统的误差、间隙和失动，其定位精度取决于检测装置的精度。闭环系统的控制精度、动态性能等比开环系统好；但系统较为复杂、成本高、安装调试麻烦，多用于精密型数控机床上。

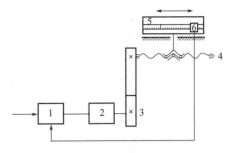

图 3-16　闭环伺服系统
1—数控装置；2—伺服电动机；3—齿轮；
4—丝杠；5—工作台；6—检测元件

c. 半闭环系统。典型的半闭环伺服系统如图 3-17 所示。检测元件被安装在进给传动系中间部位的旋转部件上，而不是直接安装在执行部件上。例如图 3-17（a）所示是将检测元件安装在伺服电动机的端部；图 3-17（b）所示是将检测元件安装到丝杠的端部，通过测量丝杠的转动量间接测量工作台的移动量；图 3-17（c）所示是将检测元件和伺服电动机一同安装在丝杠的端部。

半闭环系统不足在于其只能补偿环路内部传动链的误差，而不能纠正环路之外的误差。例如图 3-17（a）所示在环路之外的传动齿轮的齿形误差和间隙、丝杠螺母的导程误差和间隙、丝杠轴承的轴向跳动等误差都无法补偿；图 3-17（b）、（c）所示系统只有将齿轮移动至环路内可以进行补偿外，其余都无法补偿。显然，与闭环系统相比，半闭环系统精度较差。但半闭环系统更为稳定，且结构简单、成本低、易于调整，所以应用较为广泛。

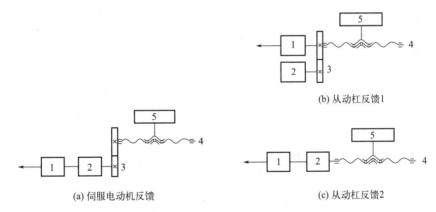

图 3-17　半闭环伺服系统
1—反馈装置；2—伺服电动机；3—齿轮；4—丝杠螺母传动；5—工作台

伺服系统应根据实际情况合理选择，最基本的要求就是稳定性好、精度高、响应速度快、定位精度高。影响机床伺服系统性能的主要因素有：进给传动件的间隙、扭转、挠曲；机床运动部件的振动、摩擦；机床的刚度和抗振性；系统的质量和惯量；低速下运动平稳性，有无爬行现象等。

② 电气伺服进给系统驱动部件　伺服驱动部件与机械传动部件一同组成了电气伺服进给系统。伺服驱动部件有步进电动机、直流伺服电动机、交流伺服电动机等。

a. 步进电动机。步进电动机又称脉冲电动机，是将电脉冲信号变换成角位移或线位移的一种机电式数-模转换器。步进电动机每接收到一个电脉冲信号,电动机轴就会转过一定的角度,称为步距角。步距角一般在0.5°～3°之间,角位移与输入脉冲个数呈严格的比例关系,步进电动机的转速与控制脉冲的频率成正比。

步进电动机的转速调节范围较宽,通过改变绕组通电的顺序,可以控制电动机的转向。步进电动机没有累积误差,结构简单,使用、维修方便,成本低,带动负载惯量的能力大,适用于中、小型机床和速度、精度要求不高的机床;但步进电动机效率较低、发热量大,有时会"失步"。

b. 直流伺服电动机。机床上常用的直流伺服电动机主要有小惯量直流电动机和大惯量直流电动机。小惯量直流电动机转子直径较小、轴向尺寸大、长径比大,故转动惯量小、响应时间快;但额定转矩较小,一般需要与齿轮降速装置相匹配,常用于高速轻载的小型数控机床中。

大惯量直流电动机又称宽调速直流电动机,分为电励磁和永久磁铁励磁两种类型。电励磁的励磁量便于调整、成本低。永磁型直流电动机能在较大过载转矩下长期工作,并能直接与丝杠相连而不需要中间传动装置,还可以在低速下平稳地运转,输出转矩大。大惯量直流电动机可以内装测速发电机,还可以根据用户需要,在电动机内部加装旋转变压器和制动器,为速度环提供较高的增益,能获得优良低速刚度和动态性能。电动机频率高、定位精度好、调整简单、工作平稳。缺点是转子温度高、转动惯量大、时间响应较慢。

c. 交流伺服电动机。交流伺服进给驱动以异步电动机和永磁同步电动机为基础,它采用新型的磁场矢量变换控制技术,对交流电动机作磁场的矢量控制;将电动机定子的电压矢量或电流矢量作为操作量,控制其幅值和相位。它没有电刷和换向器,因此可靠性好、结构简单、体积小、质量轻、动态响应好。交流伺服电动机与同容量的直流电动机相比,质量约轻一半,价格仅为直流电动机的三分之一,效率高、调速范围广、响应频率高。缺点是本身虽有较大的转矩-惯量比,但它带动惯性负载能力差,一般需用齿轮减速装置,多用于中小型数控机床。

d. 直线伺服电动机。直线伺服电动机可以将电能直接转化为直线运动机械能,是适应超高速加工技术发展的需要而出现的一种新型电动机。直线伺服电动机驱动系统替换了传统的由回转型伺服电动机加滚珠丝杠的伺服进给系统,取消了从电动机到工作台之间的一切中间传动,可直接驱动工作台进行直线运动,使工作台的加/减速提高到传统机床的10～20倍,速度提高3～4倍。

采用直线伺服电动机驱动方式,省去减速器(齿轮、同步带等)和滚动丝杠副等中间环节,不仅简化了机床结构,而且避免了因中间环节的弹性变形、磨损、间隙、发热等因素带来的传动误差;无接触直接驱动,使其结构简单、维护简便、可靠性高、体积小、传动刚度高、响应快,可得到瞬时高的加/减速度。

③ 电气伺服进给系统中的机械传动部件 机械传动部件主要指齿轮(或同步齿轮带)和丝杠螺母传动副。电气伺服进给系统中运动部件的移动是由脉冲信号控制的,要求运动部件动作灵敏、低惯量、定位精度好,具有适宜的阻尼比及传动机构不能有反向间隙。滚珠丝杠是将旋转运动转换成执行件的直线运动的运动转换机构,如图3-18所示。滚珠丝杠的摩擦系数小、

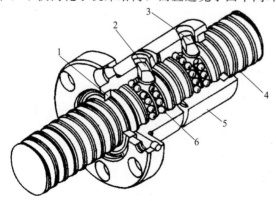

图3-18 滚珠丝杠螺母副的结构
1—密封环;2,3—回珠器;
4—丝杠;5—螺母;6—滚珠

传动效率高。滚珠丝杠主要承受轴向载荷，因此对丝杠轴承的轴向精度和刚度要求较高，常采用角接触球轴承或双向推力圆柱滚子轴承与滚针轴承的组合轴承方式。

3.2.1.2 主轴部件

主轴部件是机床重要部件之一，是机床的执行件。主轴部件的作用主要是支承并带动工件或刀具旋转进行切削，承受切削力和驱动力等载荷，完成表面成形运动。

主轴部件由主轴及其支承轴承、传动件、密封件及定位元件等组成。

(1) 主轴部件应满足的基本要求

① 旋转精度　主轴部件的旋转精度是指装配后，在无载荷、低速转动条件下，在安装工件或刀具的主轴部位的径向和轴向跳动。

② 刚度　主轴部件的刚度是指主轴部件在外加载荷作用下抵抗变形的能力，通常以主轴前端产生单位位移的弹性变形时，在位移方向上所施加的作用力来定义。主轴部件的刚度主要受主轴的尺寸和形状、滚动轴承的类型和数量、预紧和配置形式、传动件的布置方式、主轴部件的制造和装配质量等影响。

③ 抗振性　主轴部件的抗振性是指主轴部件抵抗受迫振动和自激振动的能力。在切削加工过程中，主轴部件受冲击力和交变力的影响而产生振动，直接影响到工件的表面加工质量和刀具的使用寿命，并产生噪声。影响抗振性的主要因素是主轴部件的静刚度、质量分布以及阻尼。

④ 温升和热变形　主轴部件因摩擦生热或切削区的切削热而温度升高，形状尺寸及位置改变，发生热变形。热变形可能导致主轴轴承间隙的变化，从而影响零件加工精度。且温度升高会导致润滑油黏度降低，影响主轴部件的性能及寿命。

(2) 主轴部件的传动方式

常见的主轴部件传动方式有齿轮传动、带传动、电动机直接驱动等。主轴传动方式的选择一般需要考虑到主轴的转速、所传递的转矩、对运动平稳性的要求以及结构紧凑、装卸维修方便等要求。

① 齿轮传动　齿轮传动应用最广，其结构简单、紧凑，能传递较大的转矩，能适应变转速、变载荷工作。缺点是传动不够平稳、线速度不能过高、通常小于 12~15m/s。

② 带传动　带传动结构简单、制造容易、成本低，适用于中心距较大的两轴间传动。传动带有弹性可吸振，传动平稳，噪声小，适宜高速传动。带传动靠摩擦力传动（除同步带外），在过载时会打滑，起到保护作用，但带传动在工作时会产生滑动，不能用在速比要求准确的场合。常用的带传动有平带传动、V带传动、多楔带传动和同步带传动等。

③ 电动机直接驱动方式　在主轴转速不高的情况下，可以采用普通异步电动机直接带动主轴，如平面磨床的砂轮主轴。若主轴转速很高，可将电动机与主轴合为一体形成主轴单元，将电动机的转子轴作为主轴，电动机座作为主轴单元的壳体。采用主轴单元可简化主轴部件的结构并提高主轴部件刚度，降低噪声和振动。主轴单元调速范围宽、驱动功率和转矩大，便于组织专业化生产，被广泛用于精密机床、高速加工中心和数控车床中。

(3) 主轴部件结构

① 主轴的支承形式　主轴的支承形式一般有双支承和三支承两种。双支承即前、后两个支承，这种支承方式结构简单、制造装配方便、易于保证精度、应用更多。前后支承一般须消除间隙或预紧以提高主轴部件的刚度。三支承即前、中、后三个支承。可以将前、后支承作为主要支承，中间支承作为辅助支承；或者以前、中支承为主要支承，后支承为辅助支承。三支承可以提高主轴部件的刚度和抗振性，但对三支承孔的同心度要求较高，制造装配较复杂，不易保证精度。

② 主轴的构造　主轴的构造主要取决于主轴上所安装的刀具、夹具、传动件、轴承等零件的类型、数量、位置和安装定位方法等。主轴一般为空心阶梯轴，径向尺寸由前端向后端逐步递减。主轴的前端形式取决于机床类型和安装夹具或刀具的形式。

制定主轴的技术要求应首先满足主轴旋转精度所必需的技术要求，再考虑其他性能所需的要求，如表面粗糙度、表面硬度等。主轴的技术要求要满足设计要求、工艺要求、检测方法的要求，尽量做到设计、工艺、检测的基准相统一。图 3-19 所示为简化后的车床主轴简图，A、B 为主支承轴颈，主轴中心线为 A 和 B 的圆心连线，即设计基准。检测时也是以主轴中心线为基准来检验主轴上各内、外圆表面和端面的径向跳动和轴向圆跳动，所以也是检测基准。主轴中心线同时也是主轴前、后锥孔的工艺基准，又是测量基准。

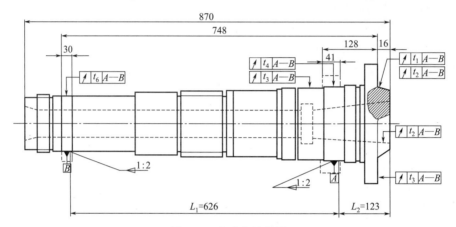

图 3-19　车床主轴简图

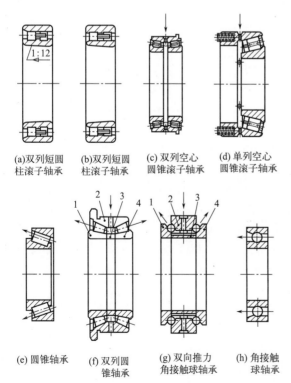

图 3-20　典型的主轴轴承
1,4—内圈；2—外圈；3—隔套

主轴各部位的尺寸公差、几何公差、表面粗糙度和表面硬度等具体数值应根据机床的类型、规格、精度等级及主轴轴承的类型来确定。

③ 主轴轴承　轴承是主轴部件中最重要的一类组件，轴承的类型、精度、结构、配置方式、安装调整、润滑和冷却等状况，都直接影响主轴部件的工作性能。

机床上常用的主轴轴承有滚动轴承、液体动压轴承、液体静压轴承、空气静压轴承等。滚动轴承最为常见，又有角接触球轴承、双列短圆柱滚子轴承、圆锥滚子轴承、推力轴承、陶瓷滚动轴承等之分，如图 3-20 所示。

滚动轴承在工作时滚动体与滚道之间摩擦产生热量，造成轴承的热变形，引起振动和噪声。润滑剂可减小摩擦系数和发热量，降低轴承的温升。润滑剂和润滑方式的选择主要取决于轴承的类型、转速和工作负荷。润滑剂主要有润滑脂和润滑油两种。润滑脂黏附力强、油膜强度高、密封简单、不易渗漏，长时间不需更换，维护方便，但摩擦阻力比润滑油略大。常用于低转速、不须冷却的场合，特别是立式主轴或装在套筒内可以伸缩的主轴，如钻床、坐标镗床、数控机床和加工中心等。润滑油的黏度会随着温度的升高而降低，润滑油的黏度选择应保证其在轴承工作温度下保持在 10～20mm/s。转速越高，所选的黏度应越低；负荷越重，黏度应越高。主轴轴承的油润滑方式主要有油浴、滴油、循环润滑、油雾润滑、油气润滑和喷射润滑等。

精密、高精密机床和数控机床可采用滑动轴承，其承载能力强、抗振性好、旋转精度高、运动平稳。

3.2.1.3 机床支承件

机床的支承件包括床身、立柱、横梁、底座等大型部件，它们相互之间固定连接成机床的基础和框架。机床上其他零、部件可以固定在支承件上，或者工作时在支承件的导轨上运动。支承件的主要功能是保证机床各零、部件之间的相互位置和相对运动精度，并保证机床有足够的静刚度、抗振性、热稳定性和寿命。支承件的合理设计是机床设计的重要环节之一。

(1) 支承件应满足的基本要求

支承件应满足下列要求：

ⅰ. 应具有足够的刚度和较高的刚度-质量比。

ⅱ. 应具有较好的动态特性，包括较大的位移阻抗（动刚度）和阻尼；整机的低阶频率较高，各阶频率不致引起结构共振；不会因薄壁振动而产生噪声。

ⅲ. 热稳定性好，热变形对机床加工精度的影响较小。

ⅳ. 排屑畅通、吊运安全，并具有良好的结构工艺性。

(2) 支承件的结构

在设计支承件时，应首先考虑所属机床的类型、布局及常用支承件的形状。在满足机床工作性能的前提下，综合考虑其工艺性。还要根据其使用要求，进行受力和变形分析，再根据所受的力和其他要求（如排屑、吊运、安装其他零件等）进行结构设计，初步决定其形状和尺寸。

支承件的总体结构形状一般可分为三类：

① 箱形类　支承件在三个方向的尺寸上都相差不多，如各类箱体、底座、升降台等。

② 板块类　支承件在两个方向的尺寸上比第三个方向大得多，如工作台、刀架等。

③ 梁支类　支承件在一个方向的尺寸比另两个方向大得多，如立柱、横梁、摇臂、滑枕、床身等。

支承件截面的设计应保证其在最小质量条件下，具有最大的静刚度。静刚度主要包括抗弯刚度和抗扭刚度，与截面惯性矩成正比。在同一材料、相等截面积的条件下，不同截面形状的支承件抗弯和抗扭惯性矩不同。一般而言：

ⅰ. 无论是方形、圆形或矩形，根据材料力学的理论，空心截面的刚度都比实心的大，而且同样的断面形状和相同大小的面积，外形尺寸大而壁薄的截面，比外形尺寸小而壁厚的截面的抗弯刚度和抗扭刚度都高。所以为提高支承件刚度，支承件的截面应是中空形状，尽可能加大截面尺寸，减小壁厚。但壁厚不能过薄，以免出现薄壁振动。

ⅱ. 圆（环）形截面的抗扭刚度比方形好，而抗弯刚度比方形低。因此，以承受弯矩为主的支承件的截面形状应取矩形，并以其高度方向为受弯方向；以承受转矩为主的支承件的截面形状应取圆（环）形。

ⅲ．封闭截面的刚度远远大于开口截面的刚度，特别是抗扭刚度。设计时应尽可能把支承件的截面做成封闭形状。

3.2.1.4 机床导轨

机床导轨主要起到导向作用，同时承受安装在导轨上的运动部件及工件的质量和切削载荷。机床导轨一般可分为动导轨和静导轨，二者区别在于动导轨可以做直线运动或者回转运动。静导轨也称支承导轨。

导轨副按导轨面的摩擦性质可分为滑动导轨副和滚动导轨副。在滑动导轨副中又可分为普通滑动导轨、静压导轨和卸荷导轨等。

(1) 导轨应满足的主要技术要求

① 导向精度高　导向精度是导轨副在运动时实际运动轨迹与给定运动轨迹之间的偏差。影响导向精度的因素很多，如导轨的几何精度和接触精度、导轨的结构形式、导轨和支承件的刚度、导轨的油膜厚度和油膜刚度、导轨和支承件的热变形等。

② 承载能力大，刚度好　根据导轨承受载荷的性质、方向和大小，合理地选择导轨的截面形状和尺寸，使导轨具有足够的刚度，保证机床的加工精度。

③ 精度保持性好　导轨的精度保持性主要取决于导轨的耐磨性，而影响耐磨性的因素有导轨材料、载荷状况、摩擦性质、工艺方法、润滑和防护条件等。

④ 低速运动平稳　当动导轨做低速运动或微量进给时，应保证运动始终平稳，不出现爬行现象。

(2) 导轨的截面形状和组合形式

做直线运动的导轨截面形状主要有矩形、三角形、燕尾形和圆柱形，并可互相组合，每种导轨副之中还有凸、凹之分。如图3-21所示。

① 矩形导轨［图3-21(a)］　凸形导轨［图3-21(a)中的上图］容易清除掉切屑，但不易存留润滑油；凹形导轨［图3-21(a)中下图］则相反。矩形导轨的优点有承载能力大、刚度高、制造简便、检验和维修方便等，但存在侧向间隙，需用镶条调整，导向性较差。适用于载荷较大而导向性要求略低的机床。

② 三角形导轨（图3-21b）　三角形导轨的顶角α一般在90°～120°范围之内，α角越小，导向性则越好，但摩擦力也越大。所以，通常轻载精密机械用小顶角，大型或重型机床用大顶角。三角形导轨结构有对称式和不对称式两种，当水平力大于垂直力，两侧压力分布不均时，采用不对称导轨。三角形导轨面磨损时，动导轨会自动下沉，自动补偿磨损量，不会产生间隙。

③ 燕尾形导轨［图3-21(c)］　燕尾形导轨可以承受较大的颠覆力矩，导轨的高度较小，结构紧凑，间隙调整方便，但其刚度较差，加工、检验维修麻烦。适用于受力小、层次多、要求间隙调整方便的部件。

④ 圆柱形导轨［图3-21(d)］　圆柱形导轨制造方便，工艺性好，但磨损后较难调整和补偿间隙。主要用于受轴向负荷的导轨，一般很少采用。

上述四种截面的导轨尺寸已经标准化，可参看有关机床标准。

机床直线运动导轨通常由两条导轨组合而成，根据不同的要求，机床导轨主要有如下形式的组合：

① 双三角形导轨　如图3-22(a)所示。双三角形导轨不需要镶条调整间隙，接触刚度好，导向性和精度保持性好，但工艺性差，加工、检验和维修麻烦。多用在精度要求较高的机床中，如丝杠车床、导轨磨床、齿轮磨床等。

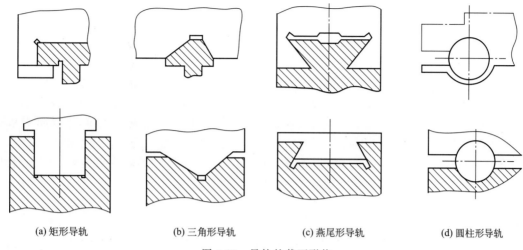

(a) 矩形导轨　　　　(b) 三角形导轨　　　　(c) 燕尾形导轨　　　　(d) 圆柱形导轨

图 3-21　导轨的截面形状

② 双矩形导轨　双矩形导轨又分为宽式组合［图 3-22(b)］和窄式组合［图 3-22(c)］，宽式组合的导向方式由两条导轨的外侧导向，窄式组合的导向方式分别由一条导轨的两侧导向。机床受热变形后，宽式组合导轨的侧向间隙变化比窄式组合导轨大，导向性不如窄式组合。无论是宽式组合还是窄式组合，侧导向面都需用镶条调整间隙。双矩形导轨承载能力大，制造简单，多用在普通精度机床和重型机床中，如重型车床、组合机床、升降台铣床等。

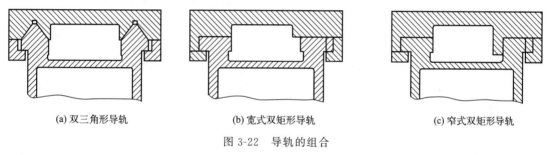

(a) 双三角形导轨　　　　(b) 宽式双矩形导轨　　　　(c) 窄式双矩形导轨

图 3-22　导轨的组合

③ 矩形和三角形导轨的组合　这类组合的导轨应用最广，其导向性好、刚度高、制造方便，可用于车床、磨床、龙门铣床的床身导轨。

④ 矩形和燕尾形导轨的组合　这类组合的导轨能承受较大力矩，调整方便，多用在横梁、立柱、摇臂导轨中。

(3) 导轨的结构类型及特点

① 滑动导轨　滑动导轨具有一定动压效应的混合摩擦状态，动压效应主要与导轨的滑动速度、润滑油黏度、导轨面的油沟尺寸和形式等有关。速度较高的主运动导轨应合理地设计油沟形式和尺寸，选择合适黏度的润滑油，以产生较好的动压效果。滑动导轨具有结构简单、制造方便和抗振性良好等优点，但磨损较快。为提高滑动导轨的耐磨性，可采用塑料导轨或镶钢导轨。

② 静压导轨　静压导轨的工作原理与静压轴承相似，通常在动导轨面上均匀分布有油腔和封油面，把具有一定压力的液体或气体介质经节流器送到油腔内，使导轨面间产生压力，将动导轨微微抬起，与支承导轨脱离接触，浮在压力油膜或气膜上。静压导轨摩擦系数小，在启动和停止时没有磨损，精度保持性好。缺点是结构复杂，需要一套专门的液压或气压设备，维修、调整比较麻烦，多用于精密机床或低速运动机床中。

③ 卸荷导轨　卸荷导轨可降低导轨面的压力,减少摩擦阻力,从而提高导轨的耐磨性和低速运动的平稳性。在大型、重型机床中,工作台和工件的质量很大,导轨面上的摩擦阻力大,常采用卸荷导轨。导轨的卸荷方式有机械卸荷、液压卸荷和气压卸荷。

④ 滚动导轨　在动、静导轨面之间放置滚动体,如滚珠、滚柱、滚针或滚动导轨块,组成滚动导轨。与滑动导轨相比,滚动导轨摩擦系数小,动、静摩擦系数接近,摩擦力小,启动轻便,运动灵敏,不易爬行;磨损小,精度保持性好,寿命长;重复定位精度高,运动平稳;润滑系统简单,可采用油脂润滑。常用于对运动灵敏度要求高的地方,如数控机床和机器人或者精密定位微量进给机床中。滚动导轨抗振性差,可通过预紧方式提高,结构复杂,成本较高。

滚动导轨按滚动体类型分为滚珠、滚柱和滚针三种。滚珠式导轨为点接触,承载能力差,刚度低,多用于小载荷;滚柱式导轨为线接触,承载能力比滚珠式高,刚度好,用于较大载荷;滚针式导轨为线接触,常用于径向尺寸小的导轨。

3.2.1.5　机床刀架和自动换刀装置

机床刀架的主要作用是放置刀具,部分机床上的刀架还直接承担着切削任务,如卧式车床上的四方刀架、自动车床上的转塔刀架和天平刀架、转塔车床上的转塔刀架、回轮式转塔车床上的回轮刀架等。这些刀架需要承受极大的切削力,且结构一般较为复杂,往往会成为工艺系统中的薄弱环节。随着自动化技术的发展,机床的刀架也越来越先进,比如数控车床上采用电(液)换位的自动刀架,有的还使用两个回转刀盘;加工中心则进一步采用了刀库和换刀机械手,可大量存储刀具和自动切换刀具。

(1) 机床刀架自动换刀装置应满足的要求

① 满足工艺过程所提出的要求。为加工出所需要的零件,要求刀架和刀库上能够安装足够多的刀具,以应对一些复杂表面的加工。同时为保证加工精度,工件在一次安装中应该尽可能完成更多工序的加工,这就要求刀架和刀库能够方便地转位移动,方便而正确地加工零件各表面。

② 在刀架、刀库上要能牢固地安装刀具,在刀架上安装刀具时还要保证刀具位置调整的精度。采用自动交换刀具时,要保证刀具交换前后都能处于正确位置,以保证加工精度。刀架的运动轨迹必须准确,且运动平稳,以保证工件的几何形状精度以及表面粗糙度。

③ 刀架、刀库、换刀机械手应具有足够的刚度。各类刀具形状尺寸各异,质量参差不齐,刀具在切换过程中方向变换复杂,有些刀架甚至直接承受切削力,所以要求刀架、刀库和换刀机械手必须具有足够的刚度,以保证换刀和切削过程的平稳。

④ 可靠性高。在加工过程中通常需要频繁切换刀具,导致刀架和自动换刀装置使用频率较高,所以要求刀架和自动换刀装置必须具有较高的可靠性。

⑤ 刀架和自动换刀装置的换刀时间应尽可能短,以提高生产率。

⑥ 操作方便、安全。刀架是工人经常操作的机床部件之一,因此它的操作是否方便和安全,关系到生产率和工人的生命安全。要求刀架方便工人装刀和调刀,调整刀架的手柄或手轮应设置在便于操作的地方且操作要省力,切屑流出方向不能朝向工人。

(2) 机床刀架和自动换刀装置的类型

按照安装刀具的数目可分为单刀架和多刀架,例如自动车床上的前、后刀架和天平刀架;按结构形式可分为方刀架、转塔刀架、回轮式刀架等;按驱动刀架转位的动力可分为手动转位刀架和自动(电动和液压)转位刀架。

自动换刀装置的刀库和换刀机械手,驱动都是采用电气或液压自动实现。目前自动换刀装置主要用在加工中心和车削中心上,但在数控磨床上自动更换砂轮,电加工机床上自动更换电极，以及数控冲床上自动更换模具等，也日渐增多。

数控车床的自动换刀装置主要采用回转刀盘，刀盘上安装 8~12 把刀。有的数控车床采用两个刀盘，实行四坐标控制，少数数控车床也有刀库形式的自动换刀装置。加工中心上的刀库和换刀装置也各式各样，刀库类型有鼓轮式刀库、链式刀库、格子箱式刀库和直线式刀库等。换刀机械手分为单臂单手式、单臂双手式和双手式机械手。单臂单手式结构简单，换刀时间较长。它适用于刀具主轴与刀库刀套轴线平行、刀库刀套轴线与主轴轴线平行以及刀库刀套轴线与主轴轴线垂直的场合。单臂双手式机械手可同时抓住主轴和刀库中的刀具，并进行拔刀、插刀，换刀时间短，广泛应用于加工中心上的刀库刀套轴线与主轴轴线相平行的场合，双手式机械手结构较复杂，换刀时间短，这种机械手除完成拔刀、插刀外，还起运输刀具的作用。

3.2.2 机床的运动

为加工出所需的工件表面形状，必须使加工工具（刀具、砂轮等）与工件之间发生一定的相对运动。机床的运动按其功用来分，可分为表面形成运动和辅助运动。

(1) 表面形成运动

表面形成运动是机床最基本的运动，又称工作运动。表面形成运动包括主运动和进给运动，这两种不同性质的运动和不同形状的刀具配合，可以实现轨迹法、成形法和展成法等各种不同的加工方法，构成不同类型的机床。一般来说，工具形状越复杂，机床所需的表面形成运动就越简单。例如，拉床主运动由拉刀直线运动实现且无进给运动（其进给运动由拉刀切削齿齿升量实现）。主运动和进给运动的形式和数量取决于工件要求的表面形状和所采用的工具的形状。通常，机床主要采用结构上易于实现的旋转运动和直线运动实现表面形成运动，且主运动只有一个，进给运动可有一个或几个。

(2) 辅助运动

机床在加工过程中，加工工具与工件除工作运动以外的其他运动称为辅助运动。辅助运动用以实现机床的各种辅助动作，主要包括以下几种：

① 切入运动　用于保证工件被加工表面获得所需要的尺寸，使工具切入工件表面一定深度。有些机床的切入运动属于间歇运动形式的进给（吃刀）。数控机床的切入运动可通过控制相应轴的进给来实现，例如数控车床的 X 轴进给。

② 各种空行程运动　空行程运动主要是指进给前后的快速运动，例如：趋近——进给前加工工具与工件相互快速接近的过程；退刀——进给结束后加工工具与工件相互快速离开的过程；返回——退刀后加工工具或工件回到加工前位置的过程。

③ 其他辅助运动　包括分度运动、操纵和控制运动等，例如刀架或工作台的分度转位运动，刀库和机械手的自动换刀运动，变速、换向，部件与工件的夹紧与松开，自动测量、自动补偿等。

3.3　刀具种类与材料

3.3.1　刀具的分类

实际生产过程中所使用的刀具种类很多，可以按照不同的方式进行分类。

① 按加工方式和具体用途分类　可分为车刀、孔加工刀具、铣刀、拉刀、螺纹刀具、齿轮刀具、自动线及数控机床刀具和磨具等几大类型。

② 按所用材料分类 可分为碳素工具钢刀具、合金工具钢刀具、高速钢刀具、硬质合金刀具、陶瓷刀具、聚晶立方氮化硼（PCBN）刀具和金刚石刀具等。
③ 按结构形式分类 可分为整体刀具、镶片刀具、机夹刀具和复合刀具等。
④ 按是否标准化分类 可分为标准刀具和非标准刀具等。

随着科学技术的发展进步，各种新型刀具也会应运而生，刀具的种类及其划分方式将不断变化。

3.3.2 常用刀具简介

（1）车刀

车刀是切削加工中最常用的一种刀具，它可以在车床上加工外圆、端平面、外沟槽、圆锥面、成形面、螺纹、内孔，也可用于滚花、切槽和切断等。几种常用的车刀如图3-23所示。

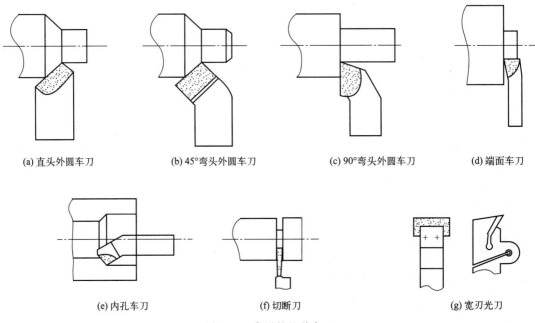

(a) 直头外圆车刀　　(b) 45°弯头外圆车刀　　(c) 90°弯头外圆车刀　　(d) 端面车刀

(e) 内孔车刀　　(f) 切断刀　　(g) 宽刃光刀

图3-23 常用的几种车刀

根据结构上的不同，车刀又可分为整体车刀、焊接装配式车刀和机械夹固刀片式车刀。整体车刀一般用高速工具钢制造，焊接装配式车刀和机械夹固刀片式车刀的刀片一般用硬质合金制造。机械夹固刀片式车刀又分为机夹车刀和可转位车刀。机械夹固刀片式车刀的切削性能稳定，切削刃磨损或破损之后可直接更换刀片而不必磨刀，大大提高了生产效率，所以在现代生产中应用越来越多。

（2）孔加工刀具

孔加工刀具一般可分为两大类：一类是从完整工件上加工出孔的刀具，如常见的麻花钻、中心钻和深孔钻等；另一类是对工件上已有孔进行再加工用的刀具，常用的有扩孔钻、铰刀及镗刀等。

① 麻花钻　麻花钻是应用最广的孔加工刀具，一般用于加工小孔，特别适合于直径30mm以下孔的粗加工，有时也可用于扩孔。麻花钻根据其制造材料分为高速钢麻花钻和硬质合金麻花钻。

图3-24所示为标准高速钢麻花钻的结构。工作部分（刀体）的前端为切削部分，承担

主要的切削工作;后端为导向部分,起引导钻头的作用,也是切削部分的后备部分。

工作部分有两个对称的刃瓣(通过中间的钻芯连接在一起,中间形成横刃)、两条对称的螺旋槽(用于容屑和排屑);导向部分磨有两条棱边(刃带),为了减少与加工孔壁的摩擦,棱边直径磨有 0.03/100～0.12/100 的倒锥量,从而形成了副偏角 κ_r'。

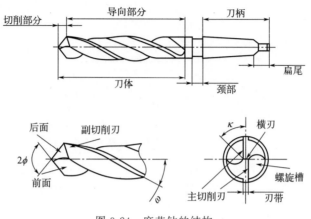

图 3-24 麻花钻的结构

如前所述,麻花钻的两个刃瓣可以看作两把对称的车刀:螺旋槽的螺旋面为前面,与工件过渡表面(孔底)相对的端部两曲面为主后面,与工件的加工表面(孔壁)相对的两条棱边为副后面,螺旋槽与主后面的两条交线为主切削刃,棱边与螺旋槽的两条交线为副切削刃。麻花钻的横刃为两后面在钻芯处的交线。

麻花钻的主要几何参数有:螺旋角 β、顶角 2ϕ(主偏角 $\kappa_r \approx \phi$)、横刃斜角 ψ、直径、横刃长度等。由于标准麻花钻存在切削刃长、前角变化大(从外缘处的大约 $+30°$ 逐渐减小到钻芯处的大约 $-30°$)、螺旋槽排屑不畅、横刃部分切削条件很差(横刃前角约为 $-60°$)等结构问题,生产中,为了提高钻孔的精度和效率,常将标准麻花钻按特定方式刃磨成"群钻"(图 3-25)使用。群钻的基本特征为:三尖七刃锐当先,月牙弧槽分两边,一侧外刃开屑槽,横刃磨得低窄尖。

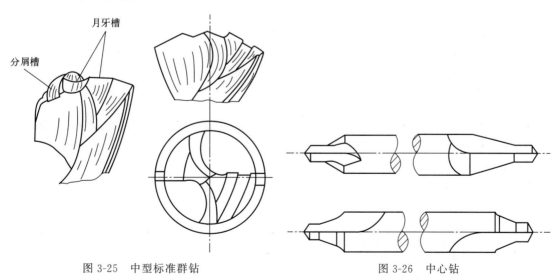

图 3-25 中型标准群钻　　　　图 3-26 中心钻

② 中心钻　中心钻(图 3-26)用于加工轴类工件的中心孔。钻孔时,先打中心孔,也

有利于钻头的导向，可防止钻偏。

③ 深孔钻　深孔钻是专门用于钻削深孔（长径比≥5）的钻头。为解决深孔加工中的断屑、排屑、冷却润滑和导向等问题，人们先后开发了外排屑深孔钻、内排屑深孔钻、喷吸钻和套料钻等多种深孔钻。图 3-27 所示是用于加工枪管的外排屑深孔钻的工作原理。

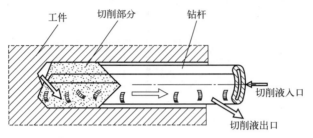

图 3-27　外排屑深孔钻（枪钻）工作原理

④ 扩孔钻　扩孔钻常用作铰或磨前的预加工以及毛坯孔的扩大，扩孔效率和精度均比麻花钻高。常见的结构形式有高速钢整体式、镶齿套式和镶硬质合金可转位式，如图 3-28 所示。

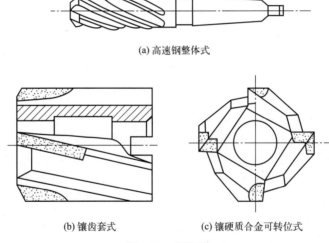

图 3-28　扩孔钻

⑤ 铰刀　铰刀是精加工刀具，加工精度可达 IT7～IT6，加工表面粗糙度 Ra 值可达 1.6～0.4μm。图 3-29 所示是几种常用铰刀，其中图 3-29(a) 所示为手用铰刀，图 3-29(b) 所示为机用铰刀，图 3-29(c) 所示为锥度铰刀。

⑥ 镗刀　镗刀多用于箱体孔的粗、精加工，一般分为单刃镗刀和多刃镗刀两大类。结构简单的单刃镗刀如图 3-30 所示。

(3) 铣刀

铣刀是一种应用广泛的多刃回转刀具，生产率一般较高，加工表面粗糙度值较大，其种类很多。按用途分为：

① 加工平面用的铣刀，如圆柱平面铣刀、面铣刀等，如图 3-31(a)、(b) 所示。

② 加工沟槽用的铣刀，如立铣刀、两面刃或三面刃铣刀、锯片铣刀、T 形槽铣刀和角度铣刀，如图 3-31(c)～(h) 所示。

③ 加工成形表面用的铣刀，如凸半圆和凹半圆铣刀［图 3-31(i)、(j)］和加工其他复杂成形表面用的铣刀［图 3-31(k)～(n)］。

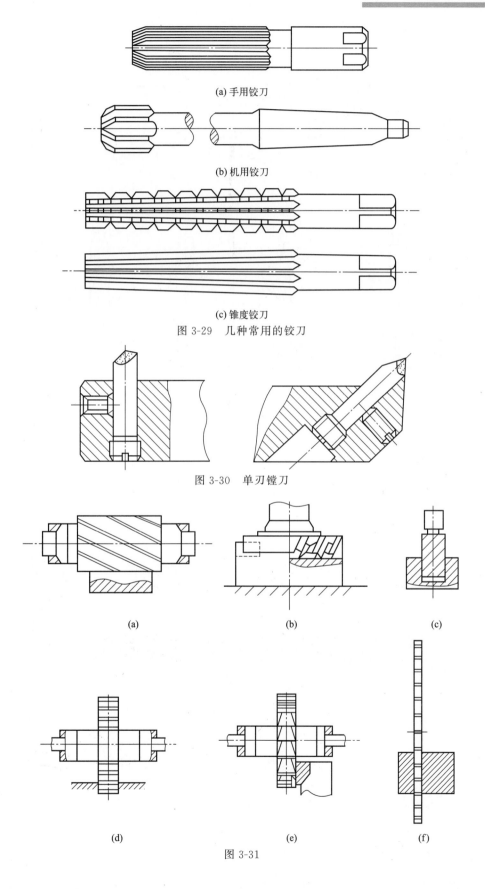

(a) 手用铰刀

(b) 机用铰刀

(c) 锥度铰刀

图 3-29 几种常用的铰刀

图 3-30 单刃镗刀

图 3-31

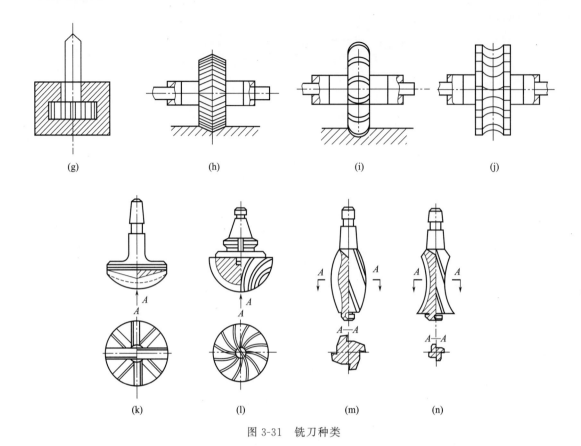

图 3-31 铣刀种类

（4）拉刀

拉刀是一种加工精度和切削效率都比较高的多齿刀具，广泛应用于大批量生产中，可加工各种内、外表面。拉刀按所加工工件表面的不同，可分为内拉刀和外拉刀两类。常用内拉刀和外拉刀的结构分别如图 3-32 和图 3-33 所示。

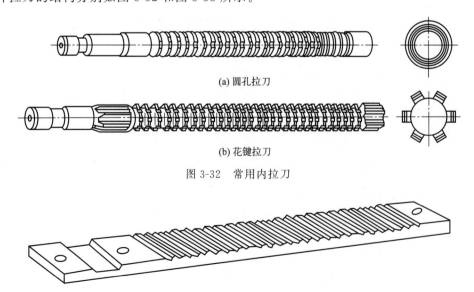

(a) 圆孔拉刀

(b) 花键拉刀

图 3-32 常用内拉刀

图 3-33 外拉刀

(5) 螺纹刀具

螺纹可用切削法和滚压法进行加工。螺纹加工可在车床上车削完成（外螺纹），也可用手动或在钻床上用丝锥进行加工（内螺纹）。图 3-34 所示为常用切削法加工螺纹所用的螺纹刀具。

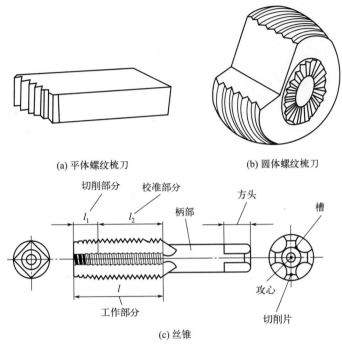

图 3-34 切削法加工螺纹的螺纹刀具

(6) 齿轮刀具

齿轮刀具是用于加工齿轮齿形的刀具，按刀具的工作原理，齿轮刀具分为成形齿轮刀具和展成齿轮刀具。常用的成形齿轮刀具有盘形齿轮铣刀（图 3-35）和指形齿轮铣刀等。常用的展成齿轮刀具有插齿刀（图 3-36）、滚刀（图 3-37）和剃齿刀（图 3-38）等。

三种主要类型插齿刀的使用范围为：盘形直齿插齿刀［图 3-36(a)］，用于加工普通直齿轮和大直径内齿轮；碗形直齿插齿刀［图 3-36(b)］，用于加工塔形齿轮和双联齿轮；锥柄直齿插齿刀［图 3-36(c)］，用于加工直齿内齿轮。插齿刀也可用于加工斜齿轮、人字齿轮和齿条。

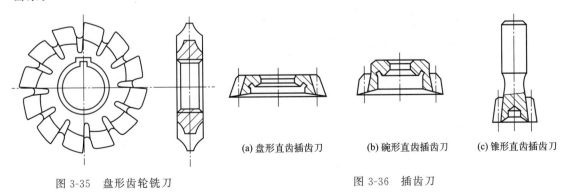

图 3-35 盘形齿轮铣刀　　图 3-36 插齿刀

选用齿轮滚刀和插齿刀时，应注意以下几点：

i. 刀具基本参数（模数、压力角、齿顶高系数等）应与被加工齿轮相同。

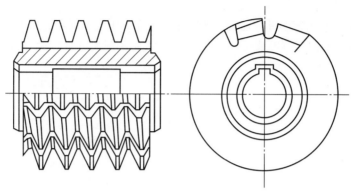

图 3-37　滚刀

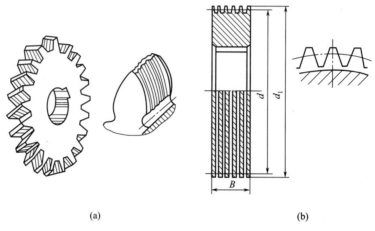

图 3-38　两种典型的剃齿刀

ⅱ．刀具精度等级应与被加工齿轮要求的精度等级相当。

ⅲ．刀具旋向应尽可能与被加工齿轮的旋向相同。滚切直齿轮时，一般用左旋滚刀。

3.3.3　刀具材料应具备的性能

刀具材料主要指刀具切削部分的材料。刀具的切削部分在切削加工过程中需要承受较强的切削压力、摩擦力、冲击力以及高温，因此刀具的切削性能不仅受刀具结构和几何形状影响，还取决于刀具材料的选择。刀具的材料是保证刀具完成切削功能的重要基础，直接影响切削加工的生产率、成本以及质量。

刀具材料一般应满足以下基本要求：

① 高的硬度　高硬度是刀具材料需具备的最基本性能，为实现切削加工，刀具材料的硬度必须高于工件的硬度。刀具材料的硬度一般应该在 60HRC 以上，工件材料的硬度越高，对刀具材料的硬度要求也就越高。

② 高的耐磨性　即抵抗磨损的能力，通常刀具材料硬度越高，耐磨性也就越好。

③ 高的耐热性　切削过程一般都会产生高温，刀具材料必须在高温下保持一定的硬度、强度、韧性和耐磨性。

④ 足够的强度和韧性　只有具备足够的强度和韧性，刀具才能承受切削力和切削时产生的振动而不至于产生破坏，发生脆性断裂和崩刃。刀具的强度一般用抗弯强度表征，韧性用冲击韧度表征。

⑤ 良好的工艺性　为便于刀具本身的制造，刀具材料还应具有一定的工艺性能，如锻造性能、切削性能、磨削性能、焊接性能及热处理性能等。

⑥ 良好的热物理性能和耐热冲击性　要求刀具的导热性要好，不会因受到大的热冲击，刀具内部受热不均而产生裂纹导致刀具断裂。

然而，一个刀具不可能同时满足上述要求，如硬度越高、耐磨性越好的材料韧性和抗破损能力就越差，耐热性好的材料韧性也较差。在实际工作中，应根据具体的切削对象和条件进行综合考虑，均衡各项性能，选出最合适的刀具材料。

3.3.4　常用刀具材料

常见的刀具材料有：碳素工具钢、合金工具钢、高速钢、硬质合金、陶瓷、金刚石和立方氮化硼（CBN）等。其中，高速钢及硬质合金因各项性能较为均衡，应用最多。

(1) 碳素工具钢

碳素工具钢碳的质量分数在0.7%～1.2%之间，价格低廉，淬火后硬度较高，如T8A、T10A等。但碳素工具钢淬火时易产生变形及裂纹，且耐热性较差，温度超过200℃就会失去它原有的硬度，一般用于手动刀具，如手动丝锥、铰刀、锉刀等。

(2) 合金工具钢

合金工具钢是由碳素工具钢中加入少量的Cr、W、Mn、Si等合金元素所形成，如9SiCr、CrWMn。与碳素工具钢相比，合金工具钢热处理变形有所减少，耐热性也有所提升，最高可承受约300℃的温度。一般用于手动刀具或低速刀具。

(3) 高速钢

高速钢是含有较多W、Cr、V、Mo等合金元素的高合金工具钢，与碳素工具钢和合金工具钢相比，高速钢的耐热性有较大提升，在600℃下仍能正常工作，许用切削速度为30～50m/min。高速钢的强度、韧性、工艺性和磨削性较好，可广泛用于制造各种刀具，特别是中速切削及形状复杂的刀具，如钻头、铣刀、拉刀、齿轮刀具、丝锥、刨刀等。

为了进一步提高高速钢的性能，通常会在高速钢中添加新的合金元素，称为高性能高速钢或超高速钢，其特点是耐热性更强，使用高性能高速钢制作的刀具耐用度是普通高速钢的1.5～3倍，但其韧度与强度较普通高速钢低。如我国通过在高速钢中添加铝元素制成的铝高速钢，其硬度达70HRC，耐热性超过600℃。高性能高速钢刀具一般用于加工一些难加工材料，如奥氏体不锈钢、钛合金、高温合金、超高强度钢等。

使用粉末冶金法制造的高速钢称为粉末冶金高速钢，其优点是可消除碳化物的偏析并细化晶粒，保证了材料的各向同性，可减小热处理内应力和变形。同时也提高了材料的韧性、强度和硬度，磨削加工性好，磨削效率比普通高速钢高2～3倍，硬度可达70HRC。粉末冶金高速钢适用于制造各种高精度刀具、切削难加工材料的刀具、大尺寸刀具以及加工量大的复杂刀具等。

(4) 硬质合金

硬质合金是以金属碳化物为基体，Co、Ni等金属为黏结剂，用粉末冶金方法制成的一种合金。其优点是硬度高、耐热性强、切削速度高，硬度为74～82HRC，能耐800～1000℃的高温，许用切削速度是高速钢的6倍。但硬质合金的强度和韧性比高速钢低，工艺性差，一般只用于制造形状简单的高速切削刀片，焊接或机械夹固在车刀、刨刀、面铣刀、钻头等刀体（刀杆）上使用。

硬质合金的性能主要取决于碳化物的种类、数量、粉末颗粒的粗细和黏结剂的含量。切削工具用硬质合金牌号按使用领域不同分为P、M、K、N、S、H六大类。根据材料耐磨性和韧性的不同，每一类之下又可分为若干组，如 P 类硬质合金分组有 P01、P10、P20、P30。

① P 类硬质合金　主要以 WC、TiC 为基体，Co 为黏结剂，硬度高、耐热性强，一般用于加工切屑呈带状的工件，如钢、铸钢等。TiC 的含量越高，合金的耐磨性和耐热性则越强，但强度降低。

② M 类硬质合金　主要以 WC 为基体，Co 为黏结剂，添加少量的 TiC。适用于加工可锻铸铁、不锈钢、高锰钢、合金钢等。

③ K 类硬质合金　主要以 WC 为基体，Co 为黏结剂，或添加少量的 TaC、NbC。Co 含量越高，合金韧度越高。一般用于加工短切屑材料，如铸铁、冷硬铸铁、灰铸铁、可锻铸铁等。

④ N 类硬质合金　主要以 WC 为基体，Co 为黏结剂，或添加少量的 TaC、NbC、CrC。一般用于加工有色金属和非金属材料，如铝、镁、木材、塑料等。

⑤ S 类硬质合金　主要以 WC 为基体，Co 为黏结剂，添加少量的 TaC、NbC、TiC。一般用于优质合金及耐热材料的加工，如耐热钢、钛、钴、镍等合金材料。

⑥ H 类硬质合金　主要以 WC 为基体，Co 为黏结剂，添加少量的 TaC、NbC、TiC。一般用于加工硬切削材料，如淬硬钢、冷硬铸铁等。

硬质合金通常强度低、韧性低、脆性大、易崩刃，为改善其性能，可采用调整化学成分或细化晶粒的方法，使其同时具有较高的硬度及良好的韧性；也可采用涂层刀片，在韧性良好的硬质合金基体表面涂敷一层 5～10μm 厚的 TiC 或 TiN，以提高其表层的耐磨性。

3.3.5　新型刀具材料

为满足高硬度难加工材料的加工需求，开发出了许多新型刀具材料，如陶瓷、金刚石和立方氮化硼等。

（1）陶瓷材料

陶瓷材料是以氧化铝（Al_2O_3）或氮化硅（Si_3N_4）等为主要成分，经压制成形后烧结而成的一种刀具材料。陶瓷材料硬度高、耐磨性好，硬度可达 78HRC，可承受 1200℃ 以上的高温，且化学稳定性高、耐氧化，能适应较高的切削速度。陶瓷材料最大的缺点是强度低、韧性差，所以主要用于精加工。

陶瓷刀具与传统硬质合金刀具相比，具有以下优点：

ⅰ．可加工硬度高达 65HRC 的高硬度难加工材料；

ⅱ．可进行扒荒、粗车及铣、刨等大冲击间断切削；

ⅲ．刀具寿命可提高几倍至几十倍；

ⅳ．切削效率提高 3～10 倍，可实现以车、铣代磨。

（2）金刚石

金刚石是碳的同素异构体，是自然界已经发现的最硬材料，显微硬度达到 10000HV。金刚石可分为天然金刚石和人造金刚石，天然金刚石较脆，容易沿晶体的解理面破裂，导致大块崩刃，并且天然金刚石价格昂贵，因此切削加工中一般使用人造聚晶金刚石。

人造聚晶金刚石（polycrystalline diamond，PCD）是以石墨为原料，通过合金催化剂的作用，在高温高压下烧结而成。其特点有：

ⅰ．硬度和耐磨性极高，在加工高硬度材料时的寿命是普通硬质合金刀具的几十甚至几百倍；

ⅱ．摩擦系数低，与一些有色金属之间的摩擦系数约为硬质合金刀具的一半；

ⅲ. 切削刃锋利,可用于超薄切削和超精密加工;
ⅳ. 导热性能好,导热系数为硬质合金的 1.5~9 倍;
ⅴ. 热膨胀系数低,约为高速钢的 1/10。

但人造金刚石也有自身的缺点,如热稳定性差,使用温度一般不超过 700~800℃;与铁元素的化学亲和力强,因此它不宜用来加工钢铁件。人造金刚石刀具多用于有色金属及其合金和一些非金属材料的加工,是目前超精密切削加工中最主要的刀具。

(3) 立方氮化硼

立方氮化硼(cubic boron nitride,CBN)是由六方氮化硼和催化剂在高温高压下合成的,也是一种超硬材料,硬度仅次于金刚石,但热稳定性远高于金刚石,可承受 1200℃ 以上的切削温度,且对铁元素有较大的化学稳定性,在高温下(1200~1300℃)不会发生化学反应。立方氮化硼磨具的磨削性能十分优异,可胜任难磨材料的加工,还能有效地提高工件的磨削质量。

CBN 材料制成的刀具性能优越,但单晶 CBN 的颗粒较小,且 CBN 烧结性很差,难以制成较大的 CBN 烧结体。直到 20 世纪 70 年代,中国、美国、英国等国家才相继研制成功作为切削刀具的 CBN 烧结体——聚晶立方氮化硼(polycrystalline cubic boron nitride,PCBN)。从此,PCBN 以它优越的切削性能应用于切削加工的各个领域,尤其在高硬度材料、难加工材料的切削加工中更是独树一帜。目前应用广泛的是有黏结剂的 PCBN 刀具复合片,根据添加的黏结剂比例不同,其硬质特性也不同,黏结剂含量越高则硬度越低、韧性越好。

3.4 刀具结构与刀具角度

3.4.1 刀具切削部分的组成

切削刀具种类繁多,结构也各不相同,但各种刀具切削部分的基本结构大致相同。外圆车刀是最基本、最典型的一种切削刀具,其他各类刀具(如铣刀、钻头、刨刀等)都可以看作是由外圆车刀演变而来。普通外圆车刀的结构如图 3-39 所示,其由刀柄和切削部分(刀头)组成。切削部分由前面、主后面、副后面、主切削刃、副切削刃和刀尖组成,简称为"三面、两刃、一尖"。

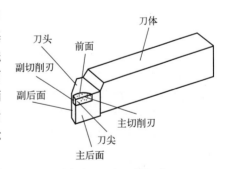

图 3-39 车刀的组成

① 前面(前刀面) 指刀具上与切屑接触并相互作用的表面。

② 主后面(主后刀面) 指刀具上与工件过渡表面接触并相互作用的表面。

③ 副后面(副后刀面) 指刀具上与工件已加工表面接触并相互作用的表面。

④ 主切削刃 指前刀面与主后刀面的交线,完成主要的切削工作。

⑤ 副切削刃 指前刀面与副后刀面的交线,配合主切削刃完成切削工作,并最终形成已加工表面。

⑥ 刀尖 指主切削刃和副切削刃连接处的一小段切削刃,一般为小的直线段或者圆弧状。

3.4.2 刀具角度的参考平面

刀具必须具有一定的切削角度，才能切下工件表面的金属，切削角度的存在也就决定了刀具切削部分各表面的空间位置。而要确定和测量刀具角度，就要将刀具放在一个确定的参考系中。最常用的标注刀具角度的参考系是正交平面参考系，它由三个相互垂直的参考平面组成，如图 3-40 所示。

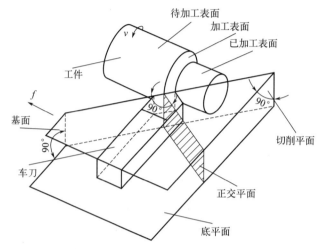

图 3-40 确定车刀角度的参考平面

① 切削平面 通过主切削刃上某一点并与工件加工表面相切的平面。
② 基面 通过主切削刃上某一点并与该点切削速度方向相垂直的平面。
③ 正交平面 通过主切削刃上某一点并与主切削刃在基面上的投影相垂直的平面。

除正交平面参考系之外，常用的标注刀具角度的参考系还有法平面参考系、背平面和假定工作平面参考系。

3.4.3 刀具的标注角度

为便于制造和刃磨刀具，必须在刀具的设计图上注明所需的标注角度。以车刀为例，刀具的标注角度主要有五个，如图 3-41 所示。

① 前角 γ_o。在正交平面内测量，指前刀面与基面之间的夹角，表示前刀面的倾斜程度。前角的大小主要影响到切削刃与刀头的强度、散热条件以及受力性质，以及已加工表面的质量、切削区域的变形程度、切屑的形态和断屑效果。前角有正、负和零值之分，正负规定如图 3-41 所示。加工塑性材料时，应选用大前角；加工脆性材料时，选用小前角。粗加工时选用较小的前角，精加工时选用较大的前角。当机床功率较小或机床工艺系统刚度较低时，应选用较大的前角以减小振动和切削力。

② 后角 α_o。在正交平面内测量，指主后刀面与切削平面之间的夹角，表示主后刀面的倾斜程度，一般为正值。较大的后角可以减小后刀面与过渡表面之间的摩擦，减缓刀具磨损而使刀具保持锋利，从而降低加工表面粗糙度。在粗加工时，可选择较小的后角；精加工时以及尺寸精度要求较高时，应选择大后角。加工硬度、强度较高的工件时，应选择小后角；加工硬度较低、塑性较大或易发生加工硬化现象的工件时，应加大后角。机床工艺系统刚度较低时，应适当减小后角以减小振动。

③ 主偏角 κ_r。在基面内测量，指主切削刃在基面上的投影与进给运动方向的夹角，一

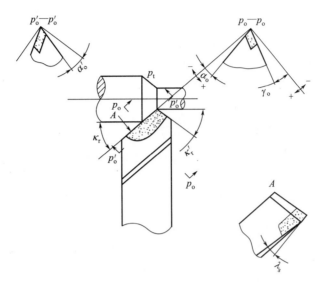

图 3-41　车刀的主要角度

一般为正值。主偏角的大小会影响加工表面的粗糙度、切削分力、工件表面形状、刀具寿命等。在加工硬度和强度较高的材料时，应选取较小的主偏角；当机床工艺系统刚度不足时，应选取较大的主偏角。

④ 副偏角 κ_r'　在基面内测量，指副切削刃在基面上的投影与进给运动反方向的夹角，一般为正值。适当减小副偏角，可以增加副切削刃与已加工表面的接触长度，降低表面粗糙度，并延长刀具寿命。但副偏角过小易引起加工系统振动。副偏角选取的大小主要由加工性质所决定，在不产生较大摩擦以及振动的情况下，一般选择较小的副偏角。

⑤ 刃倾角 λ_s　在切削平面内测量，指主切削刃与基面之间的夹角。选用不同的刃倾角可以调整切削刃在切入时首先与工件接触的位置，控制切削刃切入和切出时的平稳性以及切屑的流向。刃倾角也有正、负和零值，当主切削刃呈水平时，$\lambda_s=0$；当刀尖为主切削刃上最低点时，$\lambda_s<0$；当刀尖为主切削刃上最高点时，$\lambda_s>0$，如图 3-42 所示。粗加工时宜选取 $\lambda_s<0$ 以保护刀尖，精加工时取 $\lambda_s>0$ 从而使刀具刃口半径减小；断续切削以及加工硬度、抗拉强度较高的工件时应取 $\lambda_s<0$；工艺系统刚度较差时取 $\lambda_s>0$。

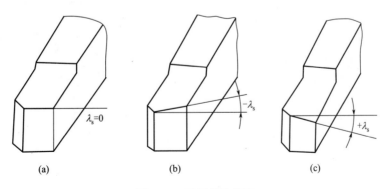

图 3-42　刃倾角的符号

需要注意的是，图 3-41、图 3-42 中的标注角度是在刀尖与工件回转轴线等高、刀杆纵向轴线垂直于进给方向，并且不考虑进给运动的影响等条件下描述的。

3.4.4 刀具的工作角度

在切削加工过程中，受到刀具安装位置和进给运动的影响，切削平面、基面和正交平面位置会发生一定的变化，刀具的标注角度也就随之变化。以切削加工过程中实际的切削平面、基面和正交平面为参考平面所确定的刀具角度称为刀具的工作角度，也称实际角度。

(1) 刀具安装位置对工作角度的影响

以外圆车刀为例，在不考虑进给运动的条件下，当刀尖安装高于或低于工件轴线时，刀具的工作前角 γ_{oe} 和工作后角 α_{oe} 如图 3-43 所示。当车刀刀杆的纵向轴线与进给方向不垂直时，刀具的工作主偏角 κ_{re} 和工作副偏角 κ_{re}' 如图 3-44 所示，其中 θ 角为切削时刀杆纵向轴向的偏转角。

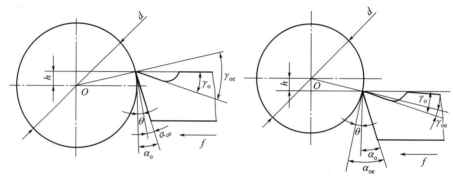

(a) 刀尖高于工件轴向　　(b) 刀尖低于工件轴向

图 3-43　车刀安装高度对工作角度的影响

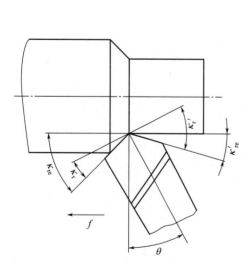

图 3-44　车刀安装偏斜对工作角度的影响

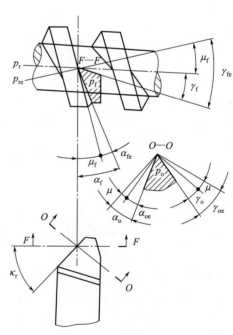

图 3-45　纵向进给运动对工作角度的影响

(2) 进给运动对工作角度的影响

由于车削加工时进给运动的存在，在车外圆时加工表面一般呈螺旋面（图 3-45）；而在车端面或切断时，加工表面是阿基米德螺旋面（图 3-46）。

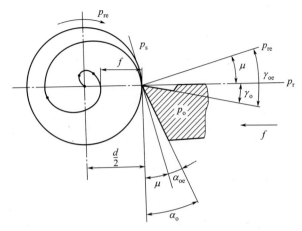

图 3-46 横向进给运动对工作角度的影响

可以看出，实际的切削平面和基面都要偏转一个附加的螺纹升角 μ，使车刀的工作前角 γ_{oe} 增大，工作后角 α_{oe} 减少。在车削加工时，进给量一般比工件直径小很多，螺纹升角 μ 很小，所以螺纹升角对车刀工作角度影响不大，可忽略不计。而在车端面、切断和车外圆进给量较大，或加工螺纹的导程较大时，则应考虑螺纹升角的影响。

3.5 刀具磨损与刀具寿命

3.5.1 刀具磨损的形式及其原因

在切削加工时，刀具与工件之间不断发生摩擦和碰撞，工件表面金属被切下的同时刀具也会发生一定程度的损坏。如果刀具损坏严重，则必须换刀或更换新的切削刃。刀具损坏的形式主要有磨损和破损两类。磨损一般是长期的逐渐损耗；而破损一般是因为操作不当或刀具质量问题而突发的损坏，包括脆性破损（如崩刃、碎断、剥落、裂纹破损等）和塑性破损两种。刀具磨损后，会使工件加工精度降低，表面粗糙度值增大，并导致切削力加大、切削温度升高，甚至产生振动，不能继续正常切削。因此，刀具磨损直接影响加工效率、质量和成本。刀具磨损的形式有以下几种。

（1）刀具前面磨损

在切削一些塑性材料时，当切削速度较快、切削厚度较大，刀具前面与切屑之间是新鲜表面的接触和摩擦，化学活性较高，且接触面之间有很高的温度和压力，刀具与切屑之间反应较为强烈。同时，由于实际接触面积较大，切削液和空气难以渗入，无法起到很好的降温和润滑作用，导致刀具前面磨损严重，形成月牙洼磨损，如图 3-47 所示。

前面磨损初期月牙洼前缘离切削刃有一小段距离，之后逐渐扩大，主要表现为月牙洼不断加

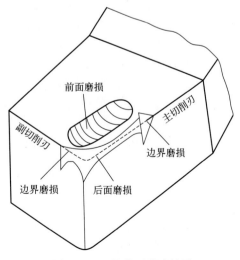

图 3-47 刀具前面形成月牙

深,且最大深度大致位于切削过程中温度最高的位置,长度变化并不明显(取决于切削宽度)。随着月牙洼不断扩大,其边缘与切削刃之间的棱边越来越窄,会导致切削刃的强度大大降低而发生破损。

(2) 刀具后面磨损

工件表层金属被切掉而露出的新鲜表面与刀具后面接触,二者互相摩擦而引起刀具后面的磨损。在切削过程中,刀具的切削刃有一定的钝圆,刀具后面与工件表面接触压力较大,同时存在弹性变形和塑性变形。因此,刀具后面与工件表面实际上是小面积接触,磨损就发生在这个接触面上。在切削铸铁和以较小的切削厚度切削塑性材料时,主要发生这种磨损,刀具后面磨损带往往不均匀,如图 3-48(a) 所示。

(3) 边界磨损

在切削过程中,主、副切削刃分别与工件待加工表面或已加工表面接触,通常会在主切削刃靠近工件外表面处以及副切削刃靠近刀尖处的后面上磨出较深的沟纹,如图 3-48(b) 所示。

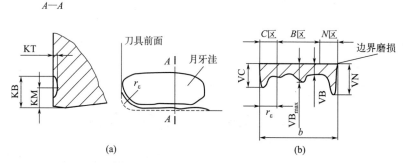

图 3-48 刀具磨损的测量位置

3.5.2 刀具磨损过程及磨钝标准

刀具的磨损随着刀具使用时间的增加而不断加剧,根据切削实验,可以得到刀具正常磨损过程的典型磨损曲线,如图 3-49 所示。该图以切削时间 T 为横坐标、刀具后面磨损量 VB(或前面月牙洼磨损深度 KT)为纵坐标。从图中可以看出,刀具磨损过程可分为初期磨损、正常磨损、急剧磨损三个阶段。

(1) 初期磨损阶段

新刃磨的刀具切削刃较为锋利,刀具后面与工件加工表面之间接触面积非常小,形成较大的压应力,且刃磨之后刀具后面通常会存在粗糙不平之处以及显微裂纹、氧化或脱碳层等缺陷,所以这一阶段的磨损

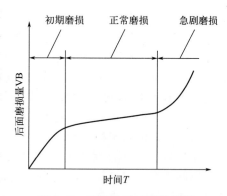

图 3-49 典型的刀具磨损曲线

较快。初期磨损量一般在 0.05~0.1mm,大小与刀具刃磨质量直接相关,经过研磨的刀具初期磨损量较小。

(2) 正常磨损阶段

经过初期磨损阶段,刀具毛糙表面被磨平,刀具磨损变得缓慢而均匀,进入正常磨损阶段。与初期磨损阶段相比,正常磨损阶段较长,刀具后面磨损量随着使用时间的延长而近似地成比例增加。

（3）急剧磨损阶段

随着刀具使用时间延长，切削刃变钝，导致加工精度降低、表面粗糙度值增大，切削力与切削温度均迅速升高，磨损速度快速增加，最终造成刀具损坏而失去切削能力。实际生产过程中为保证加工质量、提高生产效率，应当避免刀具进入急剧磨损阶段，在正常磨损阶段末期，就应及时换刀或更换新的切削刃。

刀具磨损到一定限度就不能继续使用了，这个磨损限度称为磨钝标准。在实际生产过程中，为保证生产效率，不会反复将刀具拆卸测量磨损量来判断是否达到磨钝标准，而是根据切削加工过程中发生的一些现象来判断刀具是否已经磨钝。例如粗加工时，观察加工表面是否出现亮带，切屑的颜色和形状的变化，以及是否出现振动和不正常的声音等；精加工时检查加工零件的形状与尺寸精度，观察加工表面粗糙度变化，如发现异常现象，就要及时换刀。

在评定刀具材料切削性能以及各种试验研究中，都是以刀具表面的磨损量作为衡量刀具的磨钝标准。使用过的刀具后面一般都会发生磨损，且后面磨损测量也比较方便，因此，国际标准（ISO）统一规定以1/2背吃刀量处刀具后面上测定的磨损带宽度VB作为刀具磨钝标准，如图3-50所示。而在自动化生产中使用的精加工刀具，常以沿工件径向的刀具磨损尺寸作为衡量刀具的磨钝标准，称为刀具径向磨损量NB。

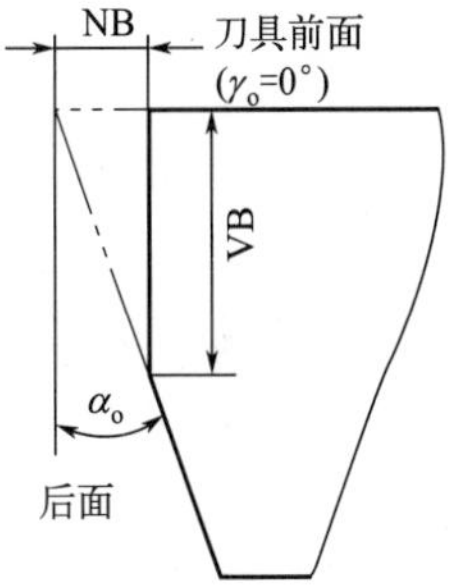

刀具的磨钝标准并不是统一的，而是根据加工条件不同而变化。例如精加工的磨钝标准较小，而粗加工则取较大值；机床-夹具-刀具-工件系统刚度较低时，应该考虑在磨钝标准内是否会产生振动。此外，工件材料的可加工性、刀具制造刃磨难易程度等，都是确定磨钝标准时应考虑的因素。磨钝标准的具体数值可查阅有关手册。

图3-50 车刀的磨损量

3.5.3 刀具破损

刀具破损也是实际生产过程中刀具常发生的一种失效形式，与磨损不同，刀具破损一般是突然发生的。导致刀具破损的原因有很多，比如刀具材料选用错误、进刀量过大、未合理使用切削液、刀具本身质量问题等，都可能会产生强大的切削力或者热应力，一旦超过刀具承受范围，就会使刀具突然破损，提前报废。

刀具的破损形式有塑性破损和脆性破损两种。塑性破损一般发生于使用碳素工具钢、合金工具钢等硬度较小、韧性较好的材料制作的刀具；而脆性破损一般发生在硬质合金以及陶瓷刀具的切削过程中，因为这类刀具硬度高、脆性大，在较大的机械冲击或热载荷下，极易发生脆性破损。脆性破损具体又可分为碎断、崩刃、裂纹和剥落破损。

相对于正常的磨损而言，刀具的破损危害较大，是生产过程中应极力避免的。刀具破损轻则导致工件或刀具报废以及机床受损，重则因碎屑崩出而导致人员受伤。所以在实际生产中必须合理使用刀具，严格遵守操作规程，尽量避免刀具发生意外破损。

3.5.4 刀具寿命

刀具寿命指的是一把全新的刀具或重新刃磨过的刀具从开始投入使用直至达到磨钝标准所经历的实际工作时间，刀具寿命有时也被称为耐用度。对于可重复刃磨的刀具，实际切削时间超过刀具寿命就要重新刃磨；而对于不可重新刃磨的刀具，实际切削时间超过刀具寿命则直接做报废处理。刀具总寿命与刀具寿命是不同的两个概念，即对于可重复刃磨的刀具，其刀具总寿命等于刀具寿命与可刃磨次数的乘积；对于不可重复刃磨的刀具，刀具寿命即为刀具总寿命。

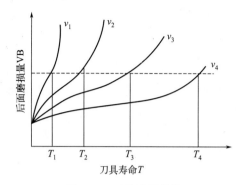

图 3-51 刀具磨损曲线

在加工某一特定工件时，在确定刀具材料以及几何形状之后，与其他因素相比，切削速度对刀具寿命的影响往往是最大的。这是由于切削速度与刀具磨损速度成正比关系，且更快的切削速度会导致更高的切削温度，提高切削速度，刀具寿命就会相对应地发生衰减。

刀具寿命实验一般是在刀具常用的切削速度范围之内，选取不同的切削速度 v_1，v_2，v_3，…。在规定其他切削条件不变的情况下，经过实验获得刀具磨损曲线，如图 3-51 所示，其中 $v_1 > v_2 > v_3 > v_4$。

经处理后得到刀具寿命方程：

$$vT^m = C \tag{3-1}$$

式中　　v——切削速度，m/min；

T——刀具寿命，min；

m——指数，表示 v-T 间影响的程度；

C——系数，由刀具、工件材料和切削条件决定。

如果将切削速度 v 与刀具寿命 T 之间的关系画在双对数坐标系中，则其呈一直线，如图 3-52 所示，直线的斜率即为影响指数 m。一般来说，刀具材料的耐热性越低，切削速度对刀具寿命的影响越大，直线斜率应该越小，也就是说只要稍微改变切削速度，刀具寿命就会发生很大的变化。图 3-52 为用不同材料制成的刀具在加工同一种工件时的后面磨损寿命曲线，可以看出陶瓷刀具寿命曲线的斜率比硬质合金和高速钢的都大，这是因为陶瓷刀具的耐热性更好，所以在非常高的切削速度下仍然有较高的刀具寿命。但是在低速时，其刀具寿命比硬质合金的还要低。

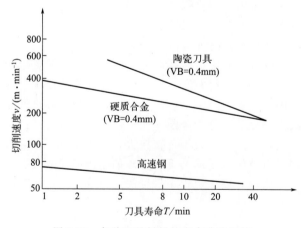

图 3-52 各种刀具材料的寿命曲线比较

除切削速度 v 之外，进给量 f 与背吃刀量 a_p 对刀具寿命也有一定的影响。增加进给量 f 或背吃刀量 a_p，刀具寿命相应地衰减。且进给量 f 对刀具寿命的影响一般比背吃刀量 a_p 大，但比切削速度 v 的影响小，三者对切削温度的影响顺序也是如此，可见切削温度与刀具寿命息息相关。降低了切削温度，也就能够延长刀具寿命。

切削用量与刀具磨损寿命之间的关系是以刀具的平均寿命为依据建立的。在实际生产过程中，由于刀具和工件材料的分散性，所用机床及工艺系统动、静态性能的差别，以及工件毛坯余量不均等条件的变化，刀具磨损寿命是存在不同分散性的随机变量。通过刀具磨损过程的分析和实验表明，刀具磨损寿命的变化规律服从正态分布或对数正态分布。

习题与思考题

3-1 机床常用的技术性能指标有哪些？

3-2 简述机床的组成及各部分的作用。

3-3 试说明如何区分机床的主运动与进给运动。

3-4 从机床型号的编制中可获得哪些有关机床产品的信息？试解释机床型号 CG6125B、CW61100、M1432A、Y3150E 中各位字母和数字代号的具体含义。

3-5 简述电气伺服传动系统的分类中开环、闭环和半闭环系统的区别。

3-6 主轴部件、导轨、支承件及刀架应满足的基本技术要求有哪些？

3-7 常用加工技术的优点及关键技术有哪些？

3-8 常用的进给系统有哪几种？各自有何优缺点？

3-9 车刀的角度是如何定义的？标注角度与工作角度有何不同？

3-10 刀具正交平面参考系由哪些平面组成？它们是如何定义的？

3-11 车刀的标注角度主要有哪几种？它们是如何定义的？

3-12 影响刀具工作角度的主要因素有哪些？

3-13 刀具的前角、后角、主偏角、副偏角、刃倾角各有何作用？如何选用合理的刀具切削角度？

3-14 刀具的正常磨损过程可分为几个阶段？各阶段的特点是什么？刀具的磨损应限制在哪一阶段？

3-15 刀具磨钝标准是什么意思？它与哪些因素有关？

3-16 什么叫刀具寿命？刀具寿命和磨钝标准有什么关系？磨钝标准确定后，刀具寿命是否就确定了？为什么？

3-17 简述车刀、铣刀、钻头的特点。

3-18 在 $vT^m = C$ 关系中，指数 m 的物理意义是什么？不同刀具材料的 m 值为什么不同？

3-19 在 CA6140 车床上粗车、半精车一套筒的外圆，材料为 45 钢（调质），抗拉强度 $\sigma_b = 681.5\text{MPa}$，硬度为 200~230HBW，毛坯尺寸 $d_w \times l_w = 80\text{mm} \times 350\text{mm}$，车削后的尺寸为 $d = \varphi(75 - 0.25)$ mm，$L = 340$mm，表面粗糙度值均为 $Ra3.2\mu\text{m}$。试选择刀具类型、材料、结构、几何参数及切削用量。

3-20 刀具材料应具备哪些性能？常用刀具材料有哪些？各有何优缺点？

3-21 试比较磨削和单刃刀具切削的异同。

第4章 机床夹具设计与应用

 学习意义

在机床上加工工件时,为了保证工件的形状、位置及尺寸要求,通常在加工前,首先须确定好工件相对于刀具和机床的位置。机床夹具就是用来准确地确定工件位置,并将其牢固夹紧的工艺装备。采用这种工艺装备,能保证工件的加工精度,提高加工效率,减轻劳动强度,充分发挥机床的工艺性能。因此,机床夹具在机械制造中占有很重要的地位,机床夹具的设计也是机械加工工艺工作中不可缺少的内容。

 学习目标

① 了解机床夹具的功用、分类和组成;
② 掌握六点定位原理、常见的定位方式及其定位元件、定位误差及其分析与计算;
③ 掌握夹紧装置的组成和设计要求、夹紧力的确定以及典型夹紧机构;
④ 熟悉各类机床夹具的特点,以及通用夹具的选用;
⑤ 了解机床专用夹具要求和基本设计步骤。

4.1 机床夹具概述

4.1.1 工件的装夹方法

在进行机械加工时,必须先将工件安装在机床的准确加工位置上,并进行可靠的夹紧以保证在加工过程中不发生位置移动,从而使得加工表面达到要求的加工质量,这一过程称为装夹。由此可知,装夹分为两部分——定位和夹紧。定位是使工件在机床中占有准确的加工位置;而夹紧是保证所占有的准确位置不发生改变。

工件在机床上的装夹方法主要有两种:

(1) 找正装夹法

直接找正装夹是指根据工件相关表面预先划出的线痕确定正确位置,或使用划针或者指示表找出工件的正确位置，然后再进行夹紧的装夹方法。图 4-1(a) 为采用指针表找正。图 4-1(b) 为刨削加工时的划线找正。这种装夹方法简单，无需专门设备，通用性好，但精度不高，依赖工人技术水平，生产效率低，多适用于单件小批量生产。

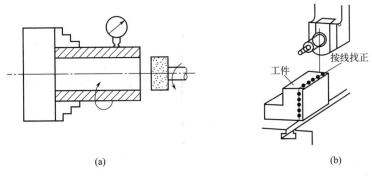

图 4-1　工件的装夹方法

（2）夹具装夹法

夹具装夹法是直接将工件安装在夹具上，不需要进行找正，便可以直接得到准确的加工位置，并可以实现工件的夹紧。图 4-2 所示的钻床夹具，是专门用于零件的钻孔及铰孔工序。工件 1 的孔 A 与夹具定位销 2 配合，端面 B 与销轴端面配合，工件侧面 C 与挡销 3 接触，此时工件完成夹具中的定位。旋紧螺母 10，通过垫圈 9 便可夹紧工件。夹具中 12 为钻模套，保证钻头方向和位置，使加工孔获得要求的加工精度。这种装夹方式，操作简便快速，不依赖工人的技术水平就能保证较好的加工精度，因此可以保证一批工件的加工精度稳定性和高效率，适用于中批量以上的生产类型。

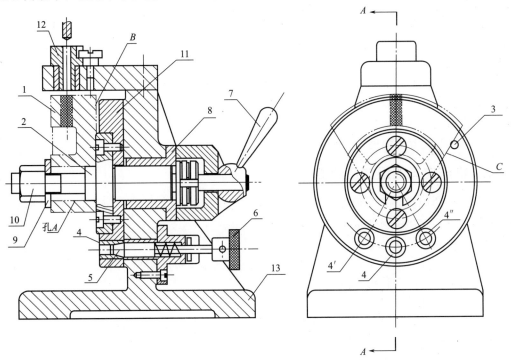

图 4-2　钻孔及铰孔夹具图
1—工件；2—定位销；3—挡销；4—定位套；5—定位销；6—手扭；7—手柄；
8—衬套；9—垫圈；10—螺母；11—转盘；12—钻模套；13—夹具体

4.1.2 机床夹具的原理及功用

机床夹具的功能和分类

机床夹具是一种工艺装备，用于工件的迅速安装，实现工件的定位和夹紧，并可以对刀具进行导向或对刀，以保持加工中工件与刀具的相互位置，它直接影响产品的质量和生产率，是工艺设计中的一项重要内容。

结合应用实例，可归纳出夹具工作原理的要点如下：

ⅰ. 使工件在夹具中占有正确的加工位置。这是通过工件各定位面与夹具的相应定位元件的定位工作面（定位元件上起定位作用的表面）接触、配合或对准来实现的。

ⅱ. 夹具对于机床应先保证有准确的相对位置，而夹具结构又保证定位元件的定位工作面对夹具与机床相连接的表面之间的相对准确位置，这就保证了夹具定位工作面相对机床切削运动形成表面的准确几何位置，也就达到了工件加工面对定位基准的相互位置精度要求。

ⅲ. 使刀具相对有关的定位元件的定位工作面调整到准确位置，这就保证了刀具在工件上加工出的表面对工件定位基准的位置尺寸。

夹具在机械加工中应用十分广泛，其主要功用如下：

ⅰ. 保证加工质量。使用机床夹具的首要任务是保证加工精度，特别是保证被加工工件加工面与定位面之间以及待加工表面相互之间的位置精度。在使用机床夹具后，这种精度主要依靠夹具和机床来保证，而不再依赖于工人的技术水平。

ⅱ. 提高生产效率，降低生产成本。使用夹具后可减少划线、找正等辅助时间，且易实现多件、多工位加工。在现代机床夹具中，广泛采用气动、液动等机动夹紧装置，可使辅助时间进一步减少。

ⅲ. 扩大机床工艺范围。在机床上使用夹具可使加工变得方便，并可扩大机床的工艺范围。例如，在车床或钻床上使用镗模，可以代替镗床镗孔；又如，使用靠模夹具，可在车床或铣床上进行仿形加工。

ⅳ. 减轻工人劳动强度，保证安全生产。

4.1.3 机床夹具的组成及分类

机床夹具的种类繁多，但其结构有相通性，分析图 4-2 以及图 4-3 所示的铣削小型连杆端面夹具，可归纳出夹具组成如下：

（1）定位元件及定位装置

用来确定工件在夹具上位置的元件或装置。如图 4-2 中的定位销 2 和挡销 3，图 4-3 中的定位支承 1、2 及 V 形铁 3、挡销 4 等。

（2）夹紧元件及夹紧装置

用来夹紧工件，使其位置固定下来的元件或装置。如图 4-2 中的螺母 10，垫圈 9，图 4-3 中的压板 5 等。

（3）导向元件和对刀元件

用来确定刀具与工件相互位置的元件。如图 4-2 中的钻模套（导向元件），图 4-3 中的对刀块 9 等。

(4) 动力装置

为减轻工人体力劳动、提高劳动生产率,所采用的各种机动夹紧的动力源。如图 4-3 中的气缸、活塞等。

(5) 夹具体

将夹具的各种元件、装置等连接起来的基础件。如图 4-2 中的件 13,图 4-3 中的件 10。

(6) 其他元件及其他装置

例如,实现工件分度的分度元件或分度装置(图 4-2 中的分度定位销 5、定位套 4 等);确定夹具在机床上位置的定向元件(图 4-3 中的定向键 8)等。

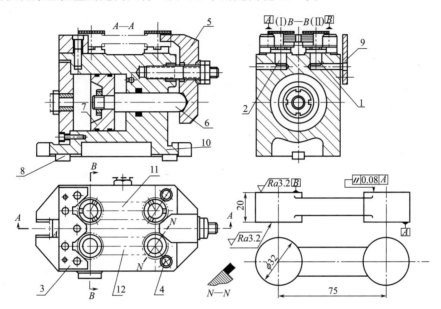

图 4-3 铣连杆端面夹具图

1,2—平面定位元件;3—V 形铁;4—挡销;5—压板;6—活塞杆;7—活塞;8—定向键;
9—对刀块;10—夹具体;11,12—工件

机床夹具可以有多种分类方法。通常按机床夹具的使用范围,可分为五种类型。

(1) 通用夹具

如在车床上常用的自定心卡盘、单动卡盘、顶尖,铣床上常用的机用平口钳、分度头、回转工作台等均属于此类夹具。该类夹具由于具有较大的通用性,故得其名。通用夹具一般已标准化,并由专业工厂(如机床附件厂)生产,常作为机床的标准附件提供给用户。

(2) 专用夹具

这类夹具是针对某一工件的某一工序而专门设计的,因其用途专一而得名。图 4-3 所示的铣连杆端面夹具就是一个专用夹具。专用夹具广泛应用于批量生产中。

(3) 可调整夹具和成组夹具

这类夹具的特点是夹具的部分元件可以更换,部分装置可以调整,以适应不同零件的加工。用于相似零件成组加工的夹具,通常称为成组夹具。与成组夹具相比,可调整夹具的加工对象不很明确,适用范围更广一些。

(4) 组合夹具

这类夹具由一套标准化的夹具元件,根据零件的加工要求拼装而成。就好像搭积木一样,不同元件的不同组合和连接可构成不同结构和用途的夹具。夹具用完以后,元件可以拆卸重复使用。这类夹具特别适合于新产品试制和小批量生产。

（5）随行夹具

这是一种在自动线或柔性制造系统中使用的夹具。工件安装在随行夹具上，除完成对工件的定位和夹紧外，还载着工件由输送装置送往各机床，并在各机床上被定位和夹紧。

机床夹具也可以按照加工类型和机床类型来分类，可分为车床夹具、铣床夹具、钻床夹具、镗床夹具、磨床夹具和数控机床夹具等。机床夹具还可以按其夹紧装置的动力源来分类，可分为手动夹具、气动夹具、液动夹具、电磁夹具和真空夹具等。

4.2 工件在夹具上的定位

4.2.1 基准的概念

定位的目的是使工件在夹具中相对于机床、刀具占有确定的正确位置。在夹具设计中，确定定位方案的首要任务就是合理选择定位基准。

零件是由若干表面组成的，这些表面之间必然有尺寸和位置之间的要求，而零件上用来确定点、线、面位置时，作为参考的其他的点、线、面就是基准。从设计和工艺两方面分析，基准可分为设计基准和工艺基准两大类。

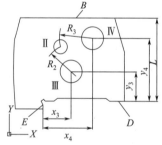

图 4-4 主轴箱箱体零件简图

（1）设计基准

设计基准是在零件图上用来确定其他点、线、面的位置的基准。例如，图 4-4 中的主轴箱箱体，顶面 B 的设计基准是底面 D；孔 Ⅳ 的设计基准在垂直方向是底面 D，在水平方向是导向面 E；孔 Ⅱ 的设计基准是孔 Ⅲ 和孔 Ⅳ 的轴线。设计基准是由该零件在产品结构中的功用来决定的。

（2）工艺基准

工艺基准是在加工及装配过程中使用的基准。按照用途的不同又可分为以下几类：

① 工序基准 在工序图上用来确定本工序所加工的面加工后的尺寸、形状和位置的基准，称为工序基准。

② 定位基准 定位基准是在加工中使工件在机床或夹具上占有正确位置所采用的基准。

③ 测量基准 测量基准是在检验时使用的基准。例如，在检验车床主轴时，用支承轴颈表面作测量基准。

④ 装配基准 装配基准是在装配时用来确定零件或部件在产品中位置所采用的基准。

在分析基准问题时，必须注意下列几点：

ⅰ．作为基准的点、线、面在工件上不一定具体存在（例如，孔的中心、轴线、对称面等），而常由某些具体的表面来体现，这些表面就可称为基面。例如，在车床上用自定心卡盘夹持一根短圆轴，实际定位表面（基面）是外圆柱面，而它所体现的定位基准是这根圆轴的轴线，因此选择定位基准的问题就是选择恰当的定位基面的问题。

ⅱ．作为基准，可以是没有面积的点和线或很小的面，但是代表这种基准的点和线在工件上所体现的具体基准总是有一定面积的。例如，代表轴线的中心孔锥面；用 V 形块使支承轴颈定位，理论上是两条线，但实际上由于弹性变形的关系也还是有一定的接触面积的。

ⅲ．上面所分析的都是尺寸关系的基准问题，表面位置精度（平行度、垂直度等）的关系也同样具有基准关系。

4.2.2 定位原理

4.2.2.1 六点定位原理

一个物体在空间可能具有的运动，称为自由度。由运动学可知，刚体在空间可以有六种独立运动，即具有六个自由度。如图 4-5 所示的长方体，它在直角坐标系 $OXYZ$ 中的六个运动是：

六点定位原理

三个平移运动——沿 X 轴平移 $\vec{X}$，沿 Y 轴平移 $\vec{Y}$，沿 Z 轴平移 $\vec{Z}$；

三个回转运动——绕 X 轴回转 $\hat{X}$，绕 Y 轴回转 $\hat{Y}$，绕 Z 轴回转 $\hat{Z}$。

所谓定位就是采取各种约束措施，来消除工件的六个自由度，这里所说的约束则是由各种定位元件所构成。例如在讨论长方体工件的定位时，我们可以在其底面布置三个不共线的约束点 1、2、3（图 4-6）；侧面布置两个约束点 4、5；端面布置一个约束点 6。

约束点 1、2、3：限制 $\vec{Z}$、$\hat{X}$、$\hat{Y}$ 三个自由度；

约束点 4、5：限制 $\vec{Y}$、$\hat{Z}$ 两个自由度；

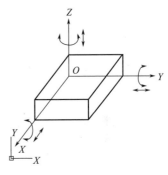

图 4-5 自由度示意图

约束点 6：限制 $\vec{X}$ 一个自由度。

于是完全限制了工件的六个自由度，即实现了完全定位。在具体的夹具中，约束是由六个支承钉所组成，每个支承钉与工件的接触面积很小，可视为约束点，具体情况如图 4-6（b）所示。

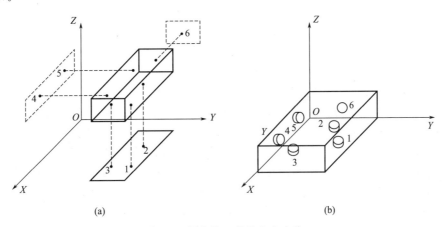

图 4-6 长方体工件的六点定位

由于工件的形状是千变万化的，不可能都使用约束点进行定位，实际工程中的定位元件的形式和种类是很多的。因此，在实际分析定位方案时，不必将定位元件简化为约束点，可以直接分析某个定位元件限制了哪几个自由度，或者定位元件的组合工件六个自由度的限制情况等。在分析定位时，应注意定位元件的长短关系、大小关系、数量关系以及组合关系。下面就来讨论几种常见定位面的定位元件，看看它限制自由度的情况。

工件的实际定位

（1）平面定位——支承钉和支承板

支承钉和支承板是平面定位中最常见的定位元件。通常支承钉与工件接触面积很小可作为约束点，但应注意支承钉数量，例如图 4-7（a）～（c）中支承钉的数量不同，限制的自由度分别为一个、两个和三个。分析支承板时，除了注意数量之外，还应注意支承板的大小。当支承板的面积相较于支承面很小时，一个支承板可限制两个自由度，如图 4-7（d）所示。而当支承板面积较大时，如图 4-7（f）所示，则可限制三个自由度。另外，由图 4-7 可知，三个支承钉、两个条形支承板和一个大支承板的定位效果是一致的，均限制了一个平面三个自由度。在定位面为精度较低的未加工表面时，宜采用三个支承钉或两个支承板的定位方式，以避免定位面精度过低造成的定位不准确；而定位面为精加工面时，宜采用一个大支承板定位，有利于提高定位刚度。

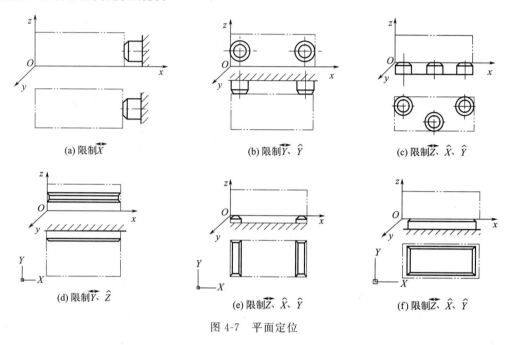

图 4-7 平面定位

（2）圆孔定位——销和芯轴

以工件圆孔定位的定位元件主要有圆柱销、圆锥销和芯轴等。分析圆柱销定位时，应注意圆柱销的长短。所谓长短并非圆柱销本身的绝对长度，而是圆柱销与定位圆孔的相对长度。如图 4-8（a）、（b）所示，短圆柱销仅能限制两个方向的平移自由度，而长圆柱销则可限制四个方向的自由度。圆锥销与圆孔配合定位时如图 4-8（c）所示，相较于短圆柱销，圆锥销的锥面可增加限制轴线方向的平移；若圆锥销为图 4-8（d）所示的浮动锥销，则与短圆柱销一样限制两个方向的平移自由度。浮动圆锥销多用于组合定位，可避免过定位。芯轴是指贯穿定位圆孔的轴，如图 4-8（e）、（f）所示，定位情况与圆柱销类似，同样与其长短有关。

（3）外圆面定位——V 形块和定位套

V 形块和定位套的定位情况基本类似，分析时应主要注意 V 形块或定位套的数量和长短，如图 4-9 所示。单个短 V 形块或短定位套可限制垂直于外圆轴线的两个方向的平移自由度。两个 V 形块或定位套定位时与一个长 V 形块或定位套的定位效果相同，均可限制四个自由度。

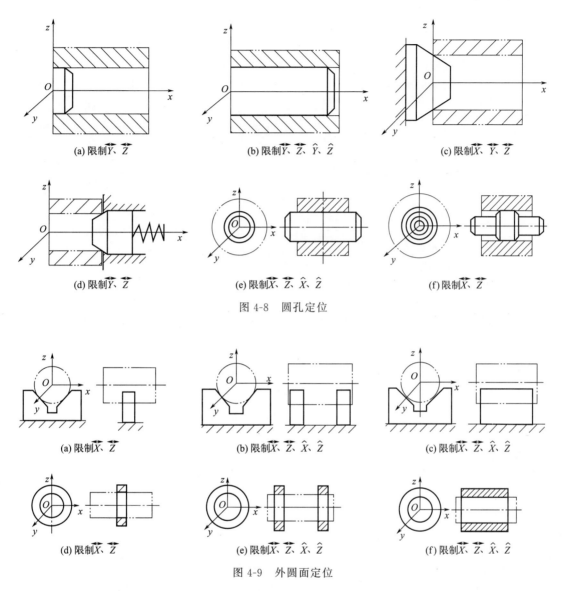

图 4-8　圆孔定位

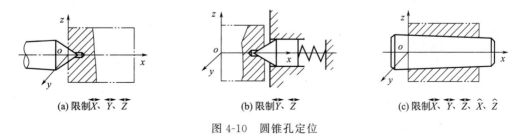

图 4-9　外圆面定位

（4）圆锥孔定位——锥顶尖和锥度芯轴

圆锥孔配合顶尖定位与短锥销配合圆孔的定位效果一致，如图 4-10（a）、（b）所示。锥度芯轴与锥孔配合可限制五个自由度，不同于圆柱芯轴，锥度芯轴的锥面可以限制轴线方向的平移自由度。

图 4-10　圆锥孔定位

（5）组合定位

在前述分析中，可以发现定位元件的组合可以产出不同的定位效果。一个短 V 形块限制两个自由度，两个短 V 形块的组合限制四个自由度，这是一种定位元件数量和所限制自由度成比例的组合关系。一个条形支承板限制两个自由度，两个条形支承板的组合，由于其相当于一个矩形支承板，因此限制三个自由度，这是一种不成比例的组合关系。有些定位元件的组合会产生自由度的转换，如图 4-11 中用圆锥孔定位。从固定（前）顶尖的定位来分析，限制了 $\vec{X}$、$\vec{Y}$、$\vec{Z}$ 三个自由度，而从浮动顶尖来分析，通常是限制了 $\vec{Y}$、$\vec{Z}$ 两个自由度，而如果将前顶尖作为先决条件一起分析，浮动后顶尖则可认为是限制了 $\hat{Y}$、$\hat{Z}$ 两个自由度，因此其所限制的自由度与定位

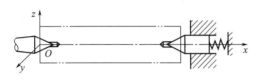

图 4-11 组合关系对自由度限制的影响

元件的组合有关，视具体定位情况而定，这是又一种组合关系。

4.2.2.2 完全定位和不完全定位

工件完全定位必须限制它的六个自由度，但在实际工程中，并不需要限制全部自由度，而只需限制足以影响加工精度的那些自由度。例如，在长方体上铣一个通槽时（图 4-12），需要限制的自由度为：$\vec{Y}$、$\vec{Z}$——工件沿 Y 轴、Z 轴方向的位置移动，将引起被加工槽位置尺寸 L、H 的变化；$\hat{X}$、$\hat{Y}$、$\hat{Z}$——工件绕 X 轴、Y 轴、Z 轴的位置转动，将影响槽侧及槽底的位置精度。而 $\vec{X}$ 并不影响铣槽工序的加工精度，因此这一自由度可不加限制。在保证加工精度的前提下，有时并不需要完全限制工件的六个自由度，此时称为不完全定位。

完全定位与
不完全定位

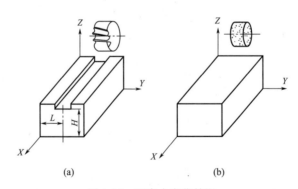

图 4-12 不完全定位情况

在实际加工中，为了承受切削力、夹紧力或使工件夹紧方便，对不影响加工精度的自由度也可加以限制，这是必要的也是合理的，称为附加自由度。如图 4-13 所示在一个球形工件上加工一个平面，从定位分析只需限制 $\vec{Z}$ 一个自由度，但为了加工时装夹方便，易于对刀和控制加工行程等，可限制两个自由度 [图 4-13（a）]，甚至可限制三个自由度 [图 4-13（b）]。

总结上面的结论，可以把定位的条件进一步引申，即工件在定位时，应该限制的自由度的数目，应由工序的加工精度要求而定，不影响加工精度的自由度可不加限制，若要求工件限制全部的六个自由度，则称为完全定位，否则称为不完全定位，它们都是定位的正常情况。

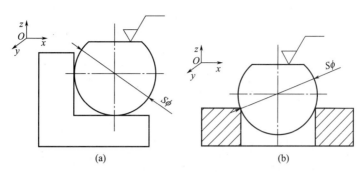

图 4-13 附加自由度

4.2.2.3 欠定位和过定位

定位元件不足致使保证工件尺寸和位置等要求而应该限制的自由度未被限制，叫作欠定位。很显然此时工件的位置精度将无法保证，这是不允许出现的情况。另一方面，定位元件过多，而使工件的一个自由度同时被两个以上的定位元件限制，此时称为过定位。这种情况会出现定位干涉，有时会带来很大误差，也是应该避免的。

欠定位与过定位

下面来分析几个过定位的实例及其解决过定位的方法。

如图 4-14（a）所示，工件的一个定位平面只需要限制三个自由度，如果用四个支承钉来支承，则由于工件平面或夹具定位元件的制造精度问题，实际上只能有其中的三个支承钉与工件定位平面接触。如果在工件的重力、夹紧力或切削力的作用下强行使四个支承钉与工件定位平面都接触，则可能会使工件或夹具变形，或两者均变形，解决这一过定位的方法有两个：一是将支承钉改为三个，并布置其位置形成三角形；二是将定位元件改为两个支承板[图 4-14（b）]。

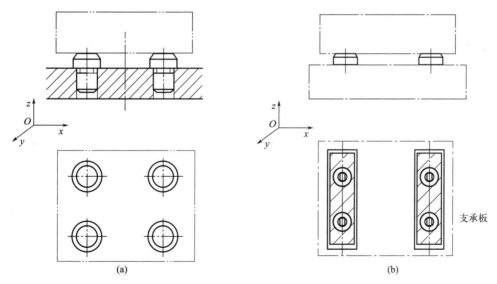

图 4-14 平面定位的过定位

图 4-15 所示为一面两孔组合定位的过定位例子，工件的定位面为其底平面和两个孔，夹具的定位元件为一个支承板和两个短圆柱销，考虑了定位组合关系，其中支承板限制了 $\vec{Z}$、$\hat{X}$、$\hat{Y}$ 三个自由度，短圆柱销1限制了 $\vec{X}$、$\vec{Y}$ 两个自由度，短圆柱销2限制了 $\vec{X}$ 和 $\hat{Z}$ 两

个自由度，因此在自由度 $\vec{X}$ 上出现了过定位。在装夹时，若工件上两孔或夹具上的两个短圆柱销在直径或间距尺寸上有误差，则会产生工件不能定位（即装不上），即使强制装上也可能造成圆柱销或工件产生变形。解决的方法是将其中的一个短圆柱改为菱形销，且其削边方向应在 x 向，即可消除自由度 $\vec{X}$ 上的干涉。

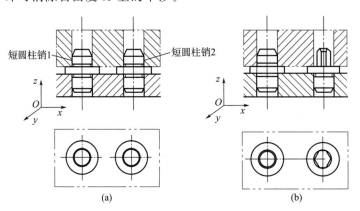

图 4-15　一面两孔组合定位的过定位

图 4-16（a）为孔与端面联合定位的情况，由于大端面可以限制三个自由度，长销限制四个自由度，它们组合在一起时，$\hat{X}$、$\hat{Y}$ 将被两个定位元件所限制，即出现过定位。此时，若工件端面与工件孔的轴线不垂直，则在夹紧力（一般为轴线方向）作用下，将使工件或长销产生变形，引起较大误差。为了改善这种情况，应采取如下几种措施：①采用大端面和短销组合定位 [图 4-16（b）]；②采用长销和小端面组合定位 [图 4-16（c）]；③仍采用大端面和长销组合定位，但在大端面上装一个球面垫圈，以减少两个自由度的重复约束 [图 4-16（d）]。

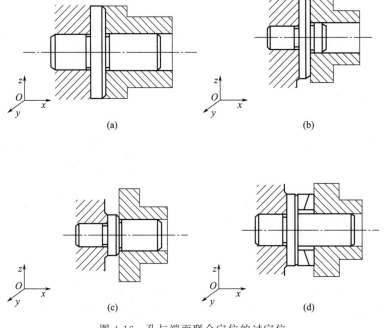

图 4-16　孔与端面联合定位的过定位

在判断是否会出现过定位时，常常要看某种定位方式，是否会导致上述的过定位后果：如使定位不稳定、工件或夹具变形以及定位干涉等。但如果工件定位面精度较高，夹具定位元件精度也很高时，过定位是可以允许的，因为它可以提高加工刚度。另外，在不完全定位和欠定位的情况下，不一定就没有过定位，因为过定位取决于是否存在重复定位，而不是看所限制自由度的多少。

4.2.3 常见定位方式与定位元件

4.2.3.1 工件以平面定位

平面定位的主要形式是支承定位，所用元件均已标准化。夹具上常用的支承元件有以下几种。

（1）固定支承

固定支承有支承钉和支承板两种形式。图 4-17（a）～（c）所示为国家标准规定的三种支承钉，分别为平头、球头和花头。其中平头支承钉与定位平面接触面大，多用于精基准面的定位；球头支承钉与定位面为点接触，多用于粗基准面的定位；花头支承钉与定位面之间的摩擦力较大，但容易积攒切屑，故多用于工件侧面定位。在大中型工件定位时，多采用支承板。图 4-17（d）、（e）所示为国家标准规定的两种支承板，其中 B 型用得较多，A 型由于不利于清屑，常用于工件的侧面定位。

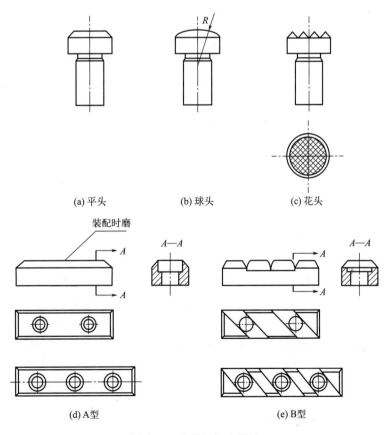

图 4-17　支承钉与支承板

（2）可调支承

支承点的位置可以调整的支承称为可调支承。图 4-18 所示为几种常见的可调支承。当工件定位表面不规整或工件不同批次毛坯尺寸变化较大时，常使用可调支承。可调支承也可用作成组夹具的调整元件。

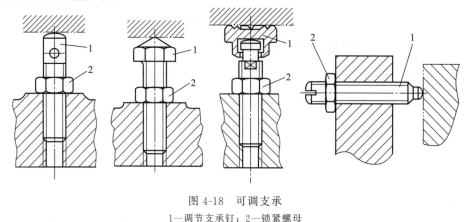

图 4-18 可调支承
1—调节支承钉；2—锁紧螺母

（3）自位支承

自位支承在定位过程中，支承点可以自动调整其位置以适应工件定位表面的变化。自位支承通常只限制一个自由度，即实现一点定位。图 4-19 所示为三种自位支承形式。图 4-19（a）用于不连续表面定位；图 4-19（b）用于台阶表面定位；图 4-19（c）用于有基准角度误差的平面定位。

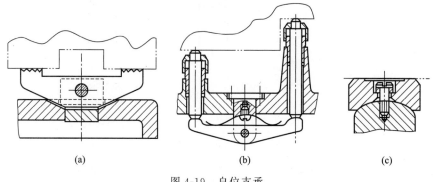

图 4-19 自位支承

（4）辅助支承

辅助支承是在工件完成定位后才参与支承的元件，它不起定位作用，而只起支承作用。为避免粗基准定位时的过定位，可采用辅助支承。另外，当工件定位基面较小，致使其一部分悬伸较长时，为增加工件的刚性，减少切削时的变形，也常采用辅助支承（图 4-20）。辅助支承有多种形式，图 4-21 所示为其中的三种。其中第一种［图 4-21（a）］结构简单，但转动支承 1 时，可能因摩擦力而带动工件。第二种［图 4-21（b）］结构避免了第一种结构的缺点，转动螺母 2，支承 1 只上下移动。这两种结构动作较慢，且用力不当会破坏工件已定

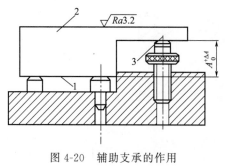

图 4-20 辅助支承的作用
1—支承面；2—工件；3—辅助支承面

好的位置。图 4-21（c）所示为自动调节支承，靠弹簧 3 的弹力使支承 1 与工件接触，转动手柄 4 将支承 1 锁紧。

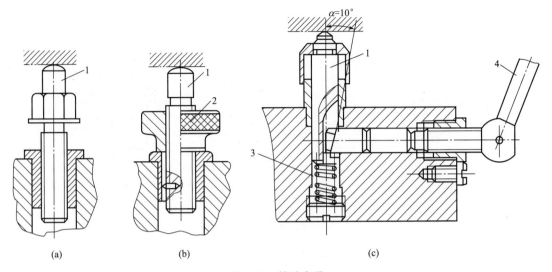

图 4-21　辅助支承
1—支承；2—螺母；3—弹簧；4—手柄

4.2.3.2　工件以圆柱孔定位

诸如套筒、法兰等工件常以圆柱孔定位，通常属于定心定位（定位基准为孔的轴线），常用定位元件包括定位销和芯轴等。

（1）芯轴

芯轴形式很多，图 4-22 所示为几种常见的刚性芯轴。图 4-22（a）所示为过盈配合芯轴，定位精度高，常用配合种类为：基孔制 r、s、u。图 4-22（b）所示为间隙配合芯轴，安装拆卸方便，但定心精度不高，常用配合种类为：基孔制 h、g、f。图 4-22（c）所示为小锥度芯轴，其锥度为 1∶5000～1∶1000。工件安装时轻轻敲入或压入，通过孔和芯轴接触表面的弹性变形来夹紧工件。使用小锥度芯轴定位可获得较高的定位精度。应注意与小锥度芯轴配合的孔一般要求较高精度，同时工件应有一定宽度，避免安装时发生偏斜。

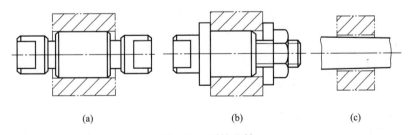

图 4-22　刚性芯轴

除了刚性芯轴外，在生产中还经常采用弹性芯轴、液塑芯轴、自动定心芯轴等。此类芯轴不仅是定位元件也是夹紧元件，在工件定位的同时将工件夹紧，使用方便。具体内容将在夹紧机构中讨论。

（2）定位销

图 4-23 所示为国际标准规定的圆柱定位销，其工作部分直径 d 通常根据加工要求和考虑便于装夹，按 g6、g7、f6 或 f7 制造。直径小于 16mm 的定位销，用 T7A 材料，淬火

53～58HRC；直径大于16mm的定位销，用20钢，渗碳淬火53～58HRC。定位销与夹具体的连接可采用过盈配合［图4-23（a）～（c）］，也可以采用间隙配合［图4-23（d）］。圆柱定位销通常限制工件的两个自由度。

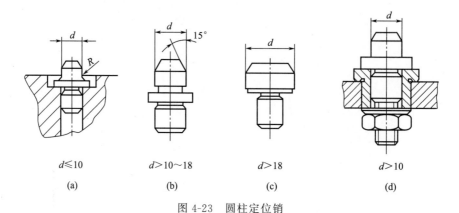

图4-23 圆柱定位销

当要求孔销配合只在一个方向上限制工件的自由度时，可使用菱形销，如图4-24（a）所示。工件也可以用圆锥销定位，如图4-24（b）、（c）所示。其中图4-24（b）多用于毛坯孔定位，图4-24（c）多用于光孔定位。圆锥销一般限制工件的三个移动自由度。

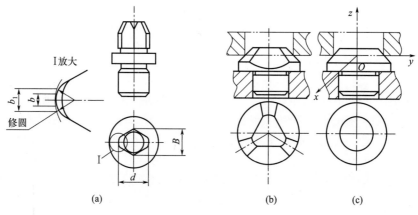

图4-24 菱形销与圆锥销

4.2.3.3 工件以外圆表面定位

工件以外圆表面定位有两种形式：定心定位和支承定位。工件以外圆表面定心定位的情况与圆柱孔定位相似，只是用套筒或卡盘代替了芯轴或圆柱销［图4-25（a）］，用锥套代替了锥销［图4-25（b）］。

工件以外圆表面支承定位常用的定位元件是V形块。V形块两斜面之间的夹角α通常取60°、90°和120°，其中90°用得最多。90°V形块的结构已标准化，如图4-26所示。使用V形块定位不仅对中性好，并可以用于非完整外圆表面的定位。

V形块有长短之分，长V形块（或两个短V形块的组合）限制工件的四个自由度，短V形块则限制工件的两个自由度。V形块又有固定与活动之分，活动V形块在可移动方向上对工件不起定位作用。

V形块在夹具上的安装尺寸T是V形块的主要设计参数，该尺寸常用作V形块测量和调整的依据。由图4-26可以求出

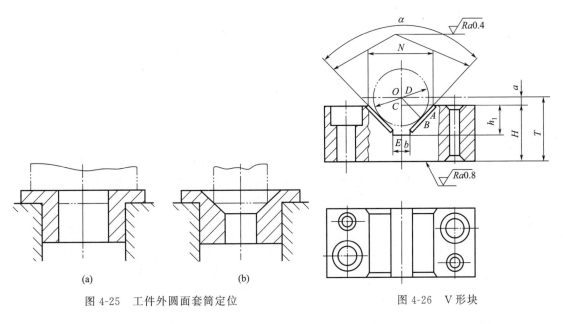

图 4-25 工件外圆面套筒定位　　　　　图 4-26 V形块

$$T = H + \frac{1}{2}\left[\frac{D}{\sin(\alpha/2)} - \frac{N}{\tan(\alpha/2)}\right] \tag{4-1}$$

式中　D——工件或芯轴直径的平均尺寸。

当 $\alpha = 90°$ 时，则

$$T = H + 0.707D - 0.5N$$

4.2.3.4　工件以其他表面定位

工件除了以平面、圆柱孔和外圆表面定位外，有时也用其他形式的表面定位。图 4-27 所示为工件以锥孔定位的例子，锥度芯轴限制了工件除绕自身轴线转动之外的五个自由度。

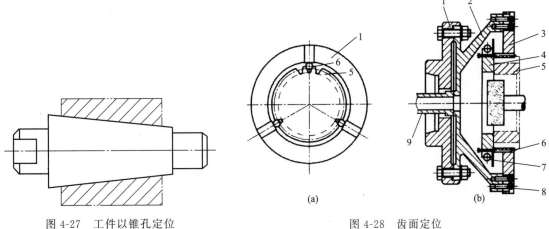

图 4-27　工件以锥孔定位　　　　　图 4-28　齿面定位

1—夹具体；2—薄膜盘；3—卡爪；4—保持架；
5—齿轮（工件）；6—定位圆柱；7—弹簧；8—螺钉；9—推杆

图 4-28 所示为工件（齿轮）以渐开线齿面定位的例子。三个定位圆柱 6（称为节圆柱）均布（或近似均布）插入齿间，实现分度圆定位。在推杆 9 的作用下，弹性薄膜盘 2 向外凸

出，带动三个卡爪 3 张开，可以安放工件 1。工件就位后，推杆 9 收回，弹性薄膜盘 2 在自身弹性恢复力的作用下，带动卡爪 3 收缩，将工件夹紧。该夹具广泛用于齿轮热处理后的磨孔工序中，可保证齿轮孔与齿面之间的同轴度。

4.2.3.5 定位表面的组合

实际生产中经常遇到的不是单一表面定位，而是几个定位表面的组合。常见的定位表面组合有平面与平面的组合、平面与孔的组合、平面与外圆表面的组合、平面与外圆其他表面的组合等。

在多个表面同时参与定位的情况下，各表面在定位中所起的作用有主次之分。一般称定位点数最多的定位表面为第一定位基准面或支承面，称定位点数次多的表面为第二定位基准面或导向面，对于定位点数为一的定位表面称为第三定位基准面或止动面。如图 4-29 所示，连杆端面三点定位，定位点数最多，是工件的第一定位基准面；连杆大头孔两点定位，是工件的第二定位基准面；连杆小头孔只有一点定位，是工件的第三定位基准面。

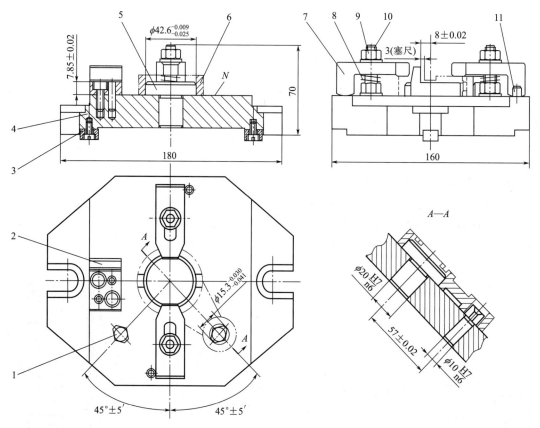

图 4-29 连杆铣槽夹具
1—菱形销；2—对刀块；3—定向键；4—夹具底座；5—圆柱销；6—工件；7—压板；8—弹簧；
9—螺母；10—螺栓；11—止动销

4.2.3.6 一面两销定位

在加工箱体类零件时常采用一面两孔（一个大平面和垂直于该平面的两个圆孔）组合定位，夹具上相应的定位元件是一面两销。为了避免由于过定位引起的工件安装时的干涉，两销中的一个应采用菱形销。菱形销的宽度可以通过几何关系求出。

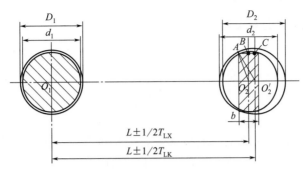

图 4-30 菱形销的宽度计算

如图 4-30 所示，考虑极端情况：两孔中心距为最大 ($L+1/2T_{LK}$)，两销中心距最小 ($L-1/2T_{LX}$)，两孔直径均为最小（分别为 D_1 和 D_2），两销直径均为最大（分别为 $d_1=D_1-\Delta_{1min}$ 和 $d_2=D_2-\Delta_{2min}$）。由 $\triangle AO_2B$ 和 $\triangle AO_2'C$ 可得

$$\overline{AO_2'}^2 - \overline{AC}^2 = \overline{AO_2}^2 - \overline{AB}^2$$

即

$$\left(\frac{D_2}{2}\right)^2 - \left[\frac{b}{2} + \frac{1}{2}(T_{LK}+T_{LX})\right]^2 = \left(\frac{D_2-\Delta_{2min}}{2}\right)^2 - \left(\frac{b}{2}\right)^2$$

整理后得

$$b = \frac{D_2 \Delta_{2min}}{T_{LK}+T_{LX}}$$

考虑到孔 1 与销 1 之间间隙的补偿作用，上式变为

$$b = \frac{D_2 \Delta_{2min}}{T_{LK}+T_{LX}-\Delta_{1min}} \tag{4-2}$$

式中　　b——菱形销宽度；

D_1、D_2——与圆柱销和菱形销配合孔的最小直径；

Δ_{1min}、Δ_{2min}——孔 1 与销 1、孔 2 与销 2 的最小间隙；

T_{LX}、T_{LK}——两孔中心距和两销中心距的公差。

在实际生产中，由于菱形销的尺寸已标准化，因而常按下面步骤进行两销设计。

① 确定两销中心距尺寸及公差。取工件上两孔中心距的公称尺寸为两销中心距的公称尺寸，其公差取工件孔中心距公差的 $\frac{1}{5} \sim \frac{1}{3}$，即令 $T_{LX}=\left(\frac{1}{5} \sim \frac{1}{3}\right) T_{LK}$。

② 确定圆柱销直径及其公差。取相应孔的最小直径作为圆柱销直径的公称尺寸，其公差一般取 g6 或 f7。

③ 确定菱形销宽度、直径及其公差。首先按有关标准（表 4-1）选取菱形销的宽度 b；然后按式(4-2) 计算菱形销与其配合孔的最小间隙 Δ_{2min}；再计算菱形销直径的公称尺寸 $d_2=D_2-\Delta_{2min}$；最后按 h6 或 h7 确定菱形销的直径公差。

表 4-1　菱形销的结构尺寸　　　　　　　　　　　　单位：mm

d	>3～6	>6～8	>8～20	>20～25	>25～32	>32～40	>40～50
B	$d-0.5$	$d-1$	$d-2$	$d-3$	$d-4$	$d-5$	$d-6$
b	1	2	3	3	3	4	5
b_1	2	3	4	5	5	6	8

注：d、B、b、b_1 的含义如图 4-24 所示

4.2.4 定位误差及其分析计算

根据定位原理设计夹具的定位方案，理论上可以保证工件的准确加工位置。但是工件和定位元件都是通过加工制造得到的，不可避免地存在误差。因此，必须对工件在夹具中的定位误差进行分析计算，其目的是根据误差大小判断定位方案是否合理可行。

4.2.4.1 定位误差的概念

定位误差是由于工件在夹具上（或机床上）定位不准确而引起的加工误差。如图 4-31 所示，在一根轴上铣键槽，要求保证槽底至轴下母线的距离 A。若采用 V 形块定位，键槽铣刀按规定尺寸调整好位置。实际加工时，由于工件外圆直径尺寸有大有小，会使外圆中心位置和母线位置发生变化。若不考虑加工过程中产生的其他加工误差，仅由于工件外圆中心位置和下母线位置的变化也会使工序尺寸 A 发生变化。此变化量（即加工误差）是由于工件的定位而引起的，故称为定位误差，常用 Δ 表示。

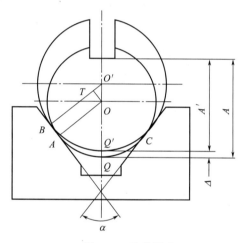

定位误差的来源主要有两方面：①由于工件的定位表面或夹具上的定位元件制作不准确而引起的定位误差，称为基准位置误差，常用 Δ_{JW} 表示。例如，图 4-31 所示的工件定位面（外圆表面）尺寸不准确而引起的定位误差。②由于工件的工序基准与定位基准不重合而引起的定位误差，称为基准不重合误差，常用 Δ_{JB} 表示。例如，图 4-31 所示的工件外圆面定位，定位基准位于外圆中心，而工序基准位于工件外圆下母线，二者之间的误差（即外圆直径误差）必然造成工序尺寸 A 的误差

在采用调整法加工时，工件的定位误差实质上就是工序基准在加工尺寸方向上的最大变动量。因此，计算定位误差首先要找出工序尺寸的工序基准，然后求其在加工尺寸方向上的最大变动量即

图 4-31 定位误差

可。计算定位误差可以采用几何方法，也可以采用微分方法。

4.2.4.2 用几何方法计算定位误差

采用几何方法计算定位误差通常要画出工件的定位简图，并在图中夸张地画出工件变动的极限位置，然后运用三角几何知识，求出工序基准在工序尺寸方向上的最大变动量，即为定位误差。

定位误差
的来源

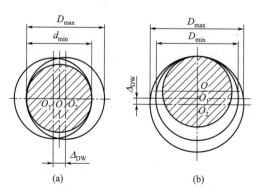

定位误差
的计算

图 4-32 孔销间隙配合时的定位误差

【例 4-1】 图 4-32 所示为孔销间隙配合时的定位误差。若工件的工序基准为孔心，试确定孔销间隙配合时的定位误差。

解 当芯轴垂直放置，孔与销轴可能在任意接触，则其极限状态如图 4-32（a）所示，当工件孔径为最大，定位销直径为最小时，孔心在任意方向上的最大变动量均为孔与销的最大间隙，即无论工序尺寸方向如何（只要工序尺寸方向垂直于孔的轴线），孔销间隙配合的定位误差为

$$\Delta_{DW} = D_{max} - d_{min} \tag{4-3}$$

式中 Δ_{DW}——定位误差；
D_{max}——工件上定位孔的最大直径；
d_{min}——夹具上定位销的最小直径。

在某些特殊情况下（芯轴水平放置，工件悬挂于芯轴上），工件上的孔可能与夹具上的定位销保持固定边接触 [图 4-32（b）]。此时可求出由于孔径变化造成孔心在接触点与销中心连线方向上的最大变动量为

$$\frac{1}{2}(D_{max} - D_{min}) = \frac{1}{2}T_D$$

即孔径公差的一半。

若工件的工序基准仍然是孔心，且工序尺寸方向与固定接触点和销中心连线方向相同，则孔销间隙配合并保持固定边接触的情况下，其定位误差的计算公式为

$$\Delta_{DW} = \frac{1}{2}(D_{max} - D_{min}) = \frac{1}{2}T_D \tag{4-4}$$

式中 D_{max}、D_{min}——分别为定位孔的最大、最小直径；
T_D——孔径公差。

在这种情况下，孔在销上的定位实际上已由定心定位转变为支承定位的形式，定位基准变成了孔的一条母线 [图 4-32（b）所示为孔的上母线]。此时的定位误差是由于定位基准与工序基准不重合造成的，属于基准不重合误差。

上述分析中假定芯轴上母线为固定点，但若假定芯轴中心为固定点，考虑芯轴制造误差造成的芯轴上母线变化，从而引起基准位置误差，其数值应为芯轴外圆半径极限变动量，即芯轴直径公差的一半。此时，既有基准不重合误差，又存在基准位置误差，故其定位误差计算公式为

$$\Delta_{DW} = \frac{1}{2}T_D + \frac{1}{2}T_d \tag{4-5}$$

【例 4-2】 求如图 4-33 所示工件在其夹具上加工时的定位误差。

解 考查工件上与使用夹具有关的工序尺寸及工序要求（即工序位置尺寸和位置度要求）有：①槽深 $3.2_0^{+0.4}$ mm；②槽中心线与大小头孔中心连线的夹角为 $45°±30'$。③槽中心平面过大头孔轴线（此项要求工序图上未注明，但实际存在）。下面对这三项要求的定位误差分别进行讨论。

ⅰ. 第一项要求。工序基准为槽顶端面，而定位基准为与槽顶端面相对的另一端面，存在基准不重合误差，其值为两端面距离尺寸公差，即 0.1mm。且定位端面已加工过，其基准位置误差可近似认为等于零。故对于该项要求，定位误差为

$$\Delta_{DW} = \Delta_{JB} = 0.1 \text{mm}$$

ⅱ. 第二项要求。工序基准为两孔中心连线，与定位基准一致，不存在基准不重合误差。下面计算基准位置误差。图 4-33 示意画出了工件两孔中心连线 $O_1'O_2'$ 与夹具上两销中心

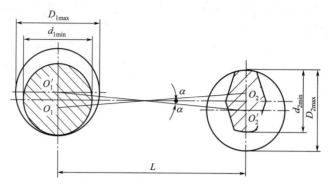

图 4-33 一面两孔定位误差计算

连线 O_1O_2 偏移的情况（图中画出一个极端位置，另一个极端位置只画出孔心连线）。当两孔直径均为最大，而两销直径均为最小时，可能出现的最大偏移角为

$$\alpha = \arctan\left(\frac{D_{1\max} - d_{1\min} + D_{2\max} - d_{2\min}}{2L}\right)$$

由此得到一面两孔定位时转角定位误差的计算公式为

$$\Delta_{DW} = \pm \arctan\left(\frac{D_{1\max} - d_{1\min} + D_{2\max} - d_{2\min}}{2L}\right) \tag{4-6}$$

式中 $D_{1\max}$、$D_{2\max}$——工件上与圆柱销和菱形销配合孔的最大直径；

$d_{1\min}$、$d_{2\min}$——夹具上圆柱销和菱形销的最小直径；

L——两孔（两销）中心距。

将本例中的参数代入式(4-6)，可得

$$\Delta_{DW} = \pm \arctan\left(\frac{0.1 + 0.025 + 0.1 + 0.041}{2L}\right) \approx \pm 8'$$

ⅲ．第三项要求。工序基准为大头孔轴线，与定位基准重合，故只计算基准位置误差。该项误差等于孔销配合的最大间隙，即

$$\Delta_{DW} = \Delta_{JW} = D_{1\max} - d_{1\min} = (0.1 + 0.025)\text{mm} = 0.125(\text{mm})$$

4.2.4.3　用微分方法计算定位误差

如前所述，定位误差实质上就是工序基准在加工尺寸方向上的最大变动量。这个变动量相对于公称尺寸而言是个微量，因而可将其视为某个公称尺寸的微分。找出以工序基准为端点的在加工尺寸方向上的某个公称尺寸，对其进行微分，就可以得到定位误差。下面以V形块定位为例进行说明。

【例 4-3】　工件在V形块上定位铣键槽（图 4-34），试计算其定位误差。

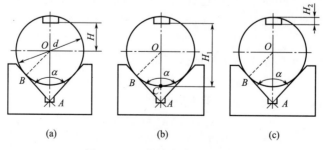

图 4-34　V形块定位误差计算

解 工件在V形块上定位铣键槽时,与夹具有关的两项工序尺寸和工序要求是:①槽底至工件外圆中心的距离H [图4-34(a)],或槽底至工件外圆下母线的距离H_1 [图4-34(b)],或槽底至工件外圆上母线的距离H_2 [图4-34(c)]。②键槽两侧面对外圆中心的对称度。

对于第二项要求,若忽略工件的圆度误差和V形块的角度误差,可以认为工序基准(工件外圆中心)在水平方向上的位置变动量为零,即使用V形块对外圆表面定位时,在垂直于V形块对称面方向上的定位误差为零。下面计算第一项要求的定位误差。

首先考虑第一种情况 [工序基准为圆心O,图4-34(a)],可以写出O点至加工尺寸方向上某一固定点(如V形块两斜面交点A)的距离为

$$\overline{OA} = \frac{\overline{OB}}{\sin\frac{\alpha}{2}} = \frac{d}{2\sin\frac{\alpha}{2}}$$

式中 d——工件外圆直径;
  α——V形块两斜面夹角。

对上式求全微分,得

$$\mathrm{d}(\overline{OA}) = \frac{1}{2\sin\frac{\alpha}{2}}\mathrm{d}(d) - \frac{\mathrm{d}\left(\cos\frac{\alpha}{2}\right)}{4\sin^2\left(\frac{\alpha}{2}\right)}\mathrm{d}(\alpha)$$

用微小增量代替微分,并将尺寸(包括直线尺寸和角度尺寸)误差视为微小增量,且考虑到尺寸误差可正可负,各项误差取绝对值,得到工序尺寸H的定位误差为

$$\Delta_{\mathrm{DW}} = \frac{T_d}{2\sin\frac{\alpha}{2}} - \frac{d\cos\frac{\alpha}{2}}{4\sin^2\left(\frac{\alpha}{2}\right)}T_a \tag{4-7}$$

式中 T_d、T_a——工件外圆直径公差和V形块的角度公差。

若忽略V形块的角度公差(实际上,在支承定位的情况下,定位元件的误差——此处为V形块的角度公差,可以通过调整刀具相对于夹具的位置来进行补偿),可以得到工件以外圆表面在V形块上定位,当工序基准为外圆中心时,在图4-34(a)工序尺寸方向上的定位误差为

$$\Delta_{\mathrm{DW}} = \frac{T_d}{2\sin\frac{\alpha}{2}} \tag{4-8}$$

若工件的工序基准为外圆表面的下母线C [相应的工序尺寸为H_1,图4-34(b)],则可用相同方法求出其定位误差。此时C点至A点的距离为

$$\overline{CA} = \overline{OA} - \overline{OC} = \frac{d}{2}\left(\frac{1}{\sin\frac{\alpha}{2}} - 1\right)$$

取全微分,并忽略V形块的角度公差,可得到V形块对外圆表面定位,当工序基准为外圆表面下母线时(对应工序尺寸H_1)的定位误差为

$$\Delta_{\mathrm{DW}} = \frac{T_d}{2}\left(\frac{1}{\sin\frac{\alpha}{2}} - 1\right) \tag{4-9}$$

用完全相同的方法还可以求出当工序基准为外圆表面上母线时(对应工序尺寸H_2)的

定位误差为

$$\Delta_{\mathrm{DW}} = \frac{T_d}{2}\left(\frac{1}{\sin\frac{\alpha}{2}}+1\right) \tag{4-10}$$

使用微分方法计算定位误差，在某些情况下要比几何方法简明。

需要指出的是定位误差一般总是针对成批生产，并采用调整法加工的情况而言。在单件生产时，若采用调整法加工（如采用样件或对刀规对刀），或在数控机床上加工时，同样存在定位误差问题。但若采用试切法加工时，一般不考虑定位误差。

4.3 工件在夹具上的夹紧

4.3.1 夹紧装置的组成与要求

工件在定位元件上定位后，必须采用一定的机构将工件压紧夹牢，使其在加工过程中不会因受切削力、惯性力或离心力等作用而发生振动或位移，从而保证加工质量和生产安全，这种机构称为夹紧装置。

夹紧装置主要由以下几部分组成。

① 夹紧元件　夹紧装置的最终执行元件，直接接触工件完成夹紧作用。

② 动力装置　使夹紧装置产生夹紧力的动力源，如气动、电动、液压装置等。采用手动夹紧时无此部分。

③ 中间传力机构　在动力源和夹紧元件之间的传力机构。在传递力的过程中，它能起到如下作用：

ⅰ. 改变作用力的方向；

ⅱ. 改变作用力的大小，通常是起增力作用；

ⅲ. 使夹紧实现自锁，保证动力源提供的原始力消失后，仍能可靠地夹紧工件，这对手动夹紧尤为重要。

夹紧装置是夹具的重要组成部分。在设计夹紧装置时，应注意满足以下要求：

ⅰ. 在夹紧过程中应能保持工件定位时所获得的正确位置。

ⅱ. 夹紧力大小适当。夹紧机构应能保证在加工过程中工件不产生松动或振动，同时又要避免工件产生不适当的变形和表面损伤。夹紧机构一般应有自锁作用。

ⅲ. 夹紧装置应操作方便、省力和安全。

ⅳ. 夹紧装置的复杂程度和自动化程度应与生产批量和生产方式相适应。结构设计应力求简单、紧凑，并尽量采用标准化元件。

4.3.2 夹紧力的确定

夹紧力包括大小、方向和作用点三个要素。

（1）夹紧力方向的选择

夹紧力方向的选择一般应遵循以下原则：

ⅰ. 夹紧力的作用方向应有利于工件的准确定位，而不能破坏定位。为此一般要求主要夹紧力应垂直指向主要定位面。如图 4-35 所示，在直角支座零件上镗孔，要求保证孔与端面的垂直度，则应以端面 A 作为第一定位基准面，此时夹紧力的作用方向应如图 4-35

中 F_{j1} 所示。若要求保证孔的轴线与支座底面平行，则应以底面 B 作为第一定位基准面，此时夹紧力作用方向应如图 4-35 中 F_{j2} 所示。否则，由于 A 面与 B 面的垂直度误差，将会引起孔轴线相对于 A 面（或 B 面）的位置误差。

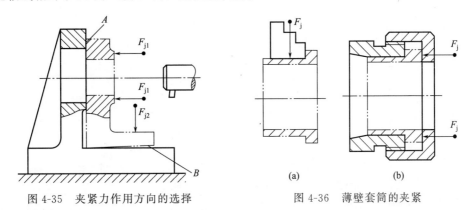

图 4-35 夹紧力作用方向的选择　　　　图 4-36 薄壁套筒的夹紧

ⅱ．夹紧力作用方向应尽量与工件刚度大的方向相一致，以减小工件夹紧变形。如图 4-36 所示的薄壁套筒的夹紧，它的轴向刚度比径向刚度大。若如图 4-36（a）所示，用自定心卡盘夹紧套筒，将会使工件产生很大变形。若改变成图 4-36（b）所示的形式，用螺母轴向夹紧工件，则不易产生变形。

ⅲ．夹紧力作用方向应尽量与切削力、工件重力方向一致，以减小所需夹紧力。如图 4-37（a）所示，夹紧力 F_{j1} 与切削力方向一致，切削力由夹具固定支承承受，此时所需夹紧力较小。若采用图 4-37（b）所示的方式，则夹紧力至少要大于切削力。

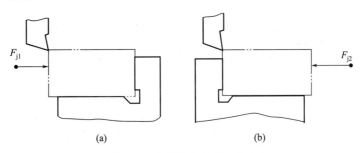

图 4-37 夹紧力与切削力方向

（2）夹紧力作用点的选择

夹紧力作用点的选择是指在夹紧力作用方向已确定的情况下，确定夹紧元件与工件接触点的位置和接触点的数目。一般应注意以下几点。

ⅰ．夹紧力作用点应正对支承元件或位于支承元件所形成的支承面内，以保证工件已获得的定位不变。如图 4-38 所示，夹紧力作用点不正对支承元件，产生了使工件翻转的力矩，有可能破坏工件的定位。夹紧的正确位置应如图 4-38 中虚线箭头所示。

ⅱ．夹紧力作用点应处于工件刚度较好的部位，以减小工件夹紧变形。如图 4-39（a）所示，夹紧力作用点在工件刚度较差的部位，易使工件产生变形。如改为图 4-39（b）所示的情况，不但作用点处工件刚度较好，而且夹紧力均匀分布在环形接触面上，可使工件整体和局部变形都很小。对于薄壁零件，增加均布作用点的数目，是减小工件夹紧变形的有效方法。如图 4-39（c）所示，夹紧力通过一厚度较大的锥面垫圈作用在工件的薄壁上，使夹紧力均匀分布，防止了工件的局部压陷。

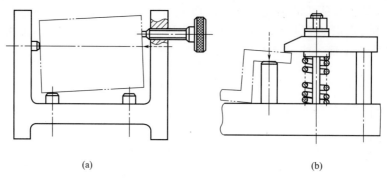

图 4-38 夹紧力与切削力方向

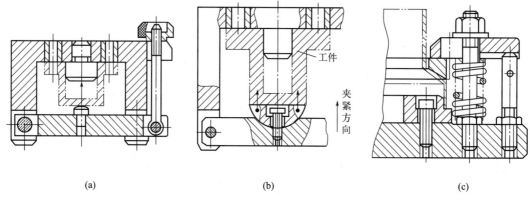

图 4-39 夹紧力点与工件变形

ⅲ．夹紧力作用点应尽量靠近加工面，以减小切削力对工件造成的翻转力矩。必要时应在工件刚度差的部位增加辅助支承并施加夹紧力，以减小切削过程中的振动和变形。如图 4-40 所示的零件加工部位刚度较差，在靠近切削部位增加辅助支承并施加夹紧力，可有效防止切削过程中的振动和变形。

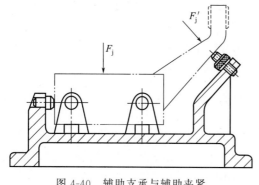

图 4-40 辅助支承与辅助夹紧

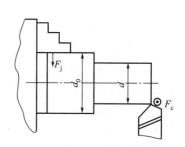

图 4-41 车削时夹紧力的估算

（3）夹紧力大小的估算

估算夹紧力的一般方法是将工件视为分离体，并分析作用在工件上的各种力，再根据力系平衡条件，确定保持工件平衡所需的最小夹紧力，最后将最小夹紧力乘以一适当的安全系数，即得到所需的夹紧力。

图 4-41 所示为在车床上用自定心卡盘装夹工件车外圆的情况。加工部位的直径为 d，

装夹部位的直径为 d_0。取工件为分离体，忽略次要因素，只考虑切削力 F_c 所产生的力矩与卡爪夹紧力 F_j 所产生的力矩相平衡，可列出如下关系式

$$F_c \frac{d}{2} = 3F_{jmin}\mu \frac{d_0}{2}$$

式中　μ——卡爪与工件之间的摩擦系数；
　　　F_{jmin}——所需的最小夹紧力。

由上式可得

$$F_{jmin} = \frac{F_c d}{3\mu d_0}$$

将最小夹紧力乘以安全系数得到所需的夹紧力为

$$F_j = \frac{F_c d}{3\mu d_0} \qquad (4-11)$$

图 4-42 所示为工件铣削加工示意图，当开始铣削时的受力情况最为不利。此时在力矩 $F_a L$ 的作用下有使工件绕 O 点转动的趋势，与之相平衡的是作用在 A、B 点上的夹紧力的反力所构成的摩擦力矩。根据力矩平衡条件有：

$$\frac{1}{2} F_{jmin} \mu (L_1 + L_2) = F_a L$$

由此可求出最小夹紧力为

$$F_{jmin} = \frac{2 F_a L}{\mu (L_1 + L_2)}$$

考虑安全系数，最后有

$$F_j = \frac{2k F_a L}{\mu (L_1 + L_2)} \qquad (4-12)$$

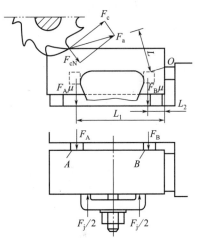

图 4-42　铣削时夹紧力的估算

式中　F_j——所需夹紧力，N；
　　　F_a——作用力（总切削力在工件平面上的投影），N；
　　　μ——夹具支承面与工件之间的摩擦系数；
　　　k——安全系数；
　　　L、L_1、L_2——有关尺寸（图 4-42），mm。

安全系数通常取 1.5~2.5。精加工和连续切削时取小值，粗加工或断续切削时取大值。当夹紧力与切削力方向相反时，可取 2.5~3。

摩擦系数主要取决于工件与夹具支承件或夹紧件之间的接触形式，具体数值见表 4-2。

表 4-2　不同表面的摩擦系数

接触表面特征	摩擦系数	接触表面特征	摩擦系数
光滑表面	0.15~0.25	直沟槽，方向与切削方向垂直	0.4~0.5
直沟槽，方向与切削方向一致	0.25~0.35	直交错网状沟槽	0.6~0.8

由上述两个例子可以看出夹紧力的估算是很粗略的。这是因为：①切削力大小的估算本身就是很粗略的。②摩擦系数的取值也是近似的。因此，在需要准确确定夹紧力时，通常需要采用实验方法。

4.3.3 常用夹紧机构

(1) 斜楔夹紧机构

图 4-43 所示为采用斜楔夹紧的翻转式钻模。取斜楔为分离体,分析其所受作用力(图 4-43b),并根据力平衡条件,得到直接采用斜楔夹紧时的夹紧力为

$$F_j = \frac{F_X}{\tan\varphi_1 + \tan(\alpha + \varphi_2)} \tag{4-13}$$

式中 F_j——可获得的夹紧力,N;
  　　F_X——作用在斜楔上的原始力,N;
  　　φ_1——斜楔与工件之间的摩擦角;
  　　φ_2——斜楔与夹具体之间的摩擦角;
  　　α——斜楔的楔角。

斜楔自锁条件为

$$\alpha \leqslant \varphi_1 + \varphi_2 \tag{4-14}$$

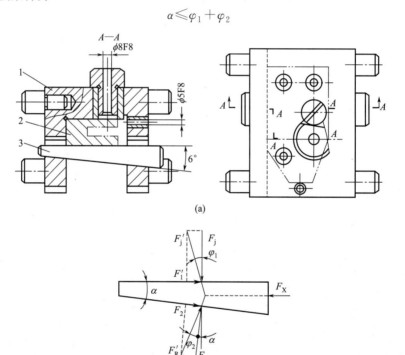

图 4-43 斜楔夹紧机构及斜楔受力分析
1—夹具体;2—工件;3—斜楔

(2) 螺旋夹紧机构

螺旋夹紧机构是夹具中应用最广泛的一种机构。图 4-44 所示为螺旋夹紧的装配用钻模,用来配钻手柄座(工件)4 及轴 5 上的定位销孔。工件以手柄的外圆和端面定位,共限制五个自由度。由于工件已经过最后加工,其定位用的端面与外圆垂直度较好,所以不存在过定位问题。螺杆 1 通过压脚 3 夹紧工件。若用螺杆头直接压在工件上,则可能把已加工好的表面压出凹痕,另外可能因摩擦力使工件在夹紧过程中转动;采用压脚后,由于压脚可在螺杆头上自由摆动和不随螺杆转动,因而与工件接触均匀、接触面大,避免了用螺杆头直接压紧工件的缺点。螺母 2 镶在夹具体内,磨损后便于更换。钻套 7 可翻转,以便装卸工件。

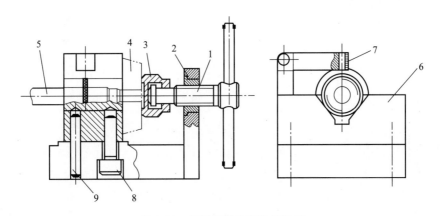

图 4-44　螺旋夹紧的装配用钻模
1—螺杆；2—螺母；3—压脚；4—工件；5—轴；6—V形块；7—钻套；8—螺钉；9—定位销

图 4-45 所示为用典型的螺旋压板夹紧工件的车床夹具。工件为拨叉，所要加工的孔为 $\phi 22H7$，要求壁厚均匀并与底面垂直；在夹具上用底板上凸起的一块轮廓与工件相同的平面、V形块 6 和挡销 3 将工件定位。从工件的加工要求来看，可以不用销 3 来限制工件的一个转动自由度（即不完全定位），但这样在安装工件时，将不容易使工件稳妥地靠在 V 形块上，工件底面轮廓也可能偏离定位凸台的轮廓，重心不在 $\phi 22$ 孔的中心，当主轴停转后 V 形块中心线处于水平位置时，工件会由于自重而回转，给装夹工件带来不便；此外，挡销还可以传递一部分回转力矩。在这个夹具上，工件的夹紧主要靠 $B—B$ 剖视图所示的螺旋压板机构。压板 2 上开有长孔，松开后压板可以推出，以便装卸工件。由于工件可能产生的偏斜，避免夹紧时螺栓 5 受弯曲力矩。底板 7 用螺钉固定在带锥柄的芯轴 8 上，二者的相互位置靠中间的轴孔配合来保证。芯轴 8 插在车床主轴的锥孔内，因此它的锥度必须和所使用的车床主轴孔的锥度一致。

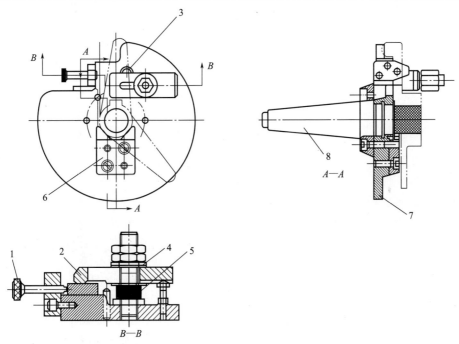

图 4-45　用螺旋压板夹紧的车床夹具
1—螺钉；2—压板；3—挡销；4—球面垫圈；5—螺栓；6—V形铁；7—底板；8—锥柄芯轴

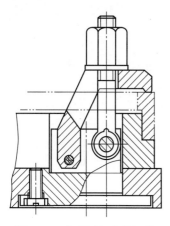

图 4-46 弯形压板夹紧机构

螺旋夹紧机构结构简单，易于制造，增力比大，自锁性能好，是手动夹紧中应用最广的夹紧机构。螺旋夹紧机构的缺点是动作较慢。为提高其工作效率，常采用一些快撤装置。图 4-46 所示为可翻转的弯形压板夹紧机构。当松开螺母后，螺杆先向里翻转，接着压板也可向里翻转。其特点是结构简单、紧凑，操作方便。

(3) 偏心夹紧机构

偏心夹紧机构由于其夹紧方便迅速，在夹具中获得了广泛的应用。偏心夹紧机构靠偏心轮回转时回转半径变大而产生夹紧作用，其原理和斜楔工作时斜面高度由小变大而产生的斜楔作用是一样的。图 4-47 所示为用偏心轮夹紧的铣拨动臂长孔夹具。工件以一面两销定位，向下转动手柄 1 带动偏心轮 2 压在垫板 3 上，由于偏心轮的几何中心 O_1 相对于回转中心 O_2 有偏心量 e，所以回转中心到垫板的高度 h 是逐渐增加的，这就使回转轴向上抬起，从而带动压板夹紧工件。

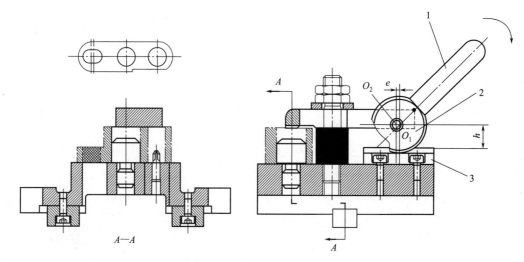

图 4-47 铣拨动臂长孔夹具
1—手柄；2—偏心轮；3—垫板

偏心夹紧机构的优点是结构简单、操作方便、动作迅速；缺点是自锁性能较差、增力比较小。这种机构一般常用于切削平稳且切削力不大的场合。

(4) 铰链夹紧机构

图 4-48 所示为拉削连杆大头分型面的夹具。工件以小头孔、底平面和大头半圆形凸台的一个侧母线作为定位基准，共限制六个自由度。当气缸活塞杆 10 向右运动时，连杆 7、8 的摆动使压板 4 绕固定支点 5 摆动，浮动压板 3 便夹紧工件。由于连接连杆 7、8 的销轴 6 做圆弧运动，所以气缸 11 必须能够摆动。当厚度最小的工件完全被夹紧时，销轴 6 不能超过连杆 7、8 的死点（即连杆 7、8 处于一条直线上的状态），并留有一定的储备量，否则有的工件就可能夹不紧。这一点可通过连杆 9 与活塞杆 10 的螺纹连接来加以调节。当活塞杆向左运动时，整个铰链机构可使压板 4 抬起很大的距离，以便装卸工件。

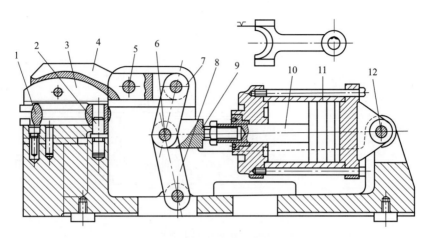

图 4-48 拉削连杆大头分型面的夹具
1—工件;2—定位销;3—浮动压板;4—压板;5—固定支点;6,12—销轴;
7,8,9—连杆;10—活塞杆;11—气缸

铰链夹紧机构的优点是动作迅速、增力比大,并易于改变力的作用方向;缺点是自锁性能差。这种机构多用于机动夹紧机构中。

(5) 定心夹紧机构

定心夹紧机构是一种同时实现对工件定心定位和夹紧的夹紧机构,即在夹紧过程中,能使工件相对于某一轴线或某一对称面保持对称性。定心夹紧机构按其工作原理可分为两大类:

① 以等速移动原理工作的定心夹紧机构,如斜楔定心夹紧机构、杠杆定心夹紧机构等。图 4-49 所示为斜楔定心夹紧芯轴。拧动螺母 1 时,由于斜面 A、B 的作用,使两组活块 3 同时等距外伸,直至每组三个活块与工件孔壁接触,使工件得到定心夹紧。反向拧动螺母 1,活块在弹簧 2 的作用下缩回,工件被松开。

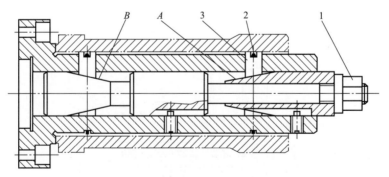

图 4-49 斜梁式定心夹紧芯轴
1—螺母;2—弹簧;3—活块

图 4-50 所示为一螺旋定心夹紧机构。螺杆 3 的两端分别有螺距相等的左、右旋螺纹,转动螺杆,通过左、右旋螺纹带动两个 V 形块 1 和 2 同步向中心移动,从而实现工件的定心夹紧。叉形件 7 可用来调整对称中心的位置。

② 以均匀弹性变形原理工作的定心夹紧机构,如弹簧夹头、弹性薄膜盘、液塑定心夹紧机构、碟形弹簧定心夹紧机构、折纹薄壁套定心夹紧机构等。

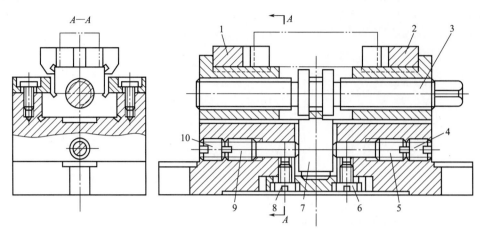

图 4-50 螺旋定心夹紧机构

1,2—V 形块；3—螺杆；4,5,6—螺钉；7—叉形件；8,9,10—螺钉

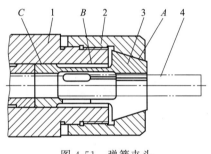

图 4-51 弹簧夹头

1—夹具体；2—螺母；3—弹簧套筒；4—工件

图 4-51 所示为一种常见的弹簧夹头结构。其中 3 为夹紧元件——弹簧套筒，它是一个带锥面的薄壁弹性套，带锥面的一端开有三个或四个轴向槽。弹簧套筒由卡爪 A、弹性部分（称为簧瓣）B 和导向部分 C 三部分组成。拧紧螺母 2，在斜面的作用下，卡爪 A 收缩，将工件 4 定心夹紧。松开螺母 2，卡爪 A 弹性恢复，工件 4 被松开。弹簧夹头结构简单，定心精度可达 $0.04\sim0.1\,\text{mm}$。由于弹簧套筒变形量不宜过大，故对工件的定位基准有较高要求，其公差一般应控制在 $0.5\,\text{mm}$ 之内。

图 4-52 所示为一种利用夹紧元件均匀变形来实现自动定心夹紧的芯轴——液塑芯轴。转动螺钉 2，推动柱塞 1，挤压液体塑料 3，使薄壁套 4 扩张，将工件定心并夹紧。这种芯轴有较好的定心精度，但由于薄壁套扩张量有限，故要求工件定位孔精度在 8 级以上。

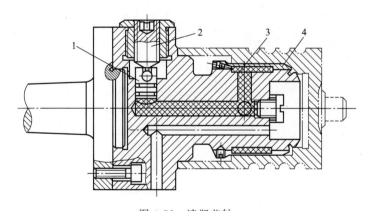

图 4-52 液塑芯轴

1—柱塞；2—螺钉；3—液体塑料；4—薄壁套

（6）联动夹紧机构

当需要对一个工件上的几个点或需要对多个工件同时进行夹紧时，为减少装夹时间，简

化机构，常采用各种联动夹紧机构。这种机构要求从一处施力，可同时在几处对一个或几个工件进行夹紧。

图 4-53 所示为多点夹紧联动铣平面夹具。转动手轮 1 带动压板 10，碰到工件后，接着推动滑柱 2，通过钢球 3 推动滑柱 4，又通过钢球 5 将夹紧力分别传递给滑柱 6、7，最后使压板 8、9 也夹紧工件。实际上通过浮动钢球的自动调节作用，三块压板同时达到最后的完全夹紧状态。

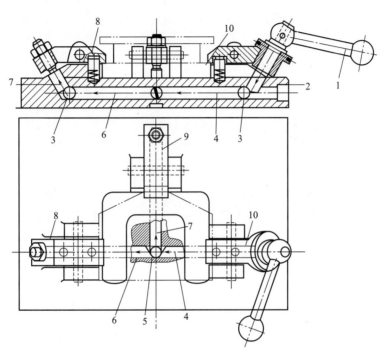

图 4-53 多点夹紧联动铣平面夹具
1—手轮；2,4,6,7—滑柱；3,5—钢球；8,9,10—压板

在设计联动夹紧机构时，一般应设置浮动环节，以使各夹紧点获得均匀一致的夹紧力，这在多件夹紧时尤为重要。采用刚性夹紧机构时，因工件外径有制造误差，将会使各工件受力不均。

4.3.4 夹紧动力装置

手动夹紧机构，由于其结构简单、制造容易、成本低，在各种生产规模中都普遍使用。但手动夹紧动作慢、劳动强度大、夹紧力变动较大，因此在大批量生产中，往往采用机动夹紧。机动夹紧除了减轻体力劳动、提高生产效率外，还有下列优点：如夹紧力通过试验可调节在最合理的范围内，可减小工件或夹具的变形，减轻夹具的磨损；对工人操作经验的要求可以降低；便于较远距离操纵，实现自动化等。当然，机动夹紧的成本要比手动夹紧高得多。

当切削力较大或夹具较大时，夹紧力就必须较大，从而原始作用力也很大，因此为减轻工人劳动强度，提高生产率，保证安全生产，采用动力装置产生原始力，如采用气压、液压、气-液联合、电磁等作为夹紧的动力来源。

(1) 气动夹紧

利用压缩空气作为动力源的气动夹紧装置是应用最广泛的一种夹具动力装置。压缩空气黏度小，管路损失小；管道不易堵塞，维护简便；不污染环境，输送分配方便。缺点是与液压系统相比，工作压力较低（$0.4 \sim 0.6$ MPa 即 $4 \sim 6$ kgf/cm^2），因此部件结构尺寸较大；气阀换向时，压缩空气排入大气发出噪声。

车床、内外圆磨床上若采用气动夹紧机构，则需要采用回转式气缸，如图 4-54 所示。回转式气缸通常安装在主轴尾部的过渡盘 5 上。由于气缸随主轴转动，而压缩空气管路不能随着转动，所以要有导气接头 8。图 4-55 为导气接头的机构，轴 1 用螺母 6 紧固在回转气缸的后盖上，随气缸一起转动。阀体 2 不转动，压缩空气可由管接头 3 经通道 a 进入气缸左腔，或由管接头 4 经通道 b 进入气缸右腔。壳体与轴之间的配合间隙过大则会漏气，一般控制为 $0.007 \sim 0.015$ mm。

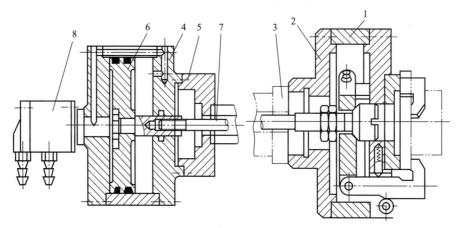

图 4-54 回转式气缸
1—夹具；2,5—过渡盘；3—主轴；4—气缸；6—活塞；7—拉杆；8—导气接头

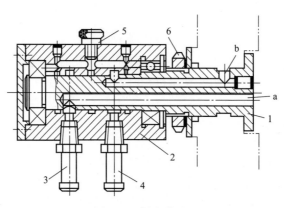

图 4-55 导气接头
1—轴；2—阀体；3,4—管接头；5—油杯；6—螺母

气动夹紧受空气压力的限制，作用力有时不够大，因此往往和斜梁、铰链、杠杆等增力机构结合使用。

（2）液压夹紧

液压夹紧与气动夹紧相比有下列优点：

① 压强可高达 6MPa 以上，比气压高十余倍，因此油缸直径可比气缸小很多，通常不需要增力机构，所以夹具结构简单紧凑。

② 液体不可压缩，因此液压夹紧刚性大、工作平稳、夹紧可靠。

③ 噪声小。

在重切削条件下，宜采用液压夹紧。如果机床没有液压系统，而要为夹具专门设置一套液压系统，则将使夹具成本提高，为此可采用气-液联合夹紧。

（3）气-液联合夹紧

气-液联合夹紧的能量来源为压缩空气，其工作原理如图 4-56 所示。压缩空气进入增压器 1 的 A 腔，推动其活塞左移，增压器 B 腔内充满了油，并与夹紧油缸接通，当活塞左移时，活塞杆就推动 B 腔的油进入夹紧油缸夹紧工件。

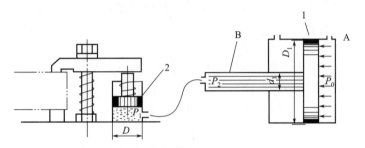

图 4-56　气-液联合夹紧原理
1—增压器；2—压紧油缸

（4）电磁夹紧

图 4-57 所示为车床用电磁卡盘，当线圈 1 通入直流电后，在铁芯 2 上产生一定数量的磁通，磁力线 4 绕过隔磁套 5，通过工件形成闭路，将导磁的工件 3 吸在吸盘上。断开电流后，磁力线消失，工件便可取下。

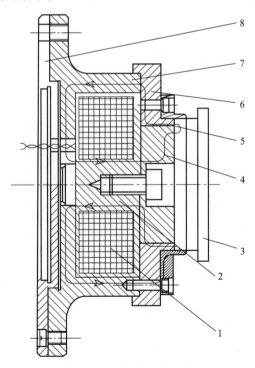

图 4-57　车床用电磁卡盘
1—线圈；2—铁芯；3—工件；4—磁力线；5—隔磁套；6—吸盘；7—夹具底盘；8—过渡盘

4.4 各类机床夹具

各类机床夹具

4.4.1 车床与圆磨床夹具

车床与圆磨床夹具主要用于加工零件的内外圆柱面、圆锥面、回转成形面、螺纹及端平面等。圆磨床夹具与车床夹具相类似，车床夹具的设计要点同样适用于外圆磨床和内圆磨床夹具，只是夹具精度要求更高。

（1）车床夹具的类型与典型结构

根据工件的定位基准和夹具本身的结构特点，车床夹具可分为以下四类：

ⅰ. 以工件外圆表面定位的车床夹具，如各类夹盘和夹头。

ⅱ. 以工件内圆表面定位的车床夹具，如各种芯轴。

ⅲ. 以工件顶尖孔定位的车床夹具，如顶尖、拨盘等。

ⅳ. 用于加工非回转体的车床夹具，如各种弯板式、花盘式车床夹具。

当工件定位表面为单一圆柱表面或与待加工表面相垂直的平面时，可采用各种通用车床夹具，如自定心卡盘、单动卡盘、顶尖或花盘等。当工件定位面较为复杂或有其他特殊要求时，应设计专用车床夹具。

图 4-58 所示为花盘角钢式车床夹具，工件 6 以两孔在圆柱定位销 2 和削边销 1 上定位，底面直接在夹具体 4 的角钢平面上定位，两螺钉压板分别在两定位销孔旁把工件夹紧。导向套 7 用来引导加工轴孔的刀具，8 是平衡块，用以消除回转时的不平衡。夹具上还设置有轴向定程基面 3，它与圆柱定位销保持确定的轴向距离，以控制刀具的轴向行程。该夹具以主轴外圆柱面作为安装定位基准。

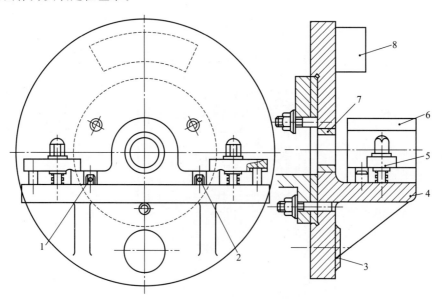

图 4-58　车床用电磁卡盘

1—菱形销；2—圆柱销；3—定程基准；4—夹具体；5—压块；6—工件；7—导向套；8—平衡块

(2) 车床夹具设计要点

ⅰ. 车床夹具总体结构。车床夹具大多安装在机床主轴上,并与主轴一起做回转运动。为了保证夹具工作平稳,夹具结构应尽量紧凑,重心应尽量靠近主轴端,且夹具(连同工件)轴向尺寸不宜过大,以减小惯性力和回转力矩。此外,要求车床夹具的夹紧机构要能提供足够的夹紧力,且有可靠的自锁性,以确保工件在切削过程中不会松动。

ⅱ. 应有平衡措施消除回转中的不平衡现象,以减少振动等不利影响。平衡块的位置应根据需要可以调整。

ⅲ. 与主轴端连接部分是夹具的定位基准,所以应有较准确的圆柱孔(或钳孔),其结构形式和尺寸,依具体使用的机床主轴端部结构而定。

4.4.2 钻床夹具

钻床夹具因大都具有刀具导向装置,习惯上又称为钻模,借助钻模导套保证钻头与工件之间的正确位置,主要用于孔加工。在机床夹具中,钻模占有很大的比例。

(1) 钻模类型与典型结构

钻模根据被加工孔的分布情况和钻模板的特点,可分为固定式钻模、回转式钻模、翻转式钻模、盖板式钻模和滑柱式钻模等。

① 固定式钻模 在使用过程中,钻模的位置固定不动。这类钻模多在立式钻床、摇臂钻床和多轴钻床上使用。

② 回转式钻模 钻模体可按一定的分度要求绕某一固定轴转动。常用于加工同一圆周上的平行孔系,或分布在圆周上的径向孔。按固定轴的放置有立轴、卧轴和斜轴三种基本回转形式。图4-59所示为一回转式钻模,用于加工扇形工件上三个有角度关系的径向孔。

回转式钻模的结构特点是夹具具有分度装置,某些分度装置已标准化(如立轴或卧轴回转工作台),设计回转式钻模时可以充分利用这些装置。

③ 翻转式钻模 整个夹具可以带动工件一起翻转。对需要在多个方向上钻孔的工件,使用这种钻模非常方便。但加工过程中由于需要人工进行翻转,故夹具连同工件一起的重量不能很大。

④ 盖板式钻模 一般用于加工大型工件上的小孔。盖板式钻模没有夹具体,本身仅是一块钻模板,上面装有定位、夹紧元件和钻套,加工时将其覆盖在工件上即可。

⑤ 滑柱式钻模 滑柱式钻模是一种具有升降模板的通用可调整钻模。钻模板固定在可以上下滑动的滑柱上,并通过滑柱与夹具体相连接。这是一种标准的可调夹具,其基本组成部分,如夹具体、滑柱等已标准化。图4-60所示是一种生产中广泛应用的滑柱式钻模,该钻模用于同时加工形状对称的两工件的四个孔。工件以底面和直角缺口定位,为使工件可靠地与定位座4中央的长方形凸块接触,设置了四个滑动支承3。转动手柄5,小齿轮6带动滑柱7及与滑柱相连的钻模板1向下移动,通过浮动压板2将工件夹紧。钻模板上有四个固定式钻套8,用于引导钻头。

这种钻模操作方便、迅速,转动手柄使钻模板升降,不仅有利于装卸工件,还可用钻模板夹紧工件,且自锁性能好。

(2) 钻模设计要点

在上述各种形式的钻模中,钻模板和钻套是它们共有的,并区别于其他夹具的特有元件。钻模板是供安装钻套用的,要求有一定的强度和刚度,以防变形而影响钻套的位置与导引精度。钻模板的结构及其在夹具上的连接形式,取决于工件的结构形状、加工精度和生产

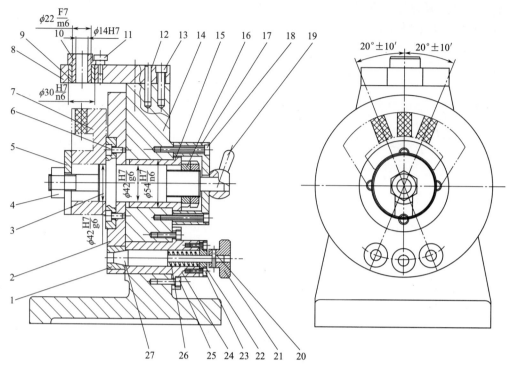

图 4-59 回转式钻模

1—定位套；2—分度盘；3—定位芯轴；4—螺母；5—开口垫圈；6,13,18,23,25—螺钉；7—工件；8—钻模板；9—钻套衬套；10—可换钻套；11—钻套螺钉；12—圆柱销；14—夹具体；15—芯轴衬套；16—圆螺母；17—端盖；19—手柄；20—连接销；21—捏手；22—小盖；24—滑套；26—弹簧；27—定位销

效率等因素。常见的钻模板，按其可动与否，可分为固定式、铰链式、可卸式和悬挂式四种。

钻套是引导刀具的元件，用以保证被加工孔的位置，并防止加工过程中刀具的偏斜。钻套按其结构特点可分为四种类型：固定钻套、可换钻套、快换钻套和特殊钻套。

① 固定钻套 [图 4-61（a）]。固定钻套直接压入钻模板或夹具体的孔中，位置精度高，但磨损后不易拆卸，故多用于中小批量生产。

② 可换钻套 [图 4-61（b）]。可换钻套以间隙配合安装在衬套中，而衬套则压入钻模板或夹具体的孔中。为防止钻套在衬套中转动，加一固定螺钉。可换钻套磨损后可以更换，故多用于大批量生产。

③ 快换钻套 [图 4-61（c）]。快换钻套具有更换快速的特点，更换时不须拧动螺钉，只要将钻套逆时针方向转动一个角度，使螺钉头对准钻套缺口，即可取下钻套。快换钻套多用于同一孔需要多个工步（如钻、扩、铰等）加工的情况。

上述三种钻套均已标准化，其规格参数可查阅夹具设计手册。

④ 特殊钻套（图 4-62）。特殊钻套用于特殊加工场合，如在斜面上钻孔，在工件凹陷处钻孔，钻多个小间距孔等。此时无法使用标准钻套，可根据特殊要求设计专用钻套。

钻套中导向孔的孔径及其偏差应根据所引导的刀具尺寸来确定。通常取刀具的上极限尺寸作为引导孔的公称尺寸，孔径公差依加工精度确定。钻孔和扩孔时通常取 F7，粗铰时取 G7，精铰时取 G6。若钻套引导的不是刀具的切削部分而是导向部分，常取配合 H7/f7、H7/g6 或 H6/g5。

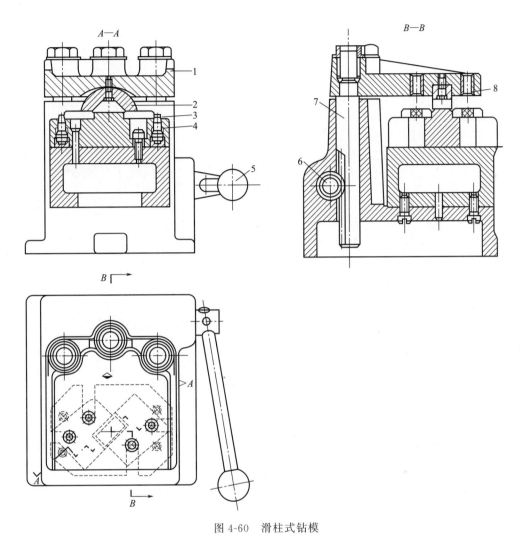

图 4-60 滑柱式钻模

1—钻模板；2—浮动压板；3—滑动支撑；4—定位座；5—手柄；6—小齿轮；7—滑柱；8—固定式钻套

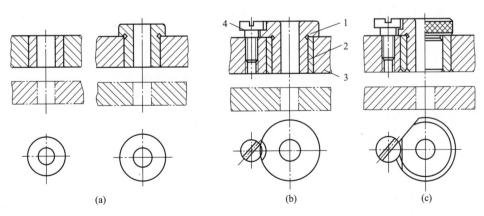

图 4-61 钻套

1—钻套；2—衬套；3—钻模板；4—螺钉

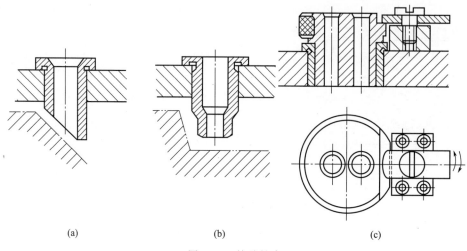

(a)   (b)   (c)
图 4-62 特殊钻套

钻套高度 H 直接影响钻套的导向性能，同时影响刀具与钻套之间的摩擦情况，通常取 $H=(1\sim2.5)d$。对于精度要求较高的孔、直径较小的孔和刀具刚性较差时应取较大值。

钻套与工件之间一般应留有排屑间隙 h，此间隙不宜过大，以免影响导向作用。一般可取 $h=(0.3\sim1.2)d$。加工铸铁、黄铜等脆性材料时可取小值；加工钢等韧性材料时应取较大值。当孔的位置精度要求很高时，也可取 $h=0$。

使用钻模板和钻套的显著优点是可以提高刀具系统的刚度，防止钻头切入后的引偏，有利于提高被加工孔的尺寸、形状、位置精度，降低表面粗糙度，并且由于无须划线和找正，工序时间缩短，因而可显著提高生产率。

4.4.3 铣床夹具

铣床夹具种类很多，主要用于加工零件上的平面、键槽、缺口及成形表面等。根据工件进给方式，可以分为以下三类。

(1) 直线进给式铣床夹具

这类夹具安装在做直线进给运动的铣床工作台上。如图 4-63 所示的料仓式铣床夹具。工件先装在料仓 5 里，由圆柱销 12 和菱形销 10 对工件 $\phi22$mm 和 $\phi10$mm 两孔和端面定位。然后将料仓装在夹具上，利用销 12 的两圆柱端 11 和 13，及销 10 的两圆柱端分别对准夹具体上对应的缺口槽 8 和 9。最后拧紧螺母 1，经钩形压板 2 推动压块 3 前进，并使压块上的孔 4 套住料仓上的圆柱端 11，继续向右移动压块，直至将下件全部夹紧。

(2) 圆周进给式铣床夹具

一般用于立式圆工作台铣床或鼓轮式铣床等。加工时，机床工作台做回转运动。这类夹具大多是多工位或多件夹具。

(3) 靠模铣床夹具

在铣床上用靠模铣削工件的夹具，可用在一般万能铣床上加工出所需要的成形曲面，扩大了机床的工艺用途。

无论是上述哪类铣床夹具，它们都具有如下设计特点：

1. 铣床加工中切削力较大，振动也较大，故需要较大的夹紧力，夹具刚性也要好。

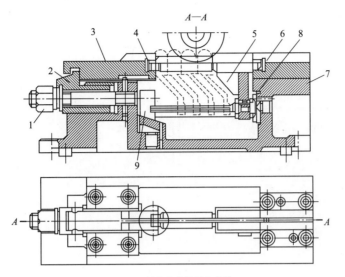

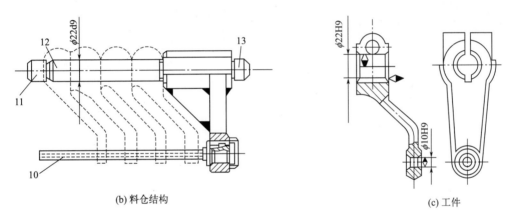

图 4-63 料仓式铣床夹具

1—螺母；2—钩形压板；3—压块；4,6—压块孔；5—料仓；7—夹具体；8,9—缺口槽；
10—菱形销；11,13—圆柱端；12—圆柱销

ⅱ. 借助对刀装置确定刀具相对夹具定位元件的位置，此装置一般固定在夹具体上。图 4-64 所示是标准对刀块结构，图 4-64（a）所示是圆形对刀块，在加工水平面内的单一平面时对刀用。图 4-64（b）所示是方形对刀块，在调整铣刀两相互垂直凹面位置时对刀用。图 4-64（c）所示是直角对刀块，在调整铣刀两相互垂直凸面位置时对刀用。图 4-64（d）所示是侧装对刀块，安装在侧面，在加工两相互垂直面或铣槽时对刀用。标准对刀块的结构尺寸，可参阅 JB/T 8031.3—1999《机床夹具零件及部件直角对刀块》。

ⅲ. 借助定位键确定夹具在工作台上的位置。图 4-65（a）所示是标准定位键结构。图 4-65（b）所示是定位键上部的宽度与夹具体底面的槽采用 H7/h6 或 H8/h8 配合；下部宽度依据铣床工作台 T 形槽规格决定，也采用 H7/h6 或 H8/h8 配合。二定位键组合，起到夹具在铣床上的定向作用，切削过程中也能承受切削转矩，从而增加了切削稳定性。

ⅳ. 由于铣削加工中切削时间一般较短，因而单件加工时辅助时间相对长，故在铣床夹具设计中，需特别注意缩短辅助时间。

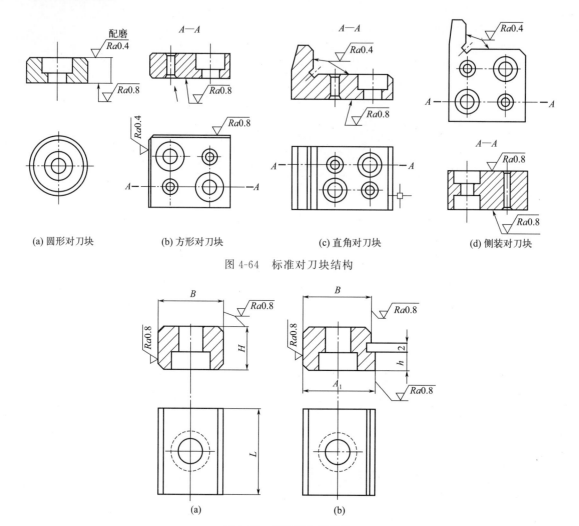

图 4-64　标准对刀块结构

图 4-65　标准定位键结构

4.4.4　加工中心机床夹具

（1）加工中心机床夹具特点

加工中心是一种带有刀库和自动换刀功能的数控机床。加工中心机床夹具与一般铣床或镗床夹具相比，具有以下特点：

① 功能简化　一般说机床夹具具有四种功能，即定位、夹紧、导向和对刀。加工中心机床由于有数控系统的准确控制，加之机床本身的高精度和高刚性，刀具位置可以得到很好的保证。因此，加工中心机床使用的夹具只需具备定位和夹紧两种功能，就可以满足加工要求，使夹具结构得到简化。

② 完全定位　一般说夹具在机床上的安装只需要"定向"，常采用定向键（如图 4-66）或找正基准面确定夹具在机床上的角向位置。而加工中心机床夹具在机床上不仅要确定其角向位置，还要确定其坐标位置，即要实现完全定位。这是因为加工中心机床夹具定位面与机床原点之间有严格的坐标尺寸要求，以保证刀位的准确（相对于夹具和工件）。

③ 开敞式结构　加工中心机床的加工工作属于典型的工序集中，工件一次装夹就可以完成多个表面的加工。为此，夹具通常采用开敞式结构，以免夹具各部分（特别是夹紧部

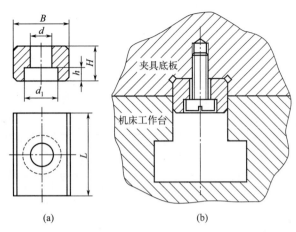

图 4-66 定向键

分)与刀具或机床运动部件发生干涉和碰撞。有些定位元件可以在工件定位时参与,而当工件夹紧后被卸去,以满足多面加工的要求。

④ 快速重调　为了尽量减少机床加工对象转换时间,加工中心机床使用的夹具通常要求能够快速更换或快速重调。为此,夹具安装时一般采用无校正定位方式。对于相似工件的加工,则常采用可调整夹具,通过快速调整(或快速更换元件),使一套夹具可以同时适应多种零件的加工。

(2) 加工中心机床夹具的类型

加工中心机床可使用的夹具类型有多种,如专用夹具、通用夹具、可调整夹具等。由于加工中心机床多用于多品种和中小批量生产,故应优先选用通用夹具、组合夹具和通用可调整夹具。

加工中心机床使用的通用夹具与普通机床使用的通用夹具基本结构相同,但精度要求较高,且一般要求能在机床上准确定位。图 4-67 所示为在加工中心机床上使用的正弦平口钳。该夹具利用正弦规原理,通过调整高度规的高度,可以使工件获得准确的角度位置。夹具底板设置了 12 个定位销孔,孔的位置度误差不大于 0.005mm,通过孔与专用 T 形槽定位销的配合,可以实现夹具在机床工作台上的完全定位。为保证工件在夹具上的准确定位,平口钳的钳口以及夹具上其他基准面的位置精度要求达到 0.003：100。

图 4-68 所示为专门为加工中心机床设计的通用可调整夹具系统,该系统由图示的基础件和另外一套定位、夹紧调整件组成。基础板内装立式油缸和卧式油缸,通过从上面或侧面把双头螺柱(或螺杆)旋入油缸活塞杆,可以将夹紧元件与油缸活塞连接起来,以实现对工件的夹紧。基础板上表面还分布有定位孔和螺孔,并开有 T 形槽,可以

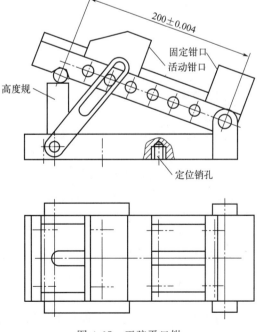

图 4-67 正弦平口钳

方便地安装定位元件。基础板通过底面的定位销，与机床工作台的槽或孔配合，实现夹具在机床上的定位。工件加工时，对不用的孔（包括定位孔和螺孔），需用螺塞封盖，以防切屑或其他杂物进入。

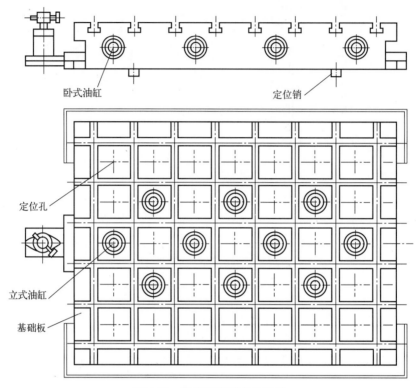

图 4-68　通用可调整夹具系统

4.4.5　柔性夹具

所谓柔性夹具是指具有加工多种不同工件能力的夹具，包括组合夹具、可调整夹具等。

（1）组合夹具

组合夹具是一种根据被加工工件的工艺要求，利用一套标准化的元件组合而成的夹具。夹具使用完毕后，可以将元件方便地拆开，清洗后存放，待再次组装时使用。组合夹具具有以下优点：

ⅰ．灵活多变，万能性强，根据需要可以组装成多种不同用途的夹具。

ⅱ．可大大缩短生产准备周期。组装一套中等复杂程度的组合夹具只需要几个小时，这是制造专用夹具无法相比的。

ⅲ．可减少专用夹具设计、制造工作量，并可减少材料消耗。

ⅳ．可减少专用夹具库存空间，改善夹具管理工作。

由于以上优点，组合夹具在单件小批量生产以及新产品试制中得到广泛应用。

与专用夹具相比，组合夹具的不足是体积较大、显得笨重。此外，为了组装各种夹具，需要一定数量的组合夹具元件储备，即一次性投资较大。为此，可在各地区建立组装站，以解决中小企业无力建立组装室的问题。

目前使用的组合夹具有两种基本类型，即槽系组合夹具和孔系组合夹具。槽系组合夹具元件间靠键和槽（键槽和T形槽）定位，孔系组合夹具则通过孔与销配合来实现元件间的定位。

图 4-69 所示为一套组装好的槽系组合夹具元件分解图，其中标号表示出槽系组合夹具的八大类元件。各类元件的名称基本体现了各类元件的功能，但在组装时又可灵活地交替使用。合件是若干元件所组成的独立部件，在组装时不能拆卸。合件按其功能又可分为定位合件、导向合件、分度合件等。图 4-69 中的件 3 为端齿分度盘，属于分度合件。

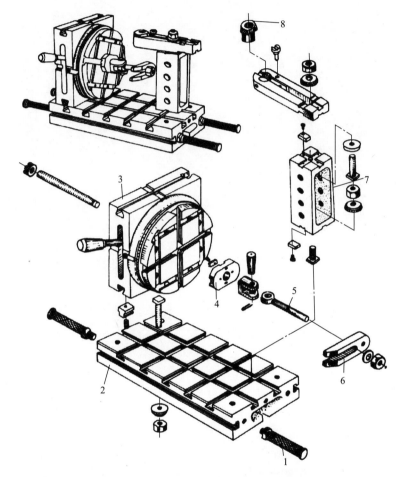

图 4-69　槽系组合夹具元件分解图
1—其他件；2—基础件；3—合件；4—定位件；5—紧固件；6—压紧件；7—支承件；8—导向件

孔系组合夹具的元件类别与槽系组合夹具相似，也分为八大类，但没有导向件，而增加了辅助件。图 4-70 所示为部分孔系组合夹具元件的分解图。可以看出孔系组合夹具元件间以孔、销定位，以螺纹连接。孔系组合夹具元件上定位孔的精度为 H6，定位销的精度为 k5，孔心距误差为 ±0.01mm。与槽系组合夹具相比，孔系组合夹具具有精度高、刚度好、易于组装等特点，特别是它可以方便地提供数控编程的基准——编程原点，因此在数控机床上得到广泛应用。

（2）可调整夹具

可调整夹具具有小范围的柔性，它一般通过调整部分装置或更换部分元件，以适应具有一定相似性的不同零件的加工。这类夹具在成组技术中得到广泛应用，此时又被称为成组夹具。

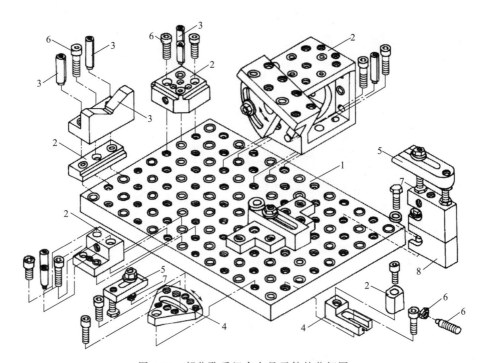

图 4-70 部分孔系组合夹具元件的分解图
1—基础件；2—支承件；3—定位件；4—辅助件；5—压紧件；6—紧固件；7—其他件；8—合件

可调整夹具在结构上由基础部分和可调整部分两大部分组成。基础部分是组成夹具的通用部分，在使用中固定不变，通常包括夹具体、夹紧传动装置和操作机构等。此部分结构主要根据被加工零件的轮廓尺寸、夹紧方式以及加工要求等确定。可调整部分通常包括定位元件、夹紧元件、刀具引导元件等。更换工件品种时，只需对该部分进行调整或更换元件，即可进行新的加工。

图 4-71（a）所示为一用于成组加工的可调整车床夹具，图 4-71（b）所示为利用该夹具加工的部分零件工序示意图。零件以内孔和左端面定位，用弹簧胀套夹紧，加工外圆和右端面。在该夹具中，夹具体 1 和接头 2 是夹具的基础部分，其余各件均为可调整部分。被加工零件根据定位孔径的大小分成五个组，每组对应一套可换的夹具元件，包括夹紧螺钉、定位锥体、顶环和定位环，而弹簧胀套则须根据零件的定位孔径来确定。

可调整夹具通常采用四种调整方式：更换式、调节式、综合式和组合式。

① 更换式 采用更换夹具元件的方法，实现不同零件的定位、夹紧、对刀或导向。图 4-71 所示的可调整车床夹具就是完全采用更换夹具元件的方法，实现不同零件的定位和夹紧。这种调整方法的优点是使用方便、可靠，且易于获得较高的精度。缺点是夹紧所需更换元件的数量大，使夹具制造费用增加，并给保管工作带来不便。此法多用于夹具上精度要求较高的定位和导向元件的调整。

② 调节式 借助于改变夹具上可调元件位置的方法，实现不同零件的装夹和导向。采用调节方法所用的元件数量少，制造成本较低，但调整需要花费一定时间，且夹具精度受调节精度的影响。此外，活动的调节元件会降低夹具刚度，故多用于加工精度要求不高和切削力较小的场合。

③ 综合式 在实际中常常综合应用上述两种方法，即在同一套可调整夹具中，既采用更换元件的方法，又采用调节方法。

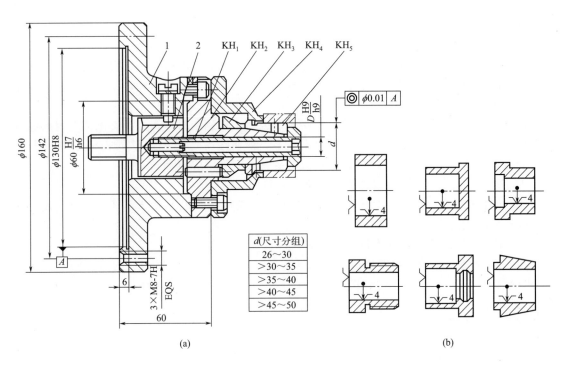

图 4-71　部分孔系组合夹具元件的分解图

1—夹具体；2—接头；KH_1—夹紧螺钉；KH_2—定位锥体；KH_3—顶环；KH_4—定位环；KH_5—弹簧胀套

④ 组合式　将一组零件的有关定位或导向元件同时组合在一个夹具体上，以适应不同零件的加工需要。组合方式由于避免了元件的更换和调节，节省了夹具调整时间。但此类夹具应用范围有限，常用于零件品种数较少而加工数量较大的情况。

4.4.6　其他柔性夹具

除了上面介绍的组合夹具和可调整夹具外，近年来还发展了多种形式的柔性夹具，如适应性夹具、仿生式夹具、模块化程序控制夹具以及相变夹具等。适应性夹具是将夹具定位元件和夹紧元件分解为更小的元素，使之适应工件形状的连续变化。仿生式夹具由机器人末端操纵件演变而来，通常利用形状记忆合金实现工件装夹。模块化程序控制夹具通过伺服控制机构，变动夹具元件的位置装夹工件。下面仅对相变夹具进行简要介绍。

利用某些材料具有可控相变的物理性质（从液相转变成固相，再从固相变回液相），可以方便地构造柔性夹具。图 4-72 所示为用叶片曲面定位加工叶片根部棒头的封装块式柔性夹具。先将工件置于模具中，并使其处于正确的位置，然后注入液态相变材料［图 4-72（a）］，液态相变材料固化后从

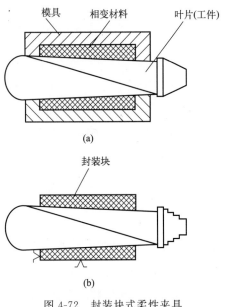

图 4-72　封装块式柔性夹具

模具中将工件连同封装块一起取出。再将封装块安装在夹具上,即可加工叶片根部棒头[图4-72(b)]。加工后再进行固液转变,使工件与相变材料分离。

常用的可控固液两相转变材料有水基材料、石蜡基材料和低熔点合金等。目前应用较多的是 Sn、Pb 等低熔点合金。相变夹具特别适合于定位表面形状复杂,且刚度较差的工件的装夹。其缺点是相应过程耗时、耗能,且工件表面残余附着物不易清理,某些相变材料在相变过程中还会产生污染。

为避免上述相变夹具的负面作用,近年来研究出了伪相变材料,主要有磁流变材料和电流变材料。这些材料在正常情况下处于流动状态,但在磁场或电场作用下则变为固态。与上述相变材料相比,用磁(电)流变材料构成的夹具具有如下优点:

ⅰ.速度快。相变过程可以在瞬间(毫秒数量级)完成。

ⅱ.成本低。磁(电)流变材料本身价格较低,使用装置也不复杂,且磁(电)流变材料可以反复利用。

ⅲ.易操作。相变可以在室温下进行,且操作简单,无污染。

图 4-73 所示为一种伪相变材料液态床式夹具,床中布有以铁磁微粒为基础的磁流变液(体积分数 50%),在磁流变液中放入夹具元件。当有磁场作用时,磁流变液迅速固化,使夹具元件固定,便可对工件进行定位和夹紧,并进行加工。加工完毕后,关闭磁场,磁流变液即刻恢复流动状态,工件可以方便地取出。

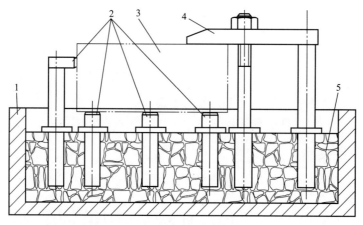

图 4-73 伪相变材料液态床式夹具
1—箱体;2—定位件;3—工件;4—压板;5—磁流变液

伪相变夹具的主要缺点是伪相变材料的强度较低,屈服应力较小,因而多用于定位面形状复杂,且切削力较小的场合。

4.5 机床夹具的设计

4.5.1 夹具设计的基本要求

专用夹具设计的基本要求可以概括为如下几个方面。

ⅰ.保证工件加工精度 这是夹具设计的最基本要求,其关键是正确地确定定位方案、夹紧方案、刀具导向方式及合理确定夹具的技术要求。必要时应进行误差分析与计算。

ⅱ．夹具结构方案应与生产纲领相适应，在大批量生产时应尽量采用快速、高效的夹具结构，如多件夹紧、联动夹紧等，以缩短辅助时间；对于中、小批量生产，则要求在满足夹具功能的前提下，尽量使夹具结构简单、制造方便，以降低夹具的制造成本。

ⅲ．操作方便、安全、省力，如采用气动、液压等夹紧装置，以减轻工人劳动强度，并可较好地控制夹紧力。夹具操作位置应符合工人操作习惯，必要时应有安全防护装置，以确保使用安全。

ⅳ．便于排屑。切屑积集在夹具中，会破坏工件的正确定位；切屑带来的大量热量会引起夹具和工件的热变形；切屑的清理又会增加辅助时间。切屑积集严重时，还会损伤刀具甚至引发工伤事故。故排屑问题在夹具设计中必须给予充分注意，在设计高效机床和自动线夹具时尤为重要。

ⅴ．有良好的结构工艺性的夹具要便于制造、检验、装配、调整和维修等。

4.5.2 夹具设计的一般步骤

为能设计出质量高、使用方便的夹具，在夹具设计时必须深入生产实际进行调查研究，掌握现场第一手资料，广泛征求操作者的意见，吸收国内外有关的先进经验，在此基础上拟出初步设计方案，经过充分论证，然后定出合理的方案进行具体设计。夹具设计的基本步骤可以概述如下：

(1) 研究原始资料，明确设计任务

为了明确设计任务，首先应分析研究工件的结构特点、材料、生产规模和本工序加工的技术要求以及前后工序的联系；然后了解加工所用设备、辅助工具中与设计夹具有关的技术性能和规格；了解工具车间的技术水平等。必要时还要了解同类工件的加工方法和所使用夹具的情况，作为设计的参考。

(2) 确定夹具的结构方案，绘制结构草图

确定夹具的结构方案，主要考虑以下问题：

① 根据六点定位原理确定工件的定位方式，并设计相应的定位装置。
② 确定刀具的导引方法，并设计引导元件和对刀装置。
③ 确定工件的夹紧方案并设计夹紧装置。
④ 确定其他元件或装置的结构形式，如定向键、分度装置等。
⑤ 考虑各种装置、元件的布局，确定夹具的总体结构。
⑥ 对夹具的总体结构，最好考虑多个方案，经过分析比较，从中选取较合理的方案。

(3) 绘制夹具总图

夹具总图应遵循国家标准绘制，图形大小的比例尽量取 1∶1，使所绘制的夹具总图直观性好，如工件过大可用 1∶2 或 1∶5 的比例，过小时可用 2∶1 的比例。总图中的视图应尽量少，但必须能清楚地反映出夹具的工作原理和结构，清楚地表示出各种装置和元件的位置关系等。主视图应取操作者实际工作时的位置，以作为装配夹具时的依据并供使用时参考。

绘制总装图的顺序是：先用双点画线绘出工件的轮廓外形，示意出定位基准面和加工面的位置，然后把工件视为透明体，按照工件的形状和位置依次绘出定位、夹紧、导向及其他元件和装置的具体结构；最后绘制夹具体，形成一个夹具整体。

(4) 确定并标注有关尺寸和夹具技术要求

在夹具总图上应标注外形尺寸，必要的装配、检验尺寸及其公差，制定主要元件、装置

之间的相互位置精度要求、装配调整的要求等。具体包括五类尺寸和四类技术要求。五类尺寸包括夹具外形轮廓尺寸、工件与定位元件间的联系尺寸、夹具与刀具的联系尺寸、夹具与机床联系部分的联系尺寸、夹具内部的配合尺寸。四类技术要求包括定位元件之间的定位要求、定位元件与连接元件和（或）夹具体底面的相互位置要求、导引元件和（或）夹具体底面的相互位置要求、导引元件与定位元件间的相互位置要求。对于夹具上须标注的公差或精度要求，当该尺寸（或精度）与工件的相应尺寸（或精度）有直接关系时，一般取工件尺寸或精度要求的 $1/5\sim1/2$ 作为夹具上该尺寸的公差或精度要求；没有直接关系时，按照元件在夹具中的功用和装配要求，根据公差与配合国家标准来制定。

（5）绘制夹具零件图

夹具中的非标准零件都必须绘制零件图。在确定这些零件的尺寸、公差和技术条件时，应注意使其满足夹具的总图要求。

在夹具设计图样全部绘制完毕后，设计工作并不就此结束，因为所设计的夹具还有待于实践的验证，在试用后有时可能要把设计的夹具作必要的修改。因此设计人员应关心夹具的制造和装配过程，参与鉴定工作，并了解使用过程，以便发现问题及时改进，使之达到正确设计的要求，只有夹具经过使用验证合格后，才能算完成设计任务。

在实际工作中，上述设计程序并非一成不变，但设计程序在一定程度上反映了设计夹具所要考虑的问题和设计经验，因此对于缺乏设计经验的人员来说，遵循一定的设计方法、步骤进行设计是有益的。

定位分析方法

◆ 习题与思考题 ◆

4-1 何谓机床夹具？试举例说明机床夹具的作用及其分类。

4-2 工件在机床上的安装方法有哪些？其原理是什么？

4-3 夹具由哪些元件和装置组成？各元件有什么作用？

4-4 机床夹具有哪几种？机床附件是夹具吗？

4-5 何谓定位和夹紧？为什么说夹紧不等于定位？

4-6 什么叫六点定位原理？

4-7 分析图 4-74 所示的定位方案：①指出各定位元件所限制的自由度；②判断有无欠定位或过定位；③对不合理的定位方案提出改进意见。

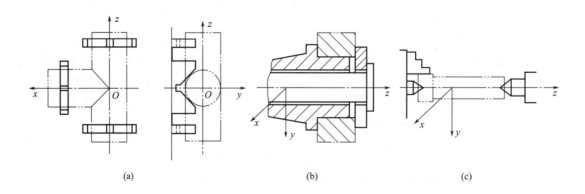

(a)　　　　　　　　　　(b)　　　　　　　　　　(c)

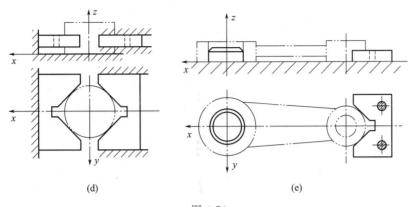

图 4-74

4-8 定位、欠定位和过定位是否均不允许存在？为什么？根据加工要求应予以限制的自由度或工件六个自由度都被限制了就不会出现欠定位或过定位吗？试举例说明。

4-9 分析图 4-75 所示加工中零件必须限制的自由度，选择定位基准和定位元件，并在图中示意画出；确定夹紧力作用点的位置和作用方向，并用规定的符号在图中标出。

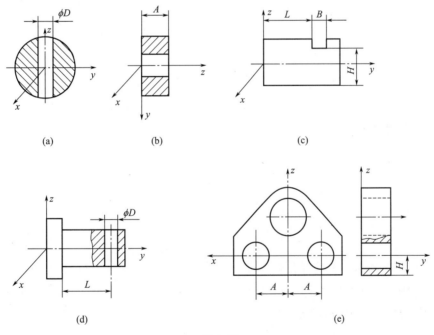

图 4-75

4-10 常见的定位元件有哪些？分别限制的自由度的情况如何？

4-11 可调支承、自位支承和辅助支承的不同之处？

4-12 何谓定位误差？定位误差由哪些因素引起的？定位误差的数值一般应控制在零件公差的什么范围之内？

4-13 图 4-76（a）所示零件，底面和侧面已加工好，现须加工台阶面和顶面，定位方案如图 4-76（b）所示，求各工序的定位误差。

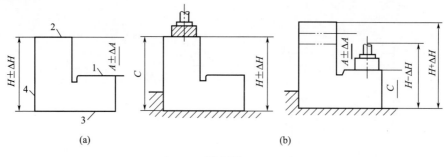

图 4-76

4-14 在图 4-77（a）所示的套筒零件上铣键槽，要求保证尺寸 $54_{-0.14}^{0}$ mm。现有三种定位方案，分别如图 4-77（b）～（d）所示。试计算三种不同定位方案的定位误差，并从中选择最优方案（已知内孔与外圆的同轴度误差不大于 0.02mm）。

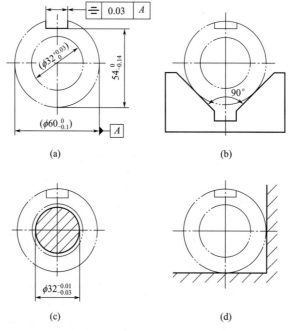

图 4-77

4-15 图 4-78 所示为套筒零件铣平面，以内孔（$D_{0}^{+\Delta D}$）中心 O 为定位基准，套在芯轴 $d_{-\Delta d}^{0} O_1$ 上，则 O_1 为调刀基准，配合间隙为 Δ，工序尺寸为 $H_{0}^{+\Delta H}$，求芯轴水平和垂直放置时工序尺寸 $H_{0}^{+\Delta H}$ 的定位误差。

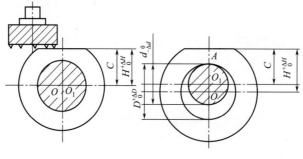

图 4-78

4-16 指出图 4-79 所示各定位、夹紧方案及结构设计中不正确的地方，并提出改进意见。

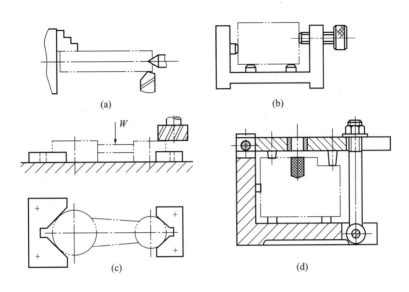

图 4-79

4-17 夹紧力的确定原则是什么？

4-18 用鸡心夹头夹持工件车削外圆，如图 4-80 所示。已知工件直径 $d=69$mm（装夹部分与车削部分直径相同），工件材料为 45 钢，切削用量为 $a_p=2$mm，$f=0.5$mm/r。摩擦系数取 $\mu=0.2$，安全系数取 $k=1.8$，$\alpha=90°$。试计算鸡心夹头上夹紧螺栓所需作用的力矩。

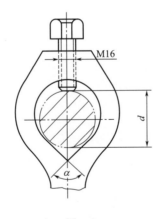

图 4-80

4-19 钻套的种类有哪些？分别适用于什么场合？

4-20 图 4-81 所示钻模用于加工图 4-81（a）所示工件上的两个 $\phi 8^{+0.036}_{\ 0}$mm 孔，试指出该钻模设计的不当之处。

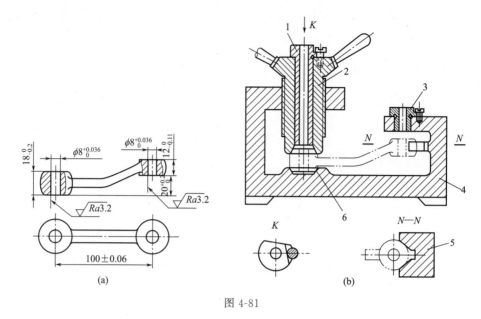

图 4-81

4-21 夹具的动力装置有几种？各有什么特点？

第 5 章
机械加工精度与质量控制

 学习意义

　　机械加工产品的质量与零件的加工质量、产品的装配质量密切相关，而零件的加工质量是保证产品质量的基础，它包括零件的加工精度和表面质量两方面，是机械制造工艺学主要研究的问题之一；此外，任何机械加工所得的零件表面，实际上都不是完全理想的表面。实践表明，机械零件的破坏，一般都是从表层开始的。因此，机械加工表面质量对产品质量和使用寿命有很大影响。学习掌握机械加工精度的各个方面及各种工艺因素对加工表面的质量的影响，有助于提高产品的使用性能和寿命。

 学习目标

① 掌握原始误差及其敏感方向；
② 熟悉工艺系统的几何误差、受力变形、热变形以及其他影响加工精度的因素；
③ 掌握加工误差的统计学分析方法，了解控制机械加工精度的途径；
④ 掌握机械加工表面质量的影响因素；
⑤ 熟悉机械加工工艺系统的振动及其对表面质量的影响；
⑥ 掌握控制机械加工表面质量的途径。

5.1 机械加工精度

5.1.1 机械加工精度的概念

　　机械加工精度是指零件经过机械加工后，其实际加工几何参数（如尺寸、形状及表面间的相对位置）与理想几何参数之间的符合程度。符合程度越好，精度就越高。但在实际的机械加工过程中，由于机器本身的振动及装夹误差等各种因素的影响，使得实际加工几何参数与理想几何参数无法完全符合,从而就产生了加工误差。

加工误差是指加工后零件的实际几何参数对理想几何参数的偏离程度。实际上,在确保加工产品基本使用性能的要求下,无须把零件都加工得绝对精确,只要加工误差在一定范围内都是可以接受的。加工精度和加工误差是从两个不同的角度来评价零件几何参数的,加工精度的高低就是通过加工误差的大小来表示的。

零件的加工精度包含三个方面:尺寸精度、形状精度和位置精度。这三个方面之间是有内在联系的。一般来说,形状公差应限制在位置公差之内,而位置公差应限制在尺寸公差之内。

加工精度是零件机械加工质量的重要指标,直接影响着整台机器的工作性能及使用寿命。研究加工精度的目的,就是搞清楚各种误差的物理、力学本质,以及它们对加工精度的影响规律,掌握控制加工误差的方法,以获得理想的加工精度,并在必要时找出进一步提高加工精度的途径,这是机械制造工艺学研究的重要内容之一。

5.1.2 影响机械加工精度的主要因素及分类

5.1.2.1 影响机械加工精度的原始误差及分类

在机械加工过程中,工件和刀具的相互位置关系决定着零件的尺寸、几何形状和表面间相对位置的形成。而工件需要夹具夹持,夹具和刀具安装于机床之上,机床、夹具、刀具和工件组成工艺系统。因此影响该工艺系统的因素都将影响机械加工精度。

工艺系统的误差是根源,其中能够直接造成加工误差的因素称为原始误差。原始误差的一部分与工艺系统的初始状态有关,即零件未加工之前工艺系统本身就具有的某些误差因素(机床、刀具、夹具本身的制造误差),这类误差称为与工艺系统的初始状态有关的原始误差或几何误差;另一部分原始误差与加工过程有关,即在加工过程中产生的切削力、切削热和摩擦引起的工艺系统的受力变形、受热变形和磨损,这些都会影响工件与刀具之间的相对位置,造成各种加工误差。这类加工过程中产生的原始误差也称为工艺系统的动误差。机械加工时可能出现的各种原始误差如图 5-1 所示。

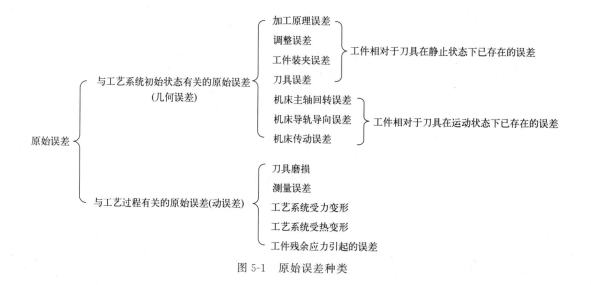

图 5-1 原始误差种类

5.1.2.2 误差的敏感方向

切削加工过程中,由于各种原始误差的影响,会使刀具和工件间正确的几何关系遭到破坏,引起加工误差。通常,各种原始误差的大小和方向是各不相同的,而加工误差必须在工序尺寸方向度量。因此,不同的原始误差对加工精度的影响不同。当原始误差方向与工序尺寸方向一致时,其对加工精度的影响最大。下面以外圆车削为例进行说明。

工艺系统的原始误差

如图 5-2 所示,工件的回转中心为 O,刀尖的理想位置在 A 处,工件理想半径 $R_0=OA$。假设某一瞬时由于各种原始误差的影响使刀尖偏离到 A' 点,实际加工半径变为 $R=OA'$。则 AA' 即为原始误差 δ,它与 OA 之间的夹角为 φ。故半径上(即工序尺寸方向上)的加工误差 ΔR 为

误差的敏感方向

$$\Delta R = OA' - OA = \sqrt{R_0^2 + \delta^2 + 2R_0\delta\cos\varphi} - R_0 \approx \delta\cos\varphi + \frac{\delta^2}{2R_0} \quad (5-1)$$

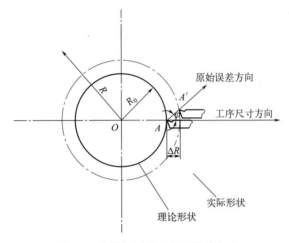

图 5-2 车削加工时的误差敏感方向

可以看出,当原始误差的方向为加工表面的法向方向时($\varphi=0°$),引起的加工误差最大,$\Delta R = \delta + \frac{\delta^2}{2R_0} \approx \delta$;当原始误差的方向为加工表面的切线方向时($\varphi=90°$),引起的加工误差最小,$\Delta R = \frac{\delta^2}{2R_0}$,通常可以忽略。显然,原始误差方向与工序尺寸方向正交时,原始误差对加工方向的精度几乎没有影响。我们把对加工精度影响最大的方向称为误差的敏感方向。一般加工表面的法线方向为误差的敏感方向,而加工表面的切线方向为误差非敏感方向。通常在研究工艺系统的加工精度时,误差敏感方向是我们的主要研究内容。

5.1.2.3 机床误差

加工中引起机床误差的主要原因是机床的制造误差、安装误差及磨损,这里着重分析对工件加工精度影响较大的导轨导向误差、主轴回转误差和传动链的传动误差。

(1) 导轨导向误差

导轨是机床中确定主要部件相对位置的基准,也是实现成形运动法加工的基础。导轨导向误差指的是机床导轨副的运动件实际运动方向与理想运动方向的偏差值,将直接影响被加工工件的精度。在机床的精度标准中,直线导轨的导向精度一般包括导轨在水平面内及垂直面内的直线度、前后导轨的平行度等。

① 导轨在水平面内的直线度误差的影响　卧式车床在水平面内直线度误差 ΔY，如图 5-3(a) 所示，则车刀刀尖的直线运动轨迹也要产生直线度误差 ΔY，从而造成工件圆柱度误差，$\Delta R = \Delta Y$，如图 5-3(b) 所示。说明水平方向是卧式车床加工误差对导轨误差的敏感方向。

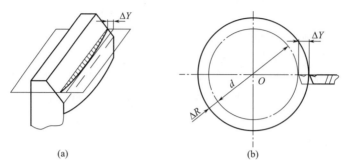

图 5-3　车床导轨在水平面内的直线度误差

② 导轨在垂直面内直线度误差的影响　卧式车床在垂直面内存在直线度误差 ΔZ，如图 5-4(a) 所示，则车刀刀尖的直线运动轨迹同样也要产生直线度误差 ΔZ，从而造成工件圆柱度误差，$\Delta R = \dfrac{\Delta Z^2}{2R}$，如图 5-4(b) 所示，说明卧式车床导轨在垂直面内的直线度误差不敏感。

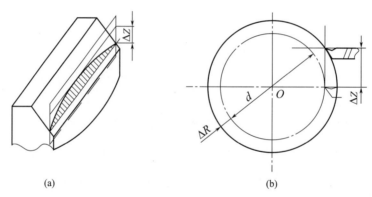

图 5-4　车床导轨在垂直面内的直线度误差

③ 前后导轨平行度误差的影响　卧式车床两导轨间存在平行度误差时，将使床鞍产生横向倾斜，引起刀架和工件的相对位置发生偏斜，刀尖的运动轨迹是一条空间曲线，从而引起工件产生形状误差。如图 5-5 所示，因导轨平行度误差所引起的工件半径加工误差为：

$$\Delta R = \dfrac{H\Delta}{B} \tag{5-2}$$

式中，H 为主轴至导轨面的距离，mm；Δ 为导轨在垂直方向的最大平行度误差，mm；B 为导轨宽度，mm。

一般车床 $H/B \approx 2/3$，外圆磨床 $H/B \approx 1$，导轨间的平行度误差对加工精度影响很大。

(2) 主轴回转误差

① 主轴回转误差的基本概念　机床主轴是用来装夹工件或者刀具并传递主要切削运动的重要零件。它的回转精度是机床精度的一项重要指标，主要

主轴回转误差

影响零件加工表面的几何形状精度、位置精度和表面粗糙度。机床主轴做回转运动时，主轴的各个截面必然有它的回转中心。理想状态下，回转中心在空间相对刀具或者工件的位置是固定不变的。主轴各截面回转中心的连线称为回转轴线。所谓主轴回转误差，是指主轴实际回转轴线相对于理想回转轴线的漂移程度。主轴理想回转轴线是一条在空间位置不变的回转轴线，虽然是客观存在的，但在现实中很难确定其准确位置，通常是以主轴各瞬时回转轴线的平均位置作为主轴轴线，也称为平均轴线。

② 主轴回转误差的基本形式　主轴回转轴线的运动误差可分为三种基本形式：轴向圆跳动、径向圆跳动及纯角度摆动。

轴向圆跳动：瞬时回转轴线沿平均回转轴线方向的轴向运动，如图5-6(a)所示。主轴的轴向圆跳动对工件的圆柱面加工没有影响，主要影响端面

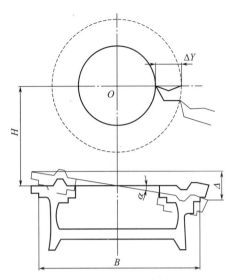

图 5-5　导轨间的平行度误差

形状、轴向尺寸精度、端面垂直度。主轴存在轴向圆跳动误差时，车削加工螺纹将会使加工后的螺旋产生螺距误差。

径向圆跳动：瞬时回转轴线始终平行于平均回转轴线方向的径向运动，如图5-6(b)所示。主轴的纯径向圆跳动会使工件产生圆柱度误差，对加工端面基本没有影响。但加工方法不同，所引起的加工误差形式和程度也不同。

纯角度摆动：瞬时回转轴线与平均回转轴线方向成一倾斜角度，但其交点位置固定不变地运动，如图5-6(c)所示。主轴的角度摆动不仅影响工件加工表面的圆柱度误差，而且影响工件端面误差。

实际上，主轴回转误差是三种基本形式误差综合作用的结果，如图5-6(d)所示。

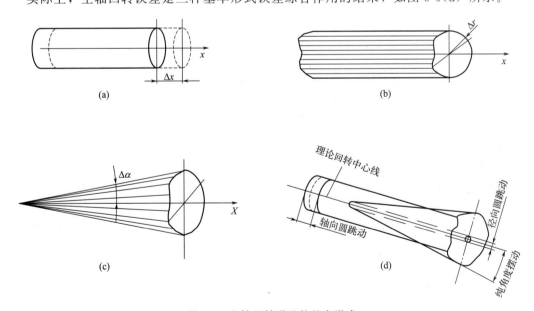

图 5-6　主轴回转误差的基本形式

③ 影响主轴回转精度的主要因素　可以产生主轴回转误差的因素很多，主要来自零件加工和整机装配。因主轴结构不同，因素也不同，主轴回转误差也不同，往往需要具体问题具体分析。

车床、外圆磨床等工件回转类机床切削加工过程中，切削力的方向相对机床床身大致不变，相对主轴孔大致不变，所以主轴转动过程中主轴轴颈的圆周不同部位都将有机会与主轴孔的某一固定部位相接触。这种情况使得主轴颈的圆度误差对加工误差影响较大，而主轴孔的圆度误差影响较小。如图 5-7（a）所示，假如主轴孔为理想轴孔，主轴颈为椭圆形时，主轴径向跳动误差为 Δ。

镗床等刀具回转类机床切削加工过程中，切削力的方向相对主轴（镗刀杆）大致不变，所以主轴转动过程中主轴轴颈的某一固定部位将始终与主轴孔圆周不同部位相接触。这种情况使得主轴孔的圆度误差对加工误差影响较大，而主轴颈的圆度误差影响较小，如图 5-7（b）所示。

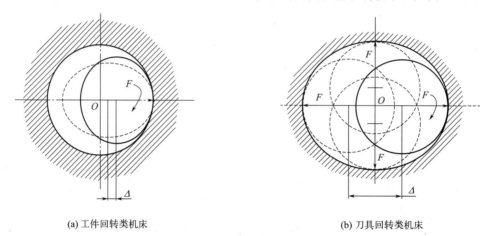

(a) 工件回转类机床　　　　　　　　(b) 刀具回转类机床

图 5-7　两类主轴回转误差的影响

④ 提高主轴回转精度的措施

ⅰ. 提高主轴部件的制造精度和装配精度。

ⅱ. 当主轴采用滚动轴承时，应对滚动轴承适当预紧，使其消除轴承间隙，增加轴承刚度，均化误差，从而提高主轴的回转精度。

ⅲ. 采用运动和定位分离的主轴结构，可减小主轴误差对零件加工的影响，使主轴的回转精度不反映到工件上去。实际生产中，通常采用两个固定顶尖支承定位加工，主轴只起传动作用，如外圆磨床。

（3）机床传动链误差

① 机床传动链误差的含义　机床传动链误差是指机床内部传动机构传动过程中出现传动链首末两端传动元件间相对运动的误差。传动链误差一般不影响圆柱面和平面的加工精度，但对齿轮、蜗轮蜗杆、螺纹和丝杠等加工有较大影响。

机床传动链误差

例如车削单头螺纹时，如图 5-8 所示，要求工件旋转一周，相应刀具移动一个螺距 S，这种运动关系是由刀具与工件间的传动链来保证的，即保持传动比 i_f 恒定，有

$$S=\frac{z_1}{z_2}\times\frac{z_3}{z_4}\times\frac{z_5}{z_6}\times\frac{z_7}{z_8}\times T=i_f T \tag{5-3}$$

式中，i_f 为总传动比。

如果机床丝杠导程或各齿轮制造存在误差，将会引起工件螺纹导程的加工误差。由上可知，总传动比 i_f 反映了误差传递的程度，故也称为误差传递系数。显然，增速传动比会放大加工误差，而减速传动比能够减小加工误差。

② 产生传动链误差的原因　传动副的加工和装配精度影响传动误差。特别要注意保证末端传动件的精度，并尽量减小传动链中齿轮副或螺旋副中存在的间隙，避免传动速度比的不稳定和不均匀。

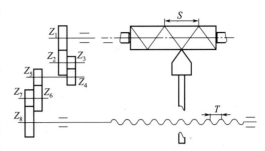

图 5-8　车削螺纹的传动链示意图

传动链元件数量也会影响传动误差大小。传动元件越多，传动误差就会越大。

在相同类型传动机构情况下采用降速传动有助于减小传动误差。传动比越小，特别是传动链末端传动副的传动比越小，则传动链中其余各传动件误差对传动精度的影响就越小。因此，可以增加蜗轮的齿数或加大螺母丝杠的螺距，这些都有利于减小传动链误差。

5.1.2.4　夹具的误差及磨损

夹具主要用于在机床上安装工件时，使工件相对于切削工具占有正确的相对位置。夹具误差主要是指定位元件、刀具导向元件、分度机构、夹具体等的制造误差及使用过程中发生的工作表面磨损。

一般来说，夹具误差对加工表面的位置误差影响最大，在进行夹具设计时，应严格控制与工件加工精度有关的结构尺寸和要求。精加工夹具的有关尺寸公差一般取工件公差的 $1/2 \sim 1/5$，粗加工用夹具一般取工件公差的 $1/5 \sim 1/10$。

5.1.2.5　刀具的误差及磨损

刀具误差对加工精度的影响根据刀具的种类不同也会有所不同，主要表现在以下几个方面：

ⅰ．使用定位尺寸刀具（如钻头、铰刀、键槽铣刀及拉刀等）的尺寸精度将直接影响工件的尺寸精度。

ⅱ．使用成形刀具（如成形车刀、成形铣刀、成形砂轮等）的切削刃形状精度将直接影响加工表面形状精度。

ⅲ．使用展成刀具（如齿轮滚刀、花键滚刀、插齿刀等）的切削刃形状必须是加工表面的共轭曲线。因此，刀具切削刃形状精度和有关尺寸精度都会影响加工精度。

ⅳ．对于一般刀具（如普通车刀、镗刀、铣刀等）而言，其制造精度对加工精度没有直接影响。

在切削过程中，任何刀具都不可避免地要产生磨损，使原有的尺寸和形状发生变化，并由此引起加工误差。刀具尺寸磨损的过程分为三个阶段：初期磨损、正常磨损和急剧磨损。在正常磨损阶段，磨损量和切削路程成正比。在急剧磨损阶段，刀具已经无法正常工作，因此，在到达急剧磨损阶段前必须磨刀。

5.1.3　加工误差的综合分析

5.1.3.1　加工误差的统计学规律

从表面上看加工误差的影响因素似乎没有规律，但是应用相关统计学方法可以发现一批工件加工误差的整体规律，从而找出产生误差的根源，在工艺上采取措施予以控制。

(1) 加工误差的性质

根据加工一批工件所出现的误差规律来看,加工误差可分为系统误差和随机误差两类。

① 系统误差 在顺序加工一批工件时,其加工误差的大小和方向都保持不变,或者按照一定的规律性变化,统称为系统误差。前者称为常值系统误差,后者称为变值系统误差。

机床、夹具、刀具和量具本身的制造误差和很慢的磨损往往被看作常值系统误差。机床、夹具和刀具等在热平衡前的热变形常被看作变值系统误差。常值系统误差和变值系统误差在不同条件、不同定义域内是可以相互转化的,要对具体问题进行具体分析。如工艺系统的热变形在平衡状态之前引起的误差为变值系统误差,而热平衡之后引起的误差则为常值系统误差。

② 随机误差 在顺序加工一批工件时,其加工误差的大小、方向及其变化是随机性的,称这类误差为随机误差。

如加工前毛坯或零件自身的误差、工件的定位误差、多次调整误差以及工件残余应力变形引起的加工误差等,都属于随机误差。不同的条件下,误差表现的性质不同,系统误差和随机误差的划分也不是绝对的。如铰孔时,铰刀直径不正确所引起的工件误差是常值系统误差;而铰刀在直径正确条件下铰孔的孔径尺寸仍然不同,则属于随机误差。

(2) 加工误差的统计规律

实践和理论分析表明,一批工件在正常的加工状态下,其尺寸误差是很多独立的随机误差综合作用的结果。在无某种优势因素影响的情况下,即其中没有一个起决定作用的随机误差,则加工后工件的尺寸分布符合正态分布,如图 5-9(a) 所示,正态分布曲线的数学表达式为:

$$y = \frac{1}{\sigma\sqrt{2\pi}} e^{-\frac{1}{2}\left(\frac{x-\mu}{\sigma}\right)^2}, \quad -\infty < x < +\infty, \sigma > 0 \tag{5-4}$$

式中,y 为正态分布的概率密度,即工件尺寸为 x 时的概率密度;μ 为正态分布随机变量总体的算术平均值,即分散中心;σ 为正态分布随机变量的标准偏差。

正态分布曲线关于直线 $x=\mu$ 对称,且 x 等于 μ 时,工件尺寸为工时概率密度极值最大,即

$$y_{\max} = \frac{1}{\sigma\sqrt{2\pi}} \tag{5-5}$$

正态分布曲线的形状与 μ 和 σ 值有关。μ 值表征正态分布曲线的位置,即改变 μ 值分布曲线将沿横坐标移动而不改变曲线的形状,如图 5-9(b) 所示,σ 值表征分布曲线的形状,σ 值减小,则分布曲线将向上伸展,曲线两侧向中间收紧;σ 值增大,则分布曲线趋向平坦并向两端伸展,如图 5-9(c) 所示。

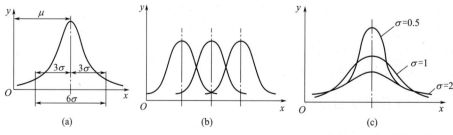

图 5-9 误差分布曲线

总体平均值 $\mu=0$、总体标准偏差 $\sigma=1$ 的正态分布称为标准正态分布。正态分布曲线与

横轴所包含的面积为1。在 $x-\mu=\pm\sigma$ 处,正态分布曲线出现拐点,而 $x-\mu=\pm 3\sigma$ 范围内的分布曲线包含的面积为 99.73%,说明随机变量分布在此范围外的概率仅为 0.27%。因此,一般认为正态分布的随机变量的分散范围为 $\pm 3\sigma$,这就是所谓的 $\pm 3\sigma$ 原则。

$\pm 3\sigma$ 是一个很重要的概念,在研究加工误差时应用很广,它代表了某种加工方法在一定条件下所能达到的加工精度。因此,在一般情况下应该使所选择加工方法的标准偏差 σ 与尺寸公差带宽度 T 间具有如下关系:

$$6\sigma \leqslant T \tag{5-6}$$

正态分布的 μ 和 σ 值可由样本的平均值 $\bar{x}$ 和样本标准偏差 S 近似估计,常值系统误差仅影响平均值 $\bar{x}$,引起正态分布曲线沿横轴平移;而 σ 值是由随机误差决定的,所以随机误差影响分布曲线的形状。因而抽检成批加工的一批工件,即可判断整批工件的加工精度及加工误差性质。

然而在实际机械加工中,工件尺寸或误差的实际分布有时并不近似于正态分布,典型的具有明显特征的分布曲线如下:

① 双峰分布　将两次调整下加工的工件混在一起,由于每次调整时常值系统误差是不同的,因此样本的平均值不可能完全相同。当常值系统误差之差值大于 2.2σ 时,分布曲线就会出现双峰。假如把两台机床加工的工件混在一起,不仅调整时的常值系统误差不等,机床精度可能也不同,即随机误差的影响不同,因而分布曲线的峰高不等,如图 5-10(a) 所示。双峰分布的实质是两组分布曲线的叠加,而且每组曲线有各自的分散中心和标准偏差,即加工误差主要为随机误差和常值系统误差。

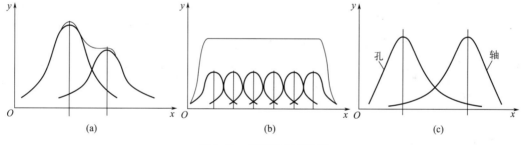

图 5-10　非正态分布曲线

② 平顶分布　在加工过程中,如果存在比较明显的变值系统误差(如刀具或砂轮磨损较快),则正态分布曲线的尺寸中心将随时间均匀地移动,使分布曲线呈平顶状,如图 5-10(b) 所示。

③ 偏态分布　当采用试切法加工零件时,加工误差呈现偏态分布,如图 5-10(c) 所示。轴加工时凸峰向右偏,孔加工时凸峰向左偏。平行和垂直误差趋向偏态分布。

④ 瑞利分布　偏心和径向跳动误差趋向瑞利分布。

⑤ 均匀分布　当工艺过程明显不稳定时,尺寸随时间近似线性变动,形成均匀分布。

⑥ 三角分布　两个分布范围相等的均匀分布相组合,形成三角分布。

非正态分布的分布范围 T 按下式计算

$$T = \frac{6\sigma}{k_i} \tag{5-7}$$

分布中心偏移量 Δ 按下式计算

$$\Delta = \frac{e_i T}{2} \tag{5-8}$$

式中，k 为相对分布系数；e 为相对不对称系数，参见表 5-1。

表 5-1 不同分布曲线的 e、k 值

分布特征	正态分布	三角分布	均匀分布	平顶分布	瑞利分布	偏态分布	
						外尺寸	内尺寸
分布曲线							
e	0	0	0	0	−0.28	0.26	−0.26
k	1	1.22	1.73	1.1~1.5	1.14	1.17	1.17

5.1.3.2 分布图分析法

分布图分析法是通过测量某工序加工所得一批零件的实际尺寸，用作图（如直方图或曲线）分析的方法来判断加工方法产生误差的性质和大小。

其基本思路与方法是收集样本数据，绘制实验分布图，从实验分布图上寻找加工误差的统计规律，进而依据统计学理论估计加工误差的概率理论与统计学参数，分析加工误差的性质，评估工序能力。

(1) 实验分布图绘制

实验分布图的绘制方法与步骤如下：

① 样本数据的收集 按照一定的抽样方法，如在一次调整加工中连续抽样，或每间隔一定时间抽样，或随意抽样等，抽样方法应根据不同的要求而定。在统计学上，称抽取的一批零件为一个样本，其数量 n 为样本容量。一般样本容量 $n \geqslant 50$ 件。

② 样本数据的整理与计算 依加工次序逐个测量其尺寸或误差 x_i，将获得数据按顺序排列。由于随机误差的存在，样本的加工尺寸的实际数值是各不相同的，这种现象称为统计分散。剔除样本中各工件尺寸中的异常数据（奇异值），根据样本最大值 $x_{\max}$ 与最小值 $x_{\min}$，依据下式确定工件尺寸的分布范围 R，也称极差、全距。

$$R = x_{\max} - x_{\min} \tag{5-9}$$

将样本分为 b 组，组距为 d（将组距圆整为测量尾数的整数倍，测量尾数即量具的最小分辨率）。组距、样本平均值和样本标准偏差可依据下列公式进行计算：

$$d = \frac{R}{b-1} \tag{5-10}$$

$$\overline{x} = \frac{1}{n}\sum_{i=1}^{n} x_i \tag{5-11}$$

$$S = \sqrt{\frac{1}{n-1}\sum_{i=1}^{n}(\overline{x} - x_i)^2} \tag{5-12}$$

误差组的组中值和组界值用下式进行计算：

$$\text{组中值} = x_{\min} + (i-1)d, \quad i = 1, 2, \cdots, k \tag{5-13}$$

$$\text{组界值} = x_{\min} + (i-1)d \pm \frac{d}{2}, \quad i = 1, 2, \cdots, k \tag{5-14}$$

同一尺寸或同一误差组内零件的数量称为频数 m_i，频数与样本容量 n 的比值称为频率 f_i，为：

$$f_i = \frac{m_i}{n} \tag{5-15}$$

③ 绘制实验分布图 实验分布图主要有两种表现形式：直方图、曲线图。

a. 实验分布直方图 以频数或频率为纵坐标，零件尺寸或误差的组界为横坐标，即可绘制直方图，称其为实验分布直方图。

b. 实验分布曲线图 以频数或频率为纵坐标，零件尺寸或误差的组中值为横坐标，即可得到若干个数据点，将这些数据点连接起来，就可得到一条曲线，称其为实验分布曲线。

为了使分布图能够反映某一工序的加工精度，而不受组距大小和工件总数多少的影响，也可以频率密度为纵坐标。频率密度 D_{f_i}，用下式计算：

$$D_{f_i} = \frac{f_i}{d} = \frac{m_i}{nd} \tag{5-16}$$

如果加工误差分布是服从统计学规律的，可能合乎正态分布或非正态分布，因而理论曲线分析的方法同样适用于实验分布图分析的样本。在用理论分布曲线与实验分布图相比较时，实验分布图的纵坐标要采用频率密度，而概率密度函数计算的参数可分别取：$\mu = \bar{x}$，$\sigma = S$。

(2) 分布图分析法的应用

① 判别加工误差性质 对于正态分布而言，常值系统误差影响平均值 $\bar{x}$，会引起正态分布曲线沿横轴平移，即样本平均值 $\bar{x}$ 与公差带中心不重合；而随机误差决定 σ 值，仅影响分布曲线的形状。因此，如果实际分布与正态分布基本相符，可判断整批工件的加工精度及加工误差性质；如果实际分布与正态分布有较大出入，可根据分布图初步判断变值系统误差的类型。

② 判定工序能力及其等级 工序能力是指工序处于稳定状态时，加工误差正常波动的幅度。当加工尺寸服从正态分布时，其尺寸分布范围是 6σ，所以工序能力就是 6σ。6σ 的大小代表了某一种加工方法在规定的条件下（如切削用量，正常的机床、夹具和刀具等）所能达到的加工精度。

工序能力等级描述了工序能力满足加工精度要求的程度，是以工序能力系数来表示的。当工序处于稳定状态时，工序能力系数 C_p 依据下式进行计算：

$$C_p = \frac{T}{6\sigma} \tag{5-17}$$

式中，T 为工件尺寸公差。

根据工序能力系数 C_p 的大小，可将工序能力分为 5 级，如表 5-2 所示。一般工序能力不应低于二级，即 $C_p > 1$。

表 5-2 工序能力等级

工序能力系数	工序等级	说明
$C_p > 1.67$	特级	工序能力过高，可以允许有异常波动，但不一定经济
$1.67 \geq C_p > 1.33$	一级	工序能力足够，可以允许一定的异常波动
$1.33 \geq C_p > 1.00$	二级	工序能力勉强，必须密切注意
$1.00 \geq C_p > 0.67$	三级	工序能力不足，可能出现少量不合格产品
$0.67 \geq C_p$	四级	工序能力不行，必须加以改进

③ 估算合格品率或不合格品率 如果工件尺寸分散范围超出了公差带，则将有废品产生。如图 5-11 所示，图中左侧阴影部分的零件尺寸过小，为不合格品；右边阴影部分的零件尺寸过大，为不合格品；中间部分的零件尺寸在公差带范围内，都是合格品。因此，通过

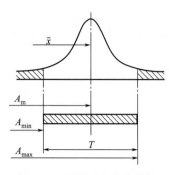

图 5-11 利用分布曲线估算合格率和不合格率

分布曲线可估算合格品率或不合格品率。

④ 分析减少废品的工艺措施 工序能力系数 $C_p>1$，只说明该工序的工序能力足够，加工中出现废品与否同机床调整正确性有关。如果加工中有常值系统误差，标准偏差 μ 就与公差带中心 A_M 位置不重合，那么只有当 $C_p>1$ 且 $T\geqslant 6\sigma+2|\mu-A_M|$ 才不会出现不合格品。如果 $C_p<1$，那么不论怎样调整，不合格品总是不可避免的。这说明，在采用调整法加工一批零件时，可预先估算产生废品的可能性及其数量，从而通过调整刀具的位置或者改变刀具的尺寸等措施减小加工误差及不合格率。

分布图分析法实例

【例 5-1】 在无心磨床上磨削轴外圆，要求外径 $d=\varphi 12_{-0.043}^{-0.016}$mm。抽样一批零件，经过实测后计算得到 $\overline{x}=11.974$mm，$\sigma=0.005$mm，其尺寸分布符合正态分布，试分析该工序的加工质量。

解 ① 根据所计算的 $\overline{x}$ 及 σ 作分布图，如图 5-12 所示。

② 工序能力系数 C_p：

$$C_p=\frac{T}{6\sigma}=\frac{-0.016-(-0.043)}{6\times 0.005}=0.9<1$$

工序能力系数 $C_p<1$ 表明该工序能力不足，因此产生不合格品是无法避免的。

③ 不合格品率 Q：

工件要求最小尺寸 $d_{min}=11.957$mm，最大尺寸 $d_{max}=11.984$mm。

工件可能出现的极限尺寸为 $A_{min}=\overline{x}-3\sigma=(11.974-0.015)=11.959mm>d_{min}$，故不会产生不可修复的废品。

$A_{max}=\overline{x}+3\sigma=(11.974+0.015)=11.989mm>d_{max}$，故产生的不合格品可以修复。

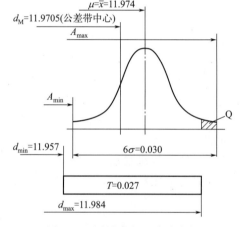

图 5-12 圆销直径尺寸分布图

不合格率 $Q=0.5-F(z)$

$$z=\frac{x-\overline{x}}{\sigma}=\frac{11.984-11.974}{0.005}=2$$

查 $F(z)$ 值表可知，$z=2$ 时，$F(z)=0.4772$

$$Q=0.5-0.4772=2.28\%$$

④ 刀具调整措施。重新调整机床，使分散中心 $\overline{x}$ 与公差带中心 d_M 重合，则可减小不合格品率。调整量 $\Delta=(11.974-11.9705)=0.0035$mm（实际操作就是使砂轮向前进刀 $\frac{\Delta}{2}$ 的磨削深度即可）。

分布图分析法的缺点在于：没有考虑一批工件加工的先后顺序，故不能反映误差变化的趋势，难以区别变值系统误差与随机误差的影响；必须等到一批工件加工完毕后才能绘制分布图，因此不能在加工过程中及时提供控制精度信息。采用点图分析法将能够弥补以上不足。

5.1.3.3 点图分析法

点图分析法是用点图研究加工精度，估计工件加工误差的变化趋势。点图是按照加工顺序绘制的尺寸分布图。通过点图分析法可判断工艺过程是否处于控制状态，以便调整和控制加工过程。

(1) 点图形式

点图有很多种形式，常用的有两种：单值点图和 $\bar{x}$-R 图。

① 单值点图　按加工顺序逐个测量工件的尺寸，以工件加工的顺序号为横坐标、工件尺寸（或误差）为纵坐标，将整批工件的加工结果画成点图，每个工件画一点，如图 5-13 所示，反映了每个工件尺寸（或误差）与加工时间的关系，故称为单值点图。

在点图上绘制出公差上下限，可据此判断零件尺寸是否合格，如图 5-13(a) 所示；或者在点图上绘制出上下两条包络线，可以反映零件尺寸的变化趋势，如图 5-13(b) 所示。

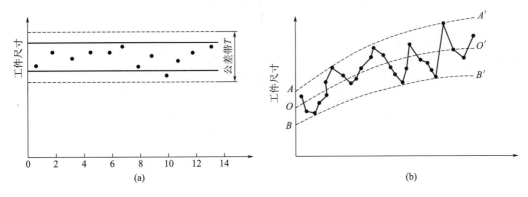

图 5-13　单值点图

② $\bar{x}$-R 图　为了能直接反映加工中系统误差和随机误差随时间的变化趋势，实际生产中常采用样组点图代替单值点图。最常用的样组点图是 $\bar{x}$-R 图，即平均值-极差点图。

在工艺过程进行中，$\bar{x}$-R 图绘制以小样本顺序随机抽样为基础，即每隔一定时间抽取小样本容量的样本，并计算小样本的平均值 $\bar{x}$ 和极差 R。获得若干个小样本后，以样组序号为横坐标，分别以 $\bar{x}$ 和 R 为纵坐标，即可做出 $\bar{x}$ 点图和 R 点图，如图 5-14 所示。

分析可知，平均值 $\bar{x}$ 在一定程度上代表瞬时的分散中心，故 $\bar{x}$ 点图主要反映系统误差及其变化趋势。极差 R 在一定程度上代表瞬时的尺寸分散范围，故 R 点图可反映出随机误差及其变化趋势。也就是说，$\bar{x}$ 点图反映工艺过程质量指标的分布中心，R 点图反映工艺过程质量指标的分散程度，因此单独的 $\bar{x}$ 点图和 R 点图并不能全面地反映出加工误差的情况，这两种点图必须结合起来应用。

(2) 点图分析法的应用及分析

点图分析法主要用于工艺验证、分析加工误差及加工过程的质量监控。

① 分析误差性质及趋势　假如用两根平滑的曲线包络点图的上下极限点，做出这两根曲线的平均值曲线，则能较清楚地揭示出加工过程中误差的性质及其变化趋势，如图 5-13(b) 所示。平均值曲线 OO' 表示每一瞬时的分散中心，其变化情况反映了变值系统误差随时间变化的规律，而常值系统误差影响起始点 O 的位置；上下限曲线 AA' 与 BB' 之间的宽度表示每一瞬时的尺寸分散范围，反映了随机误差的影响。

② 判断工艺稳定性　工艺验证的目的是判定某工艺是否稳定，能否满足产品要求的加工质量。工艺验证的主要内容是通过抽样检查，确定其工序能力系数，并判断工艺过程是否稳定。

为了在点图上分析工艺过程的稳定性，需要在点图上做出其中心线和上下控制线，如图 5-13 所示。各线的位置可按下列公式计算：

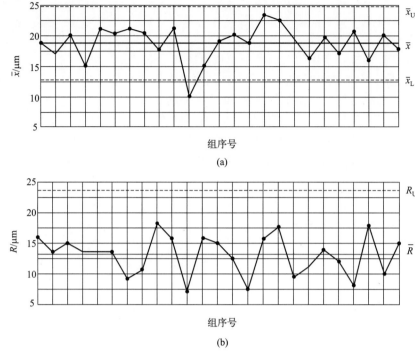

图 5-14 $\bar{x}$-R 图

$\bar{x}$ 图的中心线

$$\bar{\bar{x}} = \frac{1}{m}\sum_{i=1}^{m}\bar{x}_i \tag{5-18}$$

式中，m 为分组数。

$\bar{x}$ 图的上控制线

$$\bar{x}_U = \bar{\bar{x}} + A\bar{R} \tag{5-19}$$

$\bar{x}$ 图的下控制线

$$\bar{x}_L = \bar{\bar{x}} - A\bar{R} \tag{5-20}$$

R 图的中心线

$$\bar{R} = \frac{1}{m}\sum_{i=1}^{m}R_i \tag{5-21}$$

式中，m 为分组数。

R 图的上控制线

$$R_U = \bar{R} + 3\sigma_R = D_1\bar{R} \tag{5-22}$$

R 图的下控制线

$$R_L = \bar{R} - 3\sigma_R = D_2\bar{R} \tag{5-23}$$

式中，A、D_1、D_2 为计算系数，见表 5-3。

表 5-3 各控制线计算系数值

分组工件数	2	3	4	5	6	7	8	9	10
A	1.881	1.021	0.729	0.577	0.483	0.419	0.373	0.337	0.308
D_1	3.268	2.574	2.282	2.115	2.004	1.924	1.864	1.816	1.777
D_2	0	0	0	0	0	0.076	0.136	0.184	0.223

做出中心线和上下控制线后，即可根据点图分布的情况判别工艺系统的稳定性。假如加工中系统误差影响很小，加工误差主要是随机误差，且 R 保持不变，那么这种波动属于正

常波动，加工工艺是稳定的。点图中点密集分布在中线附近，说明加工误差分散范围小，该工艺过程处于控制之中。假如点图中点的分布波动很大或集中偏离中线的一侧，那么这种波动属于异常波动，加工工艺是不稳定的，需要适时加以调整，否则可能出现废品。

需要注意的是工艺系统的稳定性与是否产生废品是两个不同的概念，加工工件的合格与否是用尺寸过程衡量的。

【例 5-2】 生产实际中，连续车削一批工件内孔，直径尺寸 $\varphi 80^{+0.04}_{0}$ mm，零件数为 100，实际测量的尺寸数据依加工次序记录，如表 5-4 所示。试绘制出点图，并分析加工工艺的稳定性。

表 5-4 点图数值计算表

组序号	1	2	3	4	5
$\bar{x}$	80.0103	80.0138	80.0102	80.0112	80.0123
R	0.012	0.008	0.020	0.017	0.028
组序号	6	7	8	9	10
$\bar{x}$	80.0069	80.0077	80.0094	80.0071	80.0105
R	0.021	0.015	0.017	0.018	0.012

解 依加工次序将上表中的加工数据分为 10 组，依据公式计算可得：

$$\bar{\bar{x}} = 80.0099 \text{mm}, \overline{x_\text{U}} = 80.0151 \text{mm}, \overline{x_\text{L}} = 80.0048 \text{mm},$$

$$\bar{R} = 0.0168 \text{mm}, R_\text{U} = 0.0299 \text{mm}, R_\text{L} = 0.0037 \text{mm}$$

绘制出 $\bar{x}$-R 图，如图 5-15 所示。两条曲线都没有超出各自的上下控制线，无异常波动。$\bar{x}$ 点多数在中线附近波动，分布大致对称，分布中心是稳定的，属于正常波动，无明显变值误差影响。R 点在中线附近上下分布均匀，无明显随时间变化的规律趋势，属于正常波动，但是波动较大，说明加工工艺不太稳定。

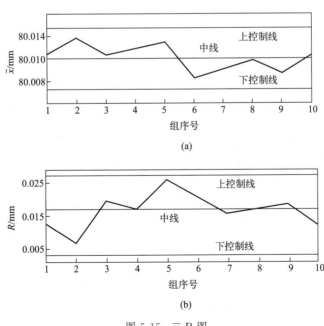

图 5-15 $\bar{x}$-R 图

5.2 工艺系统受力受热变形

5.2.1 概述

(1) 工艺系统受力变形

在机械加工过程中,工艺系统受到切削力、夹紧力、惯性力和重力等作用,会产生相应的变形和振动,使得工件和刀具之间已调整好的正确的相对位置发生变动,从而造成工件的尺寸、形状和位置等方面的加工误差。工艺系统的受力变形亦会影响加工表面质量,甚至导致工艺系统产生振动,而且在某种程度上还可能制约生产率的提高。

工艺系统的受力变形是加工中一项很重要的原始误差。事实上,它不仅严重地影响工件加工精度,而且还影响加工表面质量,限制加工生产效率的提高。

(2) 工艺系统受热变形

在机械加工过程中,工艺系统会受到各种热的影响而产生温度变形,一般也称为热变形,这种变形将破坏刀具与工件的正确几何关系和运动关系,造成工件的加工误差。热变形对加工精度的影响比较大,特别是在精密加工和大件加工中,热变形所引起的加工误差通常会占到工件加工总误差的 40%~70%。

工艺系统热变形不仅影响加工精度,而且还影响加工效率。因为减少受热变形对加工精度的影响,通常需要预热机床以获得热平衡,或降低切削用量以减少切削热和摩擦热,或粗加工后停机,待热量散发后再进行精加工,或增加工序(使粗、精加工分开)等。高精度、高效率、自动化加工技术的发展,使工艺系统热变形问题变得更加突出,成为现代机械加工技术发展必须研究的重要问题。工艺系统是一个复杂系统,有许多因素影响其热变形,因而控制和减小热变形对加工精度的影响往往比较复杂。目前,无论在理论上还是在实践上都有许多问题尚待研究与解决。

5.2.2 工艺系统受力受热变形对加工精度的影响

5.2.2.1 工艺系统的刚度

(1) 工艺系统刚度的概念

从材料力学可知,任何物体在外力作用下都会产生一定的变形。作用力 F 与产生的变形 y 的比值称为物体的刚度,用 K 表示(单位:N/mm):

$$K = \frac{F}{y} \tag{5-24}$$

工艺系统各部分在切削力作用下,将在各个受力方向产生相应变形。所谓工艺系统的刚度,指的是法向切削力 F_y 与在总切削分力作用下工艺系统在该方向所产生的变形的法向位移量 y_{xt} 之比,即

$$K_{xt} = \frac{F_y}{y_{xt}} \tag{5-25}$$

在实际加工过程中,法向切削分力与法向位移有可能相反,计算出的工艺系统刚度为负值,这对加工质量是不利的,应尽量避免。

(2) 工艺系统刚度的计算

工艺系统在某一处的法向总变形 y_{xt} 是各个组成部分在同一处法向总变形的叠加，即

$$y_{xt} = y_{jc} + y_{jj} + y_d + y_g \tag{5-26}$$

式中，y_{jc} 为机床的受力变形，mm；y_{jj} 为夹具的受力变形，mm；y_d 为刀具的受力变形，mm；y_g 为工件的受力变形，mm。

根据工艺系统刚度的定义可知，机床刚度 K_{jc}、夹具刚度 K_{jj}、刀具刚度 K_d 及工件刚度 K_g 分别为：

$$K_{jc} = \frac{F_y}{y_{jc}}, K_{jj} = \frac{F_y}{y_{jj}}, K_d = \frac{F_y}{y_d}, K_g = \frac{F_y}{y_g} \tag{5-27}$$

可得工艺系统刚度计算公式为：

$$K_{xt} = \frac{F_y}{y_{xt}} = \frac{F_y}{\frac{F_y}{K_{jc}} + \frac{F_y}{K_{jj}} + \frac{F_y}{K_d} + \frac{F_y}{K_g}} = \frac{1}{\frac{1}{K_{jc}} + \frac{1}{K_{jj}} + \frac{1}{K_d} + \frac{1}{K_g}} \tag{5-28}$$

薄弱环节刚度是主导系统刚度的，刚度很大的环节对系统刚度影响小，可以忽略。所以计算工艺系统刚度时应把握主导因素，从而对问题进行简化。例如外圆车削时，车刀本身在切削力作用下的变形对加工误差的影响很小，可略去不计；再如镗孔时，工件（如箱体零件）的刚度一般较大，其受力变形很小，也可忽略不计。因为整个工艺系统的刚度取决于薄弱环节的刚度，故而通常采用单向载荷测定法寻找工艺系统中刚度薄弱的环节，而后采取相应措施提高薄弱环节的刚度，即可明显提高整个工艺系统的刚度。

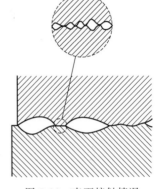

图 5-16 表面接触情况

(3) 影响工艺系统刚度的因素

① 连接表面间的接触变形　零件表面总是存在着宏观的几何形状误差和微观的表面粗糙度，所以零件之间的接触表面的实际接触面积只是理论接触面积的一小部分，并且真正处于接触状态的仅仅是这一小部分的一些凸起，如图 5-16 所示。在外力作用下，这些接触点将产生较大的接触应力，并产生接触变形，甚至可能产生局部塑性变形。实验表明，接触变形与接触表面的名义压强的关系为：

$$y = cp^m \tag{5-29}$$

式中，m、c 分别是与连接件材料、连接面粗糙度及纹理方向相关的系数。

由此可知，连接表面的接触刚度将随着法向载荷的增大而增大，并受接触表面材料、硬度、表面粗糙度、表面纹理方向及表面几何形状误差等因素的影响。

② 零件间的摩擦力影响　机床部件受力变形时，零件间连接表面会发生错动，加载时摩擦力阻碍变形的发生，卸载时摩擦力阻碍变形的恢复，故会造成加载和卸载刚度曲线不重合。

③ 部件中薄弱零件本身的变形　如果部件中存在某些刚度很低的薄弱零件，受力后这些刚度低的零件将会产生很大的变形，从而使整个部件的刚度降低。

(4) 工艺系统刚度的测定

静载测定法是一种静刚度测试方法，该方法是在机床静止状态下，对机床施加静载荷以模拟切削过程中的受力情况，根据机床各部件在不同静载荷下的变形作出刚度特性曲线，从而确定各部件的刚度。

如图 5-17 所示为一台中心高为 200mm 的车床的刀架部件刚度实测曲线。实验中进行了三次加载-卸载循环。由图可以看出机床部件的刚度曲线有以下特点：

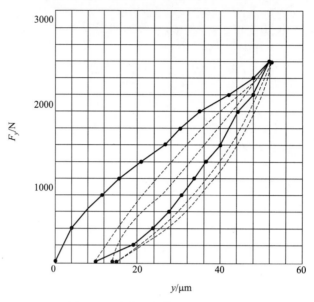

图 5-17　车床刀架静刚度测定曲线

ⅰ．变形与作用力不是线性关系，反映刀架变形不纯粹是弹性变形。

ⅱ．加载与卸载曲线不重合，卸载曲线滞后于加载曲线。两曲线间包容的面积代表了加载—卸载循环中所损失的能量，也就是消耗在克服部件内零件间的摩擦和接触塑性变形所做的功。

ⅲ．卸载后曲线不回到原点，说明有残留变形。在反复加载—卸载后，残留变形接近于零。

ⅳ．机床部件的实际刚度远比按实体估算的要小。

5.2.2.2　工艺系统受力变形对加工精度的影响

（1）切削力作用点位置变化引起的工件形状误差

切削力作用点位置变化引起的工件形状误差

在切削过程中，工艺系统的刚度随切削力的作用点位置不同而变化，因而工艺系统的受力变形也是变化的，使得加工后获得的工件表面存在形变误差。

① 机床的变形　各种不同的机床，其刚度对加工精度影响不同。以车床顶尖间加工光轴为例，假定工件短而粗，即工件的刚度很大，其受力变形可忽略不计，因而工艺系统的总变形取决于主轴箱、尾座（包括顶尖）和刀架的变形，如图 5-18(a) 所示。车刀在切削工件的不同部位时，切削力对机床有关部件施加载荷大小不同，所以主轴箱和尾座等部分受力变形不同。车刀在切削工件左端时，切削力集中作用在主轴箱上，使它变形最大；而切削工件右端时，切削力集中作用在尾座上，尾座的变形最大，刀架也有一定变形。

设工件长度为 L，当加工中车刀进给到图示位置 x 时，即车刀至主轴箱的距离为 x，在切削分力 F_y 作用下，主轴箱受作用力 F_A，相应变形量为 y_{zx}；尾座受力 F_B，相应变形量为 y_{wz}；刀架受力 F_y，相应变形量为 y_{dj}，工件轴线位移到 $A'B'$，刀具切削点在工件轴线的位移 y_x 为：

$$y_x = y_{zx} + \Delta x = y_{zx} + (y_{wz} - y_{zx})\frac{x}{L} \tag{5-30}$$

考虑刀架变形 y_{dj} 与 y_x 方向相反，所以机床变形量 y_{jc} 为：

$$y_{jc} = y_x + y_{dj} \tag{5-31}$$

已知主轴箱刚度 K_{zx}、尾座刚度 K_{wz} 及刀架刚度 K_{dj}，根据刚度定义可知各部分的变形量为：

$$y_{zx} = \frac{F_A}{K_{zx}} = \frac{F_y}{K_{zx}}\frac{L-x}{L}, \quad y_{wz} = \frac{F_B}{K_{wz}} = \frac{F_y}{K_{wz}}\frac{x}{L}, \quad y_{dj} = \frac{F_y}{K_{dj}} \tag{5-32}$$

代入上式可得

$$y_{jc} = F_y\left[\frac{1}{K_{zx}}\left(\frac{L-x}{L}\right)^2 + \frac{1}{K_{zx}}\left(\frac{x}{L}\right)^2 + \frac{1}{K_{dj}}\right] \tag{5-33}$$

这说明，随着切削力作用点位置的变化，工艺系统的变形是变化的。由此引起的加工误差也随之变化，从而使得加工出来的工件表面产生形变误差。

假设 $K_{zx} = 6 \times 10^7 \text{N/m}$，$K_{dj} = 5 \times 10^7 \text{N/m}$，$F_y = 400\text{N}$，$L = 600\text{mm}$，则沿工件长度方向上的受力变形曲线如图 5-18(b) 所示。加工所得的工件母线呈抛物线形状，因而工件形状就成为两端粗、中间细的马鞍形。

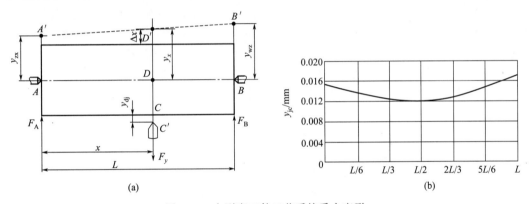

图 5-18 大刚度工件工艺系统受力变形

② 工件的变形 工件的变形对加工精度的影响需要根据具体情况进行分析，当工件、刀具形状比较简单时，其刚度可按材料力学中的有关公式进行估算。

以车床上顶尖间加工长轴为例，工件刚度很低时，机床、夹具和刀具的受力变形可略去不计，工艺系统的变形完全取决于工件的变形量大小。当加工中车刀进给到图 5-19 所示位置 x 时，工件的轴线将在切削力作用下产生弯曲。根据材料力学中的挠度计算公式，可求得工件在此切削点的变形量为：

$$y_g = \frac{F_y}{3EI}\frac{(L-x)^2 x^2}{L} \tag{5-34}$$

显然，当 $x=0$ 或 $x=L$ 时，$y_g=0$；当 $x=L/2$ 时，工件刚度最小、变形最大，即 $y_{g\max} = \frac{F_y L^3}{48EI}$。因此，加工后的工件呈鼓形。

③ 工艺系统的总变形 如果同时考虑机床变形和工件变形，将上述两种情况下的变形量进行叠加，则在切削点处刀具相对于工件的位移量为：

$$y_{xt} = y_{jc} + y_g = F_y\left[\frac{1}{K_{zx}}\left(\frac{L-x}{L}\right)^2 + \frac{1}{K_{wz}}\left(\frac{x}{L}\right)^2 + \frac{1}{K_{dj}}\right] + \frac{F_y}{3EI}\frac{(L-x)^2 x^2}{L} \tag{5-35}$$

工艺系统刚度为：

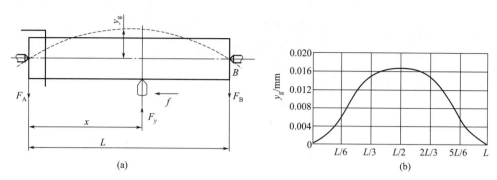

图 5-19 小刚度工件工艺系统受力变形

$$K_{xt} = \cfrac{1}{\cfrac{1}{K_{zx}}\left(\cfrac{L-x}{L}\right)^2 + \cfrac{1}{K_{wz}}\left(\cfrac{x}{L}\right)^2 + \cfrac{1}{K_{dj}} + \cfrac{1}{3EI}\cfrac{(L-x)^2 x^2}{L}} \tag{5-36}$$

这说明工艺系统的刚度也是随受力点位置变化而变化的。

（2）切削力大小变化引起的加工误差

切削力大小引起的工件形状误差

切削加工过程中，工艺系统在切削力作用下产生的变形大小取决于切削力，但在加工余量不均匀，材料硬度不均匀或机床、夹具和刀具等在不同部位时的刚度不同的影响下切削力将会发生变化，导致相应的受力变形量变化，从而使工件加工后存在相应误差，这种现象称为"误差复映"。

以车削外圆为例，如图 5-20 所示，设毛坯的材料硬度均匀，但存在椭圆形圆度误差 $\Delta_m = a_{p1} - a_{p2}$。车削加工时首先按加工表面尺寸要求将刀尖调整到细实线位置，即调整一定的切深。由于毛坯形状误差，工件在每一转中，切深是不断变化的，最大切深为 a_{p1}，最小切深为 a_{p2}，相应地，a_{p1} 处的切削力 F_{y1} 最大，相应变形 y_1 最大；a_{p2} 处的切削力 F_{y2} 最小，相应变形 y_2 也最小。因而，车削加工时的切削力变化将引起受力变形不一致。最终加工后，毛坯的椭圆形圆度误差仍以一定的比例保留在工件上，形成圆度误差 $\Delta_g = y_1 - y_2$。

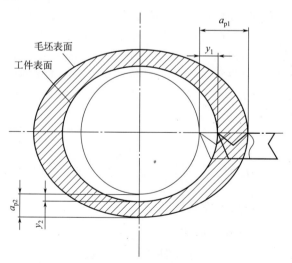

图 5-20 零件加工的误差复映

设工艺系统的刚度为 K，则工件的圆度误差

$$\Delta_g = y_1 - y_2 = \frac{F_{y1} - F_{y2}}{K} \tag{5-37}$$

由切削原理可知

$$F_y = C_{F_y} a_p^{x_{F_y}} f^{y_{F_y}} (\text{HBW})^{n_{F_y}} \tag{5-38}$$

式中，C_{F_y} 是与刀具几何参数及切削条件相关的系数；a_p 为切深，mm；f 为进给量，mm/r；HBW 为材料硬度，HB；x_{F_y}、y_{F_y}、n_{F_y} 为指数。车削加工时，$x_{F_y} \approx 1$，因此最大和最小切削力分别为：

$$F_{y1} = C_{F_y} a_{p1}^{x_{F_y}} f^{y_{F_y}} (\text{HBW})^{n_{F_y}} \tag{5-39}$$

$$F_{y2} = C_{F_y} a_{p2}^{x_{F_y}} f^{y_{F_y}} (\text{HBW})^{n_{F_y}} \tag{5-40}$$

通常以加工前后误差的比值衡量误差复映程度，并定义误差复映系数 ε 为：

$$\varepsilon = \frac{\Delta_g}{\Delta_m} = \frac{F_{y1} - F_{y2}}{K(a_{p1} - a_{p2})} = \frac{C_{F_y} f^{y_{F_y}} (\text{HBW})^{n_{F_y}}}{K} \tag{5-41}$$

由于 Δ_g 总小于 Δ_m，所以 ε 是一个小于 1 的正数。由误差复映规律知，误差复映系数定量反映了毛坯误差加工后减小的程度，因而要减小误差复映现象，可减小进给量或提高工艺系统的刚度。一般情况下，误差复映系数 ε＜1，故加工后工件的误差较加工前明显减少。

设第 1 次、第 2 次、第 3 次、…、第 n 次走刀时的误差复映系数分别为 ε_1、ε_2、ε_3、…、ε_n，则总的误差复映系数为：

$$\varepsilon = \varepsilon_1 \varepsilon_2 \varepsilon_3 \cdots \varepsilon_n \tag{5-42}$$

这说明，经多次走刀或多道工序能够减小误差复映的程度，可以降低工件的加工误差，但也意味着生产效率的降低。

（3）夹紧力、重力及惯性力引起的加工误差

工件在装夹过程中，如果工件刚度较低或夹紧力的方向和着力点选择不当，都会引起工件的变形，造成加工误差。特别是薄壁套、薄板等零件，易于产生加工误差。

以三爪自定心卡盘夹持薄壁套筒进行镗孔加工为例。假定工件是圆形，夹紧后套筒因受力变形，如图 5-21(a) 所示。虽镗出的内孔为圆形，见图 5-21(b)，但去除夹紧力后，套筒零件弹性变形恢复，使得外圆大致为圆形，而内孔将不再是圆形，如图 5-21(c) 所示。所以为了减少该加工误差，生产中常在套筒外面加装一个厚壁的开口过渡环，见图 5-21(d)，使夹紧力均匀分布在套筒上，可避免上述问题。

夹紧力和重力引起的加工误差

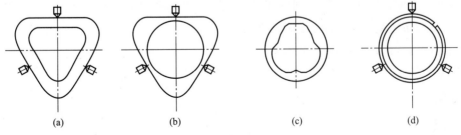

图 5-21 套筒夹紧变形误差

工艺系统的零部件自重也会产生变形，尤其是在大型工件或组合件加工时，工件自重引

起的变形可能会成为产生加工形状误差的主要原因，如龙门铣床、龙门刨床横梁在刀架自重下引起的变形将造成工件的平面度误差。所以装夹工件时，可适当布置支承位置或通过平衡措施以减少自重影响。

如果工艺系统中有不平衡的高速旋转的构件存在，就会产生离心力。它在工件的每一转中将不断地变更方向，引起工件几何轴线做相同形式的摆动。当不平衡质量的离心力大于切削力时，车床主轴轴颈和轴套内孔表面的接触点就会不断地变化，则轴套孔的圆度误差将传给工件的回转轴心。周期性变化的惯性力还会引起工艺系统的强迫振动。

5.2.2.3 工艺系统的热源

加工过程中存在的各种热源会引起工艺系统的热变形。大致分为内部热源和外部热源两大类。内部热源包括切削热和摩擦热；外部热源包括环境温度场和辐射热。

（1）切削热

在切削或磨削过程中，切削层的弹性变形、塑性变形、刀具与工件和切屑之间的摩擦机械能大多转化为切削热，形成切削过程中的主要热源。切削热将传递到机床、工件、刀具、夹具、切屑、切削液和周围介质。

车削加工时，切削热中的大部分热量被切屑带走。切削速度越高，切屑所带走热量的百分比越大。一般切屑所带走的热量占50%~80%，传给工件的热量约30%，而传给刀具的热量一般在10%以下。钻削和卧式镗孔时，因有大量切屑滞留在工件孔内，散热条件不良，因而传给工件的切削热较多。如钻孔时传给工件的热量一般在50%以上。磨削加工时，细小的磨屑带走的热量很少，且砂轮为不良导体，因而84%左右的热量将传入工件。由于磨削在短时间产生的热量大，而热源面积小，故热量相当集中，以致磨削区的温度可高达800~1000℃。

（2）摩擦热

摩擦热主要是机械和液压系统中的运动部件产生的。这些运动部件在相对运动时，会因摩擦力作用而形成摩擦热，如轴与轴承、齿轮、导轨副、摩擦离合器、电动机、液压泵、节流元件等。尽管摩擦热较切削热少，但摩擦热会导致工艺系统局部发热，引起局部升温和变形，温升的程度由于相对热源位置的不同而有所区别，即使同一个零件，其各部分的温升也可能有所不同。

（3）环境温度场

在工件加工过程中，周围环境的温度场随季节气温、昼夜温度、地基温度、空气对流等的影响而变化，从而造成工艺系统温度的变化，影响工件的加工精度，特别是加工大型精密件时影响更为明显。

（4）辐射热

在加工过程中，阳光、照明、取暖设备等都会产生辐射热，致使工艺系统产生热变形。

5.2.2.4 工艺系统受热变形对加工精度的影响

（1）工件热变形对加工精度的影响

工件热变形对加工精度的影响

加工中工件热变形的主要热源是切削热或磨削热，但对于大型零件和精密零件，外部热源的影响也不可忽视。工件的热变形情况与工件材料、工件的结构和尺寸，以及加工方法等因素有关。工件的热变形可能会造成切削深度和切削力的改变，导致工艺系统中各部件之间的相对位置改变，破坏工件与刀具之间相对运动的准确性，造成工件的加工误差。工件的热变形及其对加工精度的影响，与其受热是否均匀有关。

ⅰ．工件均匀受热而产生的变形。均匀受热是指工件的温度分布比较一致，工件的热变形也会比较均匀。一些形状简单的回转类工件（如短轴类、套类和盘类零件等），切削加工时属于均匀受热。这类工件进行内、外圆加工时，由于工作行程短，一般热变形引起的纵向形状误差可忽略不计，而这种热变形主要影响工件的尺寸精度。

ⅱ．不均匀受热而产生的变形。热源及其传递对工件受热的影响较为复杂，实际上多数情况下工件受热不均匀，其热变形也不均匀。这种热变形主要影响工件的形状和位置精度。

（2）刀具热变形对加工精度的影响

刀具的热变形也主要是由切削热引起的。传给刀具的热量虽不多，但因刀具体积小、热容量小，热量集中在切削部分，仍有相当程度的温升，从而引起刀具的热伸长并导致加工误差。如用高速钢刀车削时，刃部的温度高达700~800℃，刀具热伸长量为0.03~0.05mm。

刀具热变形对加工精度的影响

图5-22所示为车削时车刀热变形与切削时间的关系曲线。当车刀连续切削工作时，开始切削时车刀温升较快，热伸长量增长较快，随后趋于缓和并最后达到平衡状态，此时车刀变形很小。当切削停止时，刀具逐渐冷却收缩。当车刀间断切削工作时，非切削时刀具有一段短暂的冷却时间，切削时刀具继续加热，因此刀具热变形时伸长和冷却交替进行，具有热胀冷缩的双重性质，总的变形量比连续工作时要小一些。

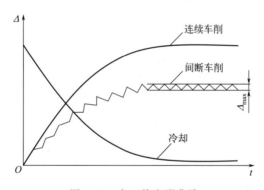

图5-22 车刀热变形曲线

加工大型零件时，刀具热变形往往造成几何形状误差，如车削长轴或立车端面时，刀具连续工作的时间较长，随着切削时间的增加，刀具逐渐伸长，造成加工后工件产生圆柱度误差或平面度误差。加工小零件时，刀具热变形对加工尺寸的影响并不显著，但会造成一批工件尺寸分散。

（3）机床热变形对加工精度的影响

机床工作时会受到内外热源的影响，但各部分热源不同且分布不均匀，加上机床的结构比较复杂，将造成机床各部件发生不同程度的热变形，从而破坏了机床的几何精度，以主轴部件、床身、导轨、立柱和工作台等部件的热变形对加工精度影响较大。

机床热变形对加工精度的影响

车、铣、镗床类机床的主要热源是主轴箱。主轴箱内的齿轮、轴承摩擦发热和箱中油池的润滑油发热等，都将导致主轴箱以及与之相连的部分（如床身或立柱）发生变形和翘曲，从而造成主轴的偏移和倾斜。尽管温升不大，但如果热变形出现在加工误差的敏感方向，则对加工精度的影响较为显著。立式铣床产生热变形后，将使铣削后工件的平面与定位基面之间出现平行度或垂直度误差。而镗床的热变形则会导致所镗内孔轴线与定位基面之间的平行度或垂直度误差。

龙门刨床、外圆磨床、导轨磨床等大型机床的主要热源是工作台运动时导轨面产生的摩擦热及环境温度。它们的床身较长，温差影响会产生较大的弯曲变形［见图 5-23（a）和（b）］，上表面温度高则床身中凸，下表面温度高则床身中凹。床身热变形是影响加工精度的主要因素。如长 12m、高 0.8m 的导轨磨床床身，若导轨面与床身底面温差 1℃时，其弯曲变形量可达 0.22mm。

平面磨床床身的热变形决定于油池安放位置及导轨副的摩擦热。油池不放在床身内时，机床运转之后，导轨上面温度高于下部，床身将出现中凸；油池放在床身底部时，会使床身产生中凹。它们都将使加工后的零件存在平面度误差。双端面磨床的冷却液喷向床身中部的顶面，使其局部受热而产生中凸变形，从而使两砂轮的端面产生倾斜，如图 5-23(c) 所示。当机床运转一段时间后传入各部件的热量与各部件散失的热量接近或相等时，各部件的温度将停止上升并达到热平衡状态，相应的热变形以及部件间的相互位置也趋于稳定。机床达到热平衡状态时的几何精度称为热态几何精度。热平衡状态前，机床的几何精度是变化不定的，其对加工精度的影响也变化不定。因此，精密加工应在机床处于热平衡之后进行。一般机床，如车床、磨床等，其运转的热平衡时间为 1～2h，大型精密机床往往超过 12h，甚至达到数十小时。

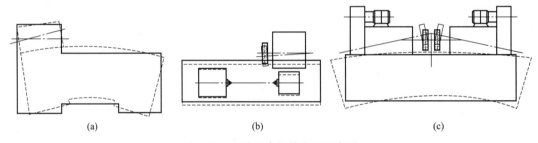

图 5-23　几种机床的热变形示意图

加工中心机床是一种高效率机床，可在不改变工件装夹的条件下，对工件进行多面和多工位的加工。加工中心机床的转速较高，内部有很大的热源，而较高的自动化程度使其散热的时间极少。但工序集中的加工方式和高加工精度并不允许有较大的热变形，所以加工中心机床上采取了很多防止和减少热变形的措施。

5.2.3　减小工艺系统受力受热变形的途径

5.2.3.1　减小受力变形对加工精度影响的措施

减小工艺系统受力变形对工件加工精度影响的主要措施是提高工艺系统的刚度，特别是提高工艺系统中刚度最为薄弱部分的刚度。一般常采用以下方法提高工艺系统刚度。

减小受力变形对加工精度影响的措施

（1）合理的结构设计

机床的床身、立柱、横梁、夹具体、镗模板等支承零件的刚度对整个工艺系统刚度影响较大，因而设计时应尽量减少连接面的数目，注意刚度的匹配，并尽可能防止有局部低刚度环节的出现。合理设计零件、刀具结构和截面形状，使其具有较高刚度。

（2）提高连接表面的接触刚度

由于零件间的接触刚度往往远低于零件的刚度，因而提高零件间的接触刚度是提高工艺系统刚度的关键。

（3）采用合理的装夹及加工方式

合理的装夹能够使夹紧力分布均匀，从而减小受力变形，如薄壁套类零件加工可采用刚性开口夹紧环，或改为端面夹紧。

加工方式对刚度也有影响。按图 5-24(a) 所示的铣削加工，加工面距夹紧面较远，加工中刀杆和工件的刚度都很差。如果将工件平放，改用端铣刀加工，加工面距夹紧面较近，则刚度会明显提高。

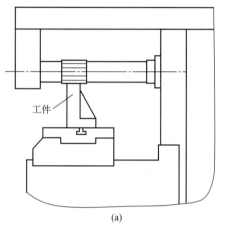 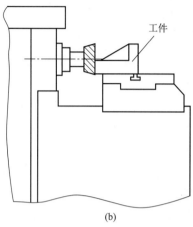

图 5-24 两种装夹方法

5.2.3.2 减小受热变形对加工精度影响的措施

综上分析，热变形主要取决于温度场的分布，但热变形分析应注意热变形的方向与加工误差敏感方向的相对位置关系，应将机床热变形尽量控制在加工误差的不敏感方向上，以减少工件的加工误差，这可以从结构和工艺两个方面采取措施。

减小热变形对加工精度影响的措施

（1）结构措施

① 采用热对称结构　机床大件的结构和布局对机床热态特性有较大影响。以加工中心机床立柱为例，单立柱结构受热将产生较大的扭曲变形，而双立柱结构由于左右对称，仅产生垂直方向的热位移，容易通过调整的方法予以补偿。

主轴箱的内部结构中，应注意传动元件（如轴、轴承及传动齿轮等）安放的对称性，使箱壁温度分布及变化均匀，从而减少箱体的变形。

② 采用热补偿及冷却结构　热补偿结构可以均衡机床的温度场，使机床产生的热变形均匀，从而不影响工件的形状精度。例如 M7150A 型平面磨床的床身较长，当油箱独立于主机布置时，床身上部温度高于下部温度，产生较大的热变形。可采取回油补偿的方法均衡温度场，如图 5-25 所示。在床身下部配置热补偿油沟，使一部分带有余热的回油经热补偿油沟后送回油池。采取这些措施后，床身上下部温差降至 1～2℃，从而使热变形明显减少。

对于不能分离的、发热量大的热源，如主轴轴承、丝杠螺母副、高速运动的导轨副等则可以从结构、润滑等方面改善其摩擦特性，或采用强制式的风冷、水冷等散热措施；对机床、刀具和工件的发热部位采取充分冷却措施，控制温升以减小变形。

③ 分离热源　将可能从机床分离的热源进行独立布置，电动机、变速箱、液压系统、冷却系统等均应移出，使之成为独立单元。发热部件和机床大件（如床身、立柱等）采用

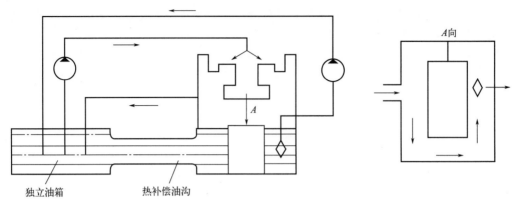

图 5-25 M1750A 型磨床的热补偿油沟

隔热材料，相互隔离。

（2）工艺措施

① 合理安排工艺过程　当粗、精加工时间间隔较短时，粗加工的热变形将影响到精加工，工件冷却后将产生加工误差。因此，为避免粗加工时的热变形对加工精度的影响，在安排工艺过程时，应将粗、精加工分开，并保证工件粗加工后有一定的冷却时间，既可保证加工精度，又可满足较高的切削生产要求。在单件小批生产中，粗、精加工在同一道工序进行，则粗加工后应停机一段时间使工艺系统冷却，同时还应将工件松开，待精加工时再重新夹紧。

② 保持或加速工艺系统的热平衡　在精密加工之前，应让机床先空转一段时间，等达到热平衡状态后再进行加工，从而保证加工精度。对于精密机床特别是大型机床，可在加工前进行高速空转预热，或在机床的适当部位设置可控制热源，使机床较快地达到热平衡状态，然后进行加工。加工一些精密零件时，间断时间内不要停车，以避免破坏热平衡。

③ 控制环境温度　精加工机床应避免日光直接照射，精密机床应安装在恒温车间内。

5.3　提高加工精度的途径和措施

5.3.1　误差预防技术

（1）合理采用先进工艺与设备

合理采用先进工艺与设备是保证加工精度的最基本方法。因此，在制定零件加工工艺规程时，应对零件每道加工工序的能力进行精确评价，并尽可能合理采用先进的工艺和设备，使每道工序都具备足够的工序能力。

（2）直接减少原始误差

直接减少原始误差也是生产中应用较广的一种基本方法。它是在查明影响加工精度的主要原始误差因素之后，设法对其直接进行消除或减少。例如加工细长轴时，因工件刚度极差，容易产生弯曲变形和振动，严重影响加工精度。为了减少因背向力使工件弯曲变形所产生的加工误差，可采取下列措施：采用反向进给的切削方式，如图 5-26 所示，进给方向由卡盘一端指向尾座，使 F_f 力对工件起拉伸作用，同时将尾座改用可伸缩的弹性顶尖，就不会因 F_f 和热应力而压弯工件；采用大进给量和较大主偏角的车刀，增大 F_f 力，工件在强有力的拉伸作用下，具有抑制振动的作用，能使切削平稳。

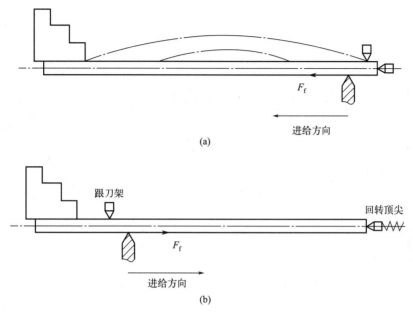

图 5-26　不同进给方向加工细长轴的比较

（3）转移原始误差

误差转移法是把影响加工精度的原始误差转移到不影响（或少影响）加工精度的方向或其他零部件上去。如图 5-27 所示就是利用转移误差的方法转移转塔车床刀架转位误差的例子。转塔车床的转塔刀架在工作时须经常旋转，因此要长期保持它的转位精度是比较困难的。假如转塔刀架上外圆车刀的切削基面也像卧式车床那样在水平面内，如图 5-27（a）所示，那么转塔刀架的转位误差处在误差敏感方向，将严重影响加工精度。因此生产中都采用"立刀"安装法，把切削刃的切削基面放在垂直平面内，如图 5-27（b）所示，这样就把刀架的转位误差转移到了误差的不敏感方向，由刀架转位误差引起的加工误差也就减少到可以忽略不计的程度。

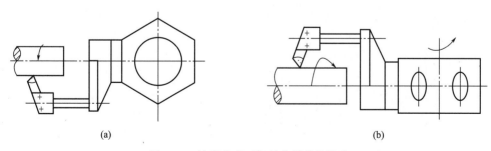

图 5-27　转塔车床刀架转位误差的转移

又如，在成批生产中，用镗模加工箱体孔系的方法，也就是把机床的主轴回转误差、导轨误差等原始误差转移掉，工件的加工精度完全靠镗模和镗杆的精度来保证。由于镗模的结构远比整台机床简单，精度容易达到，故在实际生产中得到广泛的应用。

(4) 均分原始误差

生产中会遇到这样的情况：本工序的加工精度是稳定的，但由于毛坯或上工序加工的半成品精度发生了变化，故引起了很大的定位误差或误差复映，因而造成本工序的加工超差。解决这类问题最好采用分组调整（即均分误差）的方法：把毛坯按误差大小分为 n 组，每组毛坯的误差就缩小为原来的 $1/n$；然后按各组分别调整刀具与工件的相对位置，或选用合适的定位元件，就可大大缩小整批工件的尺寸分散范围。这个办法比起提高毛坯精度或上工序加工精度往往要简便易行。

(5) 均化原始误差

加工过程中，机床、刀具（磨具）等的误差总是要传递给工件的。机床和刀具的某些误差（如导轨的直线度、机床传动链的传动误差等）只是根据局部地方的最大误差值来判定的。利用有密切联系的表面之间的相互比较、相互修正，或者利用互为基准进行加工，就能让这些局部较大的误差比较均匀地影响到整个加工表面，使传递到工件表面的加工误差较为均匀，因而工件的加工精度也就相应地大为提高。

例如，研磨时，研具的精度并不很高，分布在研具上的磨料粒度大小也可能不一样，但由于研磨时工件和研具间有复杂的相对运动轨迹，使工件上各点均有机会与研具的各点相互接触并受到均匀的微量切削，同时工件和研具相互修整，精度也逐步共同提高，进一步使误差均化，因此就可获得精度高于研具原始精度的加工表面。

用易位法加工精密分度蜗轮是均化原始误差法的又一典型实例。影响被加工蜗轮精度中很关键的一个因素就是机床母蜗轮的累积误差，它直接反映为工件的累积误差。所谓易位法，就是在工件切削一次后，将工件相对于机床母蜗轮转动一个角度，再切削一次，使加工中所产生的累积误差重新分布一次，如图 5-28 所示。曲线 l_1 为第一次切削后工件的累积误差曲线。经过易位，工件相对于机床母蜗轮转动一个角度 ϕ 后再切削一次，产生的误差就变为另一条曲线 l_2。l_1 和 l_2 的形状应该是一样的（近似于正弦曲线），只是在位置上相差一个相位角。由于 l_2 曲线中误差最大部分落在没有余量可切的地方，而 l_1 曲线中误差最大的一部分却在第二次切削时被切掉了（切去的部分用阴影表示），所以第二次切削后工件的误差曲线就如图 5-28 中的粗线所示，误差由此得到了均化。易位法的关键在于转动工件时必须保证角内包含着整数的齿，因为在第二次切削中只许修切去由误差本身造成的很小余量，不允许由于易位不准确而带来新的切削余量。理论上，易位角越小，即易位次数越多，则被加工蜗轮的误差也就越小。但由于受易位时转位精度和滚刀刃最小切削厚度的限制，易位角太小也不一定好，一般可易位三次，第一次 180°，第二次再易位 90°（相对于原始状态易位了 270°），第三次再易位 180°（相对于原始状态易位 90°）。

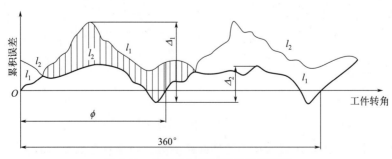

图 5-28 易位法加工时误差均化过程

(6) 就地加工法

在机械加工和装配中，有些精度问题牵涉到很多零部件的相互关系，如果单纯依靠提高零部件的精度来满足设计要求，很困难，甚至根本不可能。而采用就地加工法可以解决这种难题。例如，在转塔车床制造中，转塔上六个安装刀架的大孔轴线必须保证与机床主轴回转轴线重合，各大孔的端面又必须与主轴回转轴线垂直。如果把转塔作为单独零件加工出这些表面，那么在装配后要达到上述两项要求是很困难的。采用就地加工方法，把转塔装配到转塔车床上后，在车床主轴上装镗杆和径向进给小刀架来进行最终精加工，就很容易保证上述两项精度要求。

就地加工法的要点是，要保证部件间有什么样的位置关系，就在这样的位置关系上利用一个部件装上刀具去加工另一个部件。

这种"自干自"的加工方法，在生产中应用很多。如牛头刨床、龙门刨床，为了使它们的工作台面分别对滑枕和横梁保持平行的位置关系，都是在装配后在自身机床上进行"自刨自"的精加工。平面磨床的工作台面也是在装配后做"自磨自"的最终加工。

5.3.2 误差补偿技术

(1) 在线检测

在线检测方法是在加工中随时测量出工件的实际尺寸（形状、位置精度），随时给刀具以附加的补偿量，以控制刀具和工件间的相对位置。这样，工件尺寸的变动范围始终在自动控制之中。现代机械加工中的在线测量和在线补偿就属于这种形式。

(2) 偶件自动配磨

偶件自动配磨方法是将互配件中的一个零件作为基准，去控制另一个零件的加工精度。在加工过程中自动测量工件的实际尺寸，和基准件的尺寸比较，直至达到规定的差值时机床就自动停止加工，从而保证精密偶件间要求很高的配合间隙。柴油机高压油泵柱塞的自动配磨采用的就是这种形式的积极控制。

(3) 积极控制起决定作用的误差因素

在某些复杂精密零件的加工中，当无法对主要精度参数直接进行在线测量和控制时，就应该设法控制起决定作用的误差因素，并把它掌握在很小的变动范围以内。精密螺纹磨床的自动恒温控制就是这种控制方式的一个典型例子。

高精度精密丝杠加工的关键问题是机床的传动链精度，而机床母丝杠的精度更是关系重大。其原因是：机床的运转必然产生温升，螺纹磨床的母丝杠装在机床内部，很容易积聚热量，产生相当大的热变形。例如，S7450 大型精密螺纹磨床的母丝杠螺纹部分长 5~86m，温度每变化1℃，母丝杠长度就要变化 $70\mu m$；被加工丝杠因磨削热而产生的热变形比车削要严重得多，一般在精磨时，1m 长的丝杠每磨一次其温度就要升高 3℃，约伸长 $36\mu m$，3m 长的丝杠则伸长 $108\mu m$。由于母丝杠和工件丝杠的温升不同，相对的长度变化也不同，这就使操作者无法掌握加工精度。

加工中直接测量和控制工件螺距累积误差是不可能的。采用校正尺的方法来补偿母丝杠的热伸长，只能消除常值系统误差，即只能补偿母丝杠和工件丝杠间温差的恒值部分，不能补偿各自温度变化而产生的变值部分。尤其是现在对精密丝杠的要求越来越高，丝杠的长度也越做越长，利用校正尺补偿已不能满足加工精度要求。因此应设法控制影响工件螺距累积误差的主要误差因素——加工过程中母丝杠和工件丝杠的温度变化。具体方法如下：

ⅰ. 母丝杠采用空心结构，通入恒温油使母丝杠恒温。从图 5-29 可以看出，油液从丝杠右端经中心管送入，然后从丝杠左端流出中心管，并沿着母丝杠的内壁流回右端，再回到油池。油液在母丝杠内一来一回，可使母丝杠的温度分布十分均匀。

ⅱ. 为了保证工件丝杠温度也相应地得到稳定，一方面采用淋浴的方法使工件恒温，另一方面在砂轮的磨削区域用低于室温的油液做局部冷却，带走磨削所产生的热量。

ⅲ. 用泵将已经冷冻机降温的油液从油池内抽出，并经自动温度控制系统使油液的温度达到给定值后再送入母丝杠和工件淋浴管道内，达到恒温的目的。

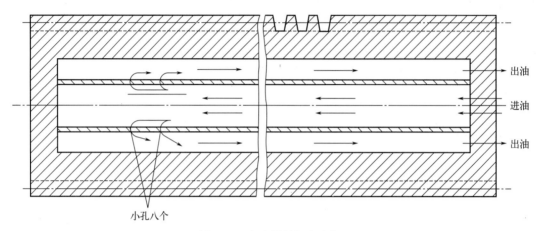

图 5-29　空心母丝杠内冷却

5.4　机械加工表面质量

5.4.1　加工表面质量的概念

加工表面质量包括两个方面的内容：加工表面的几何形貌和表面层材料的力学物理性能和化学性能。

(1) 加工表面的几何形貌

加工表面的几何形貌，是由加工过程中刀具与被加工工件的相对运动在加工表面上残留的切痕、摩擦、切屑分离时的塑性变形以及加工系统的振动等因素的作用，在工件表面上留下的表面结构。

加工表面的几何形貌（表面结构）包括表面粗糙度、表面波纹度、纹理方向和表面缺陷等四个方面的内容。

① 表面粗糙度　表面粗糙度轮廓是加工表面的微观几何轮廓，其波长与波高比值一般小于 50。

② 波纹度　加工表面上波长与波高的比值等于 50～1000 的几何轮廓称为波纹度，它是由机械加工中的振动引起的。加工表面上波长与波高比值大于 1000 的几何轮廓，称为宏观几何轮廓。它属于加工精度范畴，不在本节讨论之列。

③ 纹理方向　纹理方向是指表面刀纹的方向，它取决于表面形成过程中所采用的加工方法。图 5-30 给出了各种纹理方向及其符号标注。

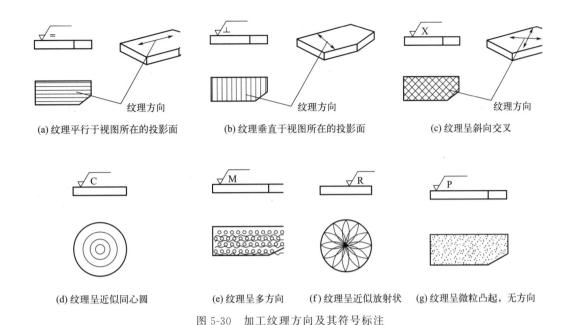

图 5-30 加工纹理方向及其符号标注

④ 表面缺陷 加工表面上出现的缺陷，如砂眼、气孔、裂痕等。

（2）表层金属的力学物理性能和化学性能

① 表层金属的冷作硬化 表层金属硬度的变化用硬化程度和硬化层深度两个指标来衡量。在机械加工过程中，工件表层金属都会有一定程度的冷作硬化，使表层金属的显微硬度有所提高。一般情况下，硬化层的深度可达 0.05～0.30mm；若采用滚压加工，深度可达几毫米。

表面强化工艺

② 表层金属的金相组织变化 机械加工过程中，由于切削热的作用会引起表层金属的金相组织发生变化。在磨削淬火钢时，由于磨削热的影响会引起淬火钢马氏体的分解，或出现回火组织等。

③ 表层金属的残余应力 由于切削力和切削热的综合作用，表层金属晶格会发生不同程度的塑性变形或产生金相组织的变化，使表层金属产生残余应力。

表面金属的
金相组织变化

5.4.2 加工表面质量对零件使用性能的影响

5.4.2.1 表面质量对耐磨性的影响

（1）表面粗糙度、波纹度对耐磨性的影响

由于零件表面存在微观不平度和波纹度，当两个零件表面相互接触时，实际上有效接触面积只是名义接触面积的一小部分，表面波纹度越大，表面粗糙度值越大，有效接触面积就越小。在两个零件做相对运动时，开始阶段由于接触面积小，压强大，在接触点的凸峰处会产生弹性变形、塑性变形及剪切等现象，这样凸峰很快就会被磨掉。被磨掉的金属微粒落在相配合的摩擦表面之间，会加速磨损过程。即使是有润滑液存在的情况下，也会因为接触点处压强过大，破坏油膜，形成干摩擦。零件表面在起始磨损阶段的磨损速度很快，起始磨损量较大（图 5-31）；随着磨损的发展，有效接触面积不断

表面金属的
残余应力

加工表面对零件
使用性能的影响

增大，压强也逐渐减小，磨损将以较慢的速度进行，进入正常磨损阶段；在这之后，由于有效接触面积越来越大，零件间的金属分子亲和力增加，表面的机械咬合作用增大，使零件表面又产生急剧磨损而进入快速磨损阶段，此时零件将不能继续使用。

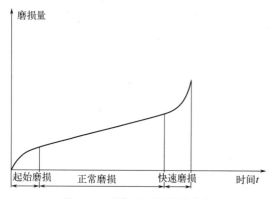

图 5-31　零件表面的磨损曲线

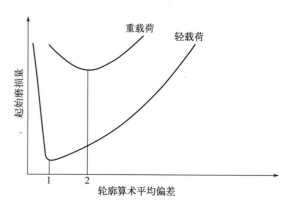

图 5-32　表面粗糙度值与起始磨损量的关系

表面粗糙度对零件表面磨损的影响很大。一般来说，表面粗糙度值越小，其耐磨性越好，但是表面粗糙度值太小，因接触面容易发生分子黏接，且润滑液不易储存，磨损反而增加。因此，就磨损而言，存在一个最优表面粗糙度值。表面粗糙度的最优值与零件工况有关，图 5-32 给出了不同工况下表面粗糙度值与起始磨损量的关系曲线。载荷加大时，起始磨损量增大，表面粗糙度最优值也随之加大。

（2）表面纹理对耐磨性的影响

表面纹理的形状及刀纹方向对耐磨性也有一定影响，其原因在于纹理形状及刀纹方向将影响有效接触面积与润滑液的存留。一般来说，圆弧状、凹坑状表面纹理的耐磨性好；尖峰状的表面纹理由于摩擦副接触面压强大，耐磨性较差。在运动副中，两相对运动零件表面的刀纹方向均与运动方向相同时，耐磨性较好；两者的刀纹方向均与运动垂直时，耐磨性最差；其余情况居于上述两种状态之间。但在重载工况下，由于压强、分子亲和力及润滑液储存等因素的变化，耐磨性规律可能会有所不同。

（3）冷作硬化对耐磨性的影响

加工表面的冷作硬化，一般都能使耐磨性有所提高。其主要原因是冷作硬化使表层金属的纤维硬度提高、塑性降低，减少了摩擦副接触部分的弹性变形和塑性变形，故可减少磨损。但并不是说冷作硬化程度越高，耐磨性也越高。当冷作硬化硬度达 380HBW 左右时，耐磨性最佳；如进一步加强冷作硬化，耐磨性反而降低，这是因为过度的硬化将引起金属组织疏松，在相对运动中可能会产生金属剥落，在接触面间形成小颗粒，这会加速零件的磨损。

5.4.2.2　表面质量对疲劳强度的影响

（1）表面粗糙度对疲劳强度的影响

表面粗糙度对承受交变载荷零件的疲劳强度影响很大。在交变载荷作用下，表面粗糙度的凹谷部位容易引起应力集中，产生疲劳裂纹。表面粗糙度值越小，表面缺陷越少，工件疲劳强度越好；反之，加工表面越粗糙，表面的纹痕越深，纹底半径越小，其抵抗疲劳破坏的能力越差。

表面粗糙度对疲劳强度的影响还与材料对应力集中的敏感程度和材料的强度极限有关。

钢材对应力集中最为敏感，钢材的强度越高，对应力集中的敏感程度就越大，而铸铁和非铁金属对应力集中的敏感性相对较弱。

(2) 表层金属的力学物理性质对疲劳强度的影响

表层金属的冷作硬化能够阻止疲劳裂纹的生长，可提高零件的疲劳强度。在实际加工中，加工表面在发生冷作硬化的同时，必然伴随着残余应力的产生。残余应力有拉应力和压应力之分，拉伸残余应力将使疲劳强度下降，而压缩残余应力可使疲劳强度提高。

5.4.2.3 表面质量对耐蚀性的影响

(1) 表面粗糙度对耐蚀性的影响

零件的耐蚀性在很大程度上取决于表面粗糙度。大气里所含气体和液体与金属表面接触时，会凝聚在金属表面上使金属腐蚀。表面粗糙度值越大，加工表面与气体、液体接触的面积越大，腐蚀物质越容易沉积于凹坑中，耐蚀性能就越差。

(2) 表层金属力学物理性质对耐蚀性的影响

当零件表面层有残余压应力时，能够阻止表面裂纹的进一步扩大，有利于提高零件表面抵抗腐蚀的能力。

5.4.2.4 表面质量对零件配合质量的影响

加工表面如果太粗糙，必然影响配合表面的配合质量。对于间隙配合表面，起始磨损的影响最为显著。零件配合表面的起始磨损量与表面粗糙度的平均高度成正比增加，原有间隙将因急剧的起始磨损而改变，表面粗糙度值越大，变化量就越大，从而影响配合的稳定性。对于过盈配合表面，表面粗糙度值越大，两表面相配合时表面凸峰易被挤掉，这会使过盈量减少。对于过渡配合表面，则兼有上述两种配合的影响。

5.5 影响表面质量的主要因素

影响加工表面质量的工艺因素主要有几何因素和物理因素两个方面。不同的加工方式，影响加工表面质量的工艺因素各不相同。

5.5.1 切削加工表面的表面粗糙度

切削加工表面的表面粗糙度值主要取决于切削残留面积的高度。影响切削残留面积高度的因素主要包括刀尖圆弧半径 γ_ε、主偏角 κ_r、副偏角 κ_r'，及进给量 f 等。

图 5-33 给出了车削、刨削时残留面积高度的计算示意图。图 5-33(a) 是用尖刀切削的情况，切削残留面积的高度为：

$$H = \frac{f}{\cot\kappa_r + \cot\kappa_r'} \tag{5-43}$$

图 5-33(b) 是用圆弧切削刃切削的情况，切削残留面积的高度为 $H = \frac{f}{2}\tan\frac{\alpha}{4} =$

$\frac{f}{2}\sqrt{\frac{1-\cos\left(\frac{\alpha}{2}\right)}{1+\cos\left(\frac{\alpha}{2}\right)}}$，式中 α 为两相邻圆弧形刀痕交点到圆弧中心的包心角。由图可知，$\cos\frac{\alpha}{2} =$

$\dfrac{\gamma_\varepsilon - H}{\gamma_\varepsilon} = 1 - \dfrac{H}{\gamma_\varepsilon}$，将它代入上式，略去二次微小量，整理得

$$H \approx \dfrac{f^2}{8r_\varepsilon} \tag{5-44}$$

从式(5-43)和式(5-44)可知，进给量 f 和刀尖圆弧半径 r_ε 对切削加工表面的表面粗糙度的影响比较明显。切削加工时，选择较小的进给量 f 和较大的刀尖圆弧半径 γ_ε 将会使表面粗糙度得到改善。

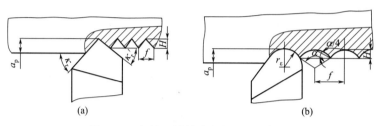

图 5-33　车削、刨削时残留面积的高度

切削加工后表面粗糙度的实际轮廓形状，一般都与纯几何因素所形成的理论轮廓有较大的差别，这是由于切削加工中有塑性变形发生。

加工弹塑性材料时，当切削速度 v 为 20～50m/min 时，表面粗糙度值最大，因为此时常容易出现积屑瘤，使加工表面质量严重恶化；当切削速度超过 100m/min 时，表面粗糙度值下降，并趋于稳定。在实际切削时，选择低速、宽刀精切和高速精切，往往可以得到较小的表面粗糙度值。

加工脆性材料，切削速度对表面粗糙度的影响不大。一般来说，切削脆性材料比切削弹塑性材料更容易达到表面粗糙度的要求。对于同样的材料，金相组织越是粗大，切削加工后的表面粗糙度值也越大。为减小切削加工后的表面粗糙度值，常在精加工前进行调质等处理，目的在于得到均匀细密的晶粒组织和较高的硬度。

此外，合理选择切削液，适当增大刀具的前角，提高刀具的刃磨质量等，均能有效地减小表面粗糙度值。

5.5.2　高速铣削和磨削加工后的表面粗糙度

5.5.2.1　高速铣削表面粗糙度

（1）高速铣削概述

高速铣削是以高铣削速度、高进给速度和高加工精度为主要特征的加工技术，具有综合效益高、对市场响应速度快的能力。在进行高速铣削加工时，选取较高转速、低进给速度对提高表面质量是有利的，但同时也要综合考虑刀具磨损、刀具寿命的大小。主轴转速高，表面粗糙度值小，刀具磨损快；转速一定，进给速度高，表面粗糙度值大，刀具容易崩刃，但切削速度高；而进给速度较低时，粗糙度值小，但刀具磨损加剧。在实际生产中，两值的匹配关系需要进行大量的铣削实验，对不同材料、不同刀具、不同切削用量、不同零件的精度要求以及不同工况系统都要进行"试切"。

磨削加工表面的表面粗糙度

（2）提高表面粗糙度的措施

从提高表面质量、合理选择切削用量的角度出发，常用方法就是提高主

轴转速、降低进给速度、减小刀间距。但铣削系统是复杂的，不能顾此失彼，还应兼顾刀具寿命等条件。一般来讲，如果粗糙度超差，在保证刀具没有磨损的情况下，首先调整工艺规程，增加一道或多道光整加工工序；其次是改变刀具路径。有以下途径可以提高铣削表面粗糙度：

ⅰ．尽可能减小刀具的悬伸量，减小切削过程中的振动；在加工曲面时，改变刀杆相对工件的位置，将刀杆轴线沿工件法向布置，使刀具受力均匀。有些资料建议刀杆相对工件法向偏斜 10°～20°为最佳。

ⅱ．合理匹配进给速度与主轴转速的值，但这是一项很复杂的工作，仅仅靠解析计算不能得出实用的数据，实际生产中，迫切需要建立高速切削数据库来实现切削参数的优选，以减少生产中大量的试切工作。

ⅲ．减小刀间距，减小表面粗糙度值，会影响加工效率，需要测算减小刀间距后的表面质量提高程度对经济效益的影响。

ⅳ．增加一道或多道高速切削光整加工工序，以减轻工人抛光的劳动强度。

ⅴ．增加切削系统（机床、夹具、工件、刀具）的刚性，减小振动的影响。

5.5.2.2 几何因素对磨削加工的影响

磨削表面是由砂轮上的大量磨粒刻划出的无数极细的沟槽形成的。单纯从几何因素考虑，可以认为在单位面积上的刻痕越多，即通过单位面积的磨粒数越多，刻痕的等高性越好，则磨削表面的表面粗糙度值越小。

(1) 磨削用量对表面粗糙度的影响

砂轮的速度越高，单位时间内通过被磨表面的磨粒数就越多，因而工件表面的表面粗糙度值就越小。

工件速度对表面粗糙度的影响刚好与砂轮速度的影响相反，增大工件速度时，单位时间内通过被磨表面的磨粒数减少，表面粗糙度值将增大。

砂轮的纵向进给减少，工件表面的每个部位被砂轮重复磨削的次数增加，被磨表面的表面粗糙度值将减小。

(2) 砂轮粒度和砂轮修整对表面粗糙度的影响

砂轮的粒度不仅表示磨粒的大小而且还表示磨粒之间的距离。表 5-5 列出了 5 号组织、不同粒度砂轮的磨粒尺寸和磨粒之间的距离。

表 5-5 磨粒尺寸和磨粒之间的距离

砂轮粒度	磨粒的尺寸范围/μm	磨粒间的平均距离/μm
F36	500～600	0.475
F46	355～425	0.369
F60	250～300	0.255
F80	180～212	0.228

磨削金属时，参与磨削的每一颗磨粒都会在加工表面上刻出跟它的大小和形状相同的一道小沟。在相同的磨削条件下，砂轮的粒度号数越大，参加磨削的磨粒越多，表面粗糙度值就越小。

修整砂轮的纵向进给量对磨削表面的表面粗糙度影响甚大。用金刚石修整砂轮时，金刚石在砂轮外缘打出一道螺旋槽，其螺距等于砂轮每转一转时金刚石笔在纵向的移动量。砂轮表面的不平整在磨削时将被复映到被加工表面上。修整砂轮时，金刚石笔的纵向进给量越小，砂轮表面磨粒的等高性越好，被磨工件的表面粗糙度值就越小。表面粗糙度值磨削的实践表明，修整砂轮时，砂轮每转一转金刚石笔的纵向进给量如能减少到 0.01mm，磨削表面粗糙度 Ra 值就可达 $0.1 \sim 0.2\mu m$。

5.5.2.3 物理因素的影响——表层金属的塑性变形

砂轮的磨削速度远比一般切削加工的速度高得多，且磨粒大多为负前角，磨削时磨轮单位面积施加给工件的压力大，磨削区温度很高，工件表面温度有时可达 900℃，工件表面金属容易产生相变而烧伤。因此，磨削过程的塑性变形要比一般切削过程大得多。

由于塑性变形的缘故，被磨表面的几何形状与单纯根据几何因素所得到的原始形状大不相同。在力因素和热因素的综合作用下，被磨工件表面金属的晶粒在横向上被拉长了，有时还产生细微的裂口和局部的金属堆积现象。影响磨削表层金属塑性变形的因素，往往是影响表面粗糙度的决定性因素。

（1）磨削用量

采用 GD60ZR2A 砂轮磨削 30CrMnSiA 材料时，磨削用量对表面粗糙度的影响规律如下：

ⅰ．砂轮速度越高，工件材料来不及变形，表层金属的塑性变形减小，磨削表面的表面粗糙度值将明显减小。

ⅱ．工件速度增加，塑性变形增加，表面粗糙度值将增大。

ⅲ．背吃刀量对表层金属塑性变形的影响很大。增大背吃刀量，塑性变形将随之增大，被磨表面的表面粗糙度值会增大。

（2）砂轮的选择

砂轮的粒度、硬度、组织和材料不同，都会对被磨工件表层金属的塑性变形产生影响，进而影响表面粗糙度。

单纯从几何因素考虑，砂轮粒度越细，磨削的表面粗糙度值越小。但磨粒太细时，不仅砂轮易被磨屑堵塞，若导热情况不好，反而会在加工表面产生烧伤等现象，使表面粗糙度值增大。砂轮粒度常取 F46～F60 号。

砂轮的硬度是指磨粒在磨削力作用下从砂轮上脱落的难易程度。砂轮选得太硬，磨粒不易脱落，磨钝了的磨粒不能及时被新磨粒替代，使表面粗糙度值增大；砂轮选得太软，磨粒易脱落，磨削作用减弱，也会使表面粗糙度值增大。通常选用中软砂轮。

砂轮的组织是指磨粒、结合剂和气孔的比例关系。紧密组织中磨粒所占比例大、气孔小，在成形磨削和精密磨削时，能获得高精度和较小的表面粗糙度值；疏松组织的砂轮不易堵塞，适于磨削软金属、非金属软材料和热敏性材料（磁钢、不锈钢、耐热钢等），可获得较小的表面粗糙度值。一般情况下，应选用中等组织的砂轮。

砂轮材料的选择也很重要。砂轮材料选择适当，可获得满意的表面粗糙度。氧化物（刚玉）砂轮适于磨削钢类零件；碳化物（碳化硅、碳化硼）砂轮适于磨削铸铁、硬质合金等材料；用高硬材料（人造金刚石、立方氮化硼）砂轮磨削可获得极小的表面粗糙度值，但加工成本高。

此外，磨削液的作用也十分重要。对于磨削加工来说，由于磨削温度很高，热因素的影响往往占主导地位。必须采取切实可行的措施，将磨削液送入磨削区。

5.5.3 表面粗糙度和表面微观组织的测量

5.5.3.1 表面粗糙度的测量

表面粗糙度轮廓的测量方法主要有比较法、触针法、光切法和干涉法等。

（1）比较法

比较法是将被测表面与表面粗糙度样块进行对照，以确定被测表面的表面粗糙度等级。表面粗糙度样块的材料和加工纹理方向应尽可能与被测表面一致。

表面粗糙度和表面微观形貌的测量

这种测量方法较为简便，适于在生产现场使用，但其评定的准确性在很大程度上取决于检测人员的经验，一般只用于测量表面粗糙度值较大的工件表面。

（2）触针法

触针法又称为针描法。图 5-34 所示为触针法工作原理框图。测量时让触针与被测表面接触，当触针在驱动器驱动下沿被测表面轮廓移动时，由于表面轮廓凹凸不平，触针便在垂直于被测表面轮廓的方向上做垂直起伏运动，该运动通过传感器转换为电信号，经放大和处理后，即可由显示器显示表面轮廓评定参数值，也可通过记录仪器输出表面轮廓图形。

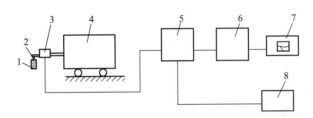

图 5-34　触针法工作原理框图

1—被测工件；2—触针；3—传感器；4—驱动器；5—放大器；
6—处理器；7—显示器；8—记录仪器

用触针法检测被测表面轮廓参数属于接触式测量，其检测精度受触针针尖圆角半径、触针对被测表面轮廓的作用力以及传感信号随触针移动的非线性等因素的影响。它适于检测表面粗糙度 Ra 值为 $0.02\sim 5\mu m$ 的轮廓。

（3）光切法

光切法是利用光切原理测量表面粗糙度轮廓的方法。双管显微镜就是运用光切原理制成的测量仪，被测零件安放在带 V 形块的工作台上，转动纵向和横向千分尺，即可使工作台左右和前后运动。

（4）干涉法

干涉法用光波干涉原理测量表面粗糙度。常用仪器是干涉显微镜，适于测量 Rz 值为 $0.05\sim 0.8\mu m$ 的光滑表面。

5.5.3.2 表面三维微观形貌的测量

测量表面三维微观形貌有两种不同的方法：一种是分段组装测量方法，其要点是先分段采集若干平行截面的表面轮廓信号，然后再运用信号处理的方法将所采集到的表面轮廓曲线按原采集顺序组合在一起，最终得到所测表面的三维表面形貌；另一种是整体（区域）测量方法，可直接测得加工表面某一区域的三维形貌。

5.6 机械加工中的振动

机械加工过程中产生的振动，是一种十分有害的现象。如果加工中产生了振动，刀具与工件间的相对位移会使加工表面产生波纹，将严重影响零件的表面质量和使用性能；工艺系统将持续承受动态交变载荷的作用，刀具极易磨损（甚至崩刃），机床连接特性受到破坏，严重时甚至使切削加工无法继续进行；振动中产生的噪声还将危害操作者的身体健康。为了减少振动，有时不得不减小切削用量，使机床加工的生产效率降低。学习这一节的目的在于了解机械加工振动的产生机理，掌握控制振动的途径，以减小机械加工中的振动。

机械加工中产生的振动主要有强迫振动和自激振动（颤振）两种类型。

5.6.1 机械加工中的强迫振动

机械加工中的强迫振动是由于外界（相对于切削过程而言）周期性干扰力的作用而引起的振动。

（1）强迫振动产生的原因

强迫振动的振源有来自机床内部的，称为机内振源；也有来自机床外部的，称为机外振源。

机外振源甚多，但它们都是通过地基传给机床的，可以通过加设隔振地基加以消除。

机内振源主要有机床旋转件的不平衡、机床传动机构的缺陷、往复运动部件的惯性力以及切削过程中的冲击等。

机床中各种旋转零件（如电动机转子、联轴器、带轮、离合器、轴、齿轮、卡盘、砂轮等）由于形状不对称、材质不均匀或加工误差、装配误差等原因，难免会有偏心质量产生。偏心质量引起的离心惯性力与旋转零件的转速的平方成正比，转速越高，产生周期性干扰力的幅值就越大。

齿轮制造不精确或有安装误差会产生周期性干扰力。带传动中平带接头连接不良、V带的厚度不均匀、轴承滚动体大小不一、链传动中由于链条运动的不均匀性等机床传动机构的缺陷所产生的动载荷都会引起强迫振动。

油泵排出的压力油，其流量和压力都是脉动的。由于液体压差及油液中混入空气而产生的空穴现象，会使机床加工系统产生振动。

在铣削、拉削加工中，刀齿在切入工件或从工件中切出时，都会有很大的冲击发生。加工断续表面也会发生由于周期性冲击而引起的强迫振动。

在具有往复运动部件的机床中，最强烈的振源往往就是往复运动部件改变运动方向时所产生的惯性冲击。

（2）强迫振动的特征

机械加工中的强迫振动与一般机械振动中的强迫振动没有本质上的区别。

在机械加工中产生的强迫振动，其振动频率与干扰力的频率相同，或是干扰力频率的整数倍。此种频率对应关系是诊断机械加工中所产生的振动是否为强迫振动的主要依据，并可利用上述频率特征分析和查找强迫振动的振源。

强迫振动的幅值既与干扰力的幅值有关，又与工艺系统的动态特性有关。一般来说，在干扰力源频率不变的情况下，干扰力的幅值越大，强迫振动的幅值将随之增大。工艺系统的动态特性对强迫振动的幅值影响极大。如果干扰力的频率远离工艺系统各阶模态的固有频率,则强迫振动响应将处于机床动态响应的衰减区,振动响应幅值就很小;当干扰力频率接近工艺系统某一固有频率时,强迫振动的幅值将明显增大;若干扰力频率与工艺系统某一固有频率相同,系统将产生共振,若工艺系统阻尼系数不大,振动响应幅值将十分大。根据强迫振动的这一幅频响应特征,可通过改变运动参数或工艺系统的结构,使干扰力源的频率发生变化,或让工艺系统的某阶固有频率发生变化,使干扰力源的频率远离固有频率,强迫振动的幅值就会明显减小。

5.6.2 机械加工中的自激振动

5.6.2.1 概述

机械加工过程中,在没有周期性外力调节系统(相对于切削过程而言)作用下,由系统内部激发反馈产生的周期性振动,称为自激振动,简称为颤振。

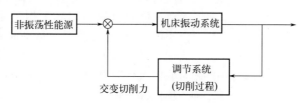

图 5-35 自激振动闭环系统

既然没有周期性外力的作用,那么激发自激振动的交变力是怎样产生的呢?用传递函数的概念来分析,机床加工系统是一个由振动系统和调节系统组成的闭环系统,如图 5-35 所示。激励机床系统产生振动的交变力是由切削过程产生的,而切削过程同时又受机床系统振动的控制,机床系统的振动一旦停止,动态切削力也就随之消失。如果切削过程很平稳,即使系统存在产生自激振动的条件,也因切削过程没有交变的动态切削力,使自激振动不可能产生。但是,在实际加工过程中,偶然性的外界干扰(如工件材料硬度不均、加工余量有变化等)总是存在的,这种偶然性外界干扰所产生的切削力的变化,作用在机床系统上,会使系统产生振动运动;系统的振动运动将引起工件、刀具的相对位置发生周期性变化,使切削过程产生维持振动运动的动态切削力。如果工艺系统不存在产生自激振动的条件,这种偶然性的外界干扰,将因工艺系统存在阻尼而使振动运动逐渐衰减;如果工艺系统存在产生自激振动的条件,就会使机床加工系统产生持续的振动运动。

维持自激振动的能量来自电动机,电动机通过动态切削过程把能量输入振动系统,以维持振动运动。

与强迫振动相比,自激振动具有以下特征:机械加工中的自激振动是在没有外力(相对于切削过程而言)干扰下所产生的振动运动,这与强迫振动有本质的区别;自激振动的频率接近于系统的固有频率,这与自由振动相似(但不相同),而与强迫振动根本不同。自由振动受阻尼作用将迅速衰减,而自激振动却不会因有阻尼存在而迅速衰减。

5.6.2.2 产生自激振动的条件

(1) 自激振动实例

图 5-36 所示为一个最简单的单自由度机械加工振动模型。设工件系统为绝对刚体,振动系统与刀架相连,且只在 y 方向做单自由度振动。为分析简便,暂不考虑阻尼力的作用。

在径向切削力 F_p 的作用下,刀架向外做振出运动 $y_{振出}$,振动系统将有一个反向的弹性

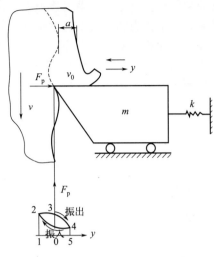

图 5-36　单自由度机械加工振动模型

恢复力 $F_弹$ 作用在它上面。$y_{振出}$ 越大，$F_弹$ 也越大，当 $F_p=F_弹$ 时，刀架的振出运动停止（因为实际上振动系统中还是有阻尼力作用的）。在刀架做振出运动时，切屑相对于前刀面的相对滑动速度 $v_{振出}=v_0-\dot{y}_{振出}$，其中 v_0 为切屑切离工件的速度。在刀架的振出运动停止时，切屑相对于前刀面的相对滑动速度 $v_停=v_0$，显然 $v_停>v_{振出}$。如果切削过程具有负摩擦特性，即速度越大，摩擦（力）$F(v)$ 越小，则在刀架停止振动的瞬间，其切削力 F_p 将比做振出运动时小，此时呈现 $F_弹>F_p$ 的状态，于是刀架系统在 $F_弹$ 的作用下相对于被切工件做振入运动 $y_{振入}$。$y_{振入}$ 越大，$F_弹$ 就越小，当 $F_弹=F_p$ 时，刀架的振入运动停止（因为实际上振动系统中还是有阻尼力作用的）。在刀架做振入运动时，切屑相对于前刀面的相对滑动速度 $v_{振出}=v_0-\dot{y}_{振出}$；而在刀架的振入运动停止时，$v_停=v_0$。在刀架停止振动的瞬间，切削力 F_p 将比做振入运动时大，此时 $F_p>F_弹$，刀架便在 F_p 的作用下又开始做振出运动。

（2）产生自激振动的条件

从上述自激振动运动的分析实例可知，刀架的振出运动是在切削力 F_p 作用下产生的，对振动系统而言，F_p 是外力。在振出过程中，切削力 F_p 对振动系统做功，振动系统从切削过程中吸收了一部分能量（$W_{振出}=W_{12345}$），储存在振动系统中，如图 5-36 所示。刀架的振入运动则是在弹性恢复力 $F_弹$ 作用下产生的，振入运动与切削力方向相反，振动系统对切削过程做功，即振动系统要消耗能量（$W_{振入}=W_{54621}$）。

当 $W_{振出}<W_{振入}$ 时，由于振动系统吸收的能量小于消耗的能量，故不会有自激振动产生，加工系统是稳定的。即使振动系统内部原来就储存一部分能量，在经过若干次振动之后，这部分能量也必将消耗殆尽，因此机械加工过程中不会有自激振动产生。

当 $W_{振出}<W_{振入}$ 时，由于在实际机械加工系统中必然存在阻尼，系统在振入过程中为克服阻尼尚需消耗能量 $W_{摩阻(振入)}$。由此可知，在每一个振动周期中振动系统从外界获得的能量为：

$$\Delta W=W_{振出}-(W_{振入}+W_{摩阻(振入)})$$

若 $W_{振出}=W_{振入}$ 时，则 $\Delta W<0$，即振动系统每振动一次，系统便会损失一部分能量，系统也不会有振动产生，加工系统仍是稳定的。

当 $W_{振出}>W_{振入}$ 时，加工系统将有持续的自激振动产生，处于不稳定状态。根据 $W_{振出}$ 与 $W_{振入}$ 的差值大小又可分为以下三种情况：

ⅰ．$W_{振出}=W_{振入}+W_{摩阻(振入)}$，加工系统由稳幅自激振动产生。

ⅱ．$W_{振出}>W_{振入}+W_{振入摩阻(振入)}$，加工系统将出现振幅递增的自激振动，待振幅增至一定程度出现新的能量平衡：

$$W'_{振出}+W'_{摩阻(振入)}=W'_{振入}$$

加工系统才会有稳幅振动产生。

ⅲ．$W_{振出}<W_{振入}+W_{振入摩阻(振入)}$，加工系统将出现振幅递减的自激振动，待振幅减至一定程度出现新的能量平衡 $W''_{振出}=W''_{振入}+W''_{摩阻(振入)}$ 时，加工系统才会有稳幅振动产生。

5.6.3 机械加工振动的诊断技术

机械加工中产生的振动可分为强迫振动和自激振动（颤振）两大类。在自激振动中又可分为再生型、振型耦合型、摩擦型、滞后型等几种不同的类型。从解决现场生产中发生的机械加工振动问题考虑，正确诊断机械加工振动的类别是十分重要的。一旦明确了现场生产中发生的振动主要是属于哪一类振动，便可有针对性地采取相应的减振、消振措施。

机械加工振动的诊断，主要包括两个方面的内容：一是首先要判定机械加工振动的类别，要明确指出哪些频率成分的振动属于强迫振动，哪些频率成分的振动属于自激振动；二是如果已知某个（或几个）频率成分的振动是自激振动，还要进一步判定它是属于哪一种类型的自激振动。研究自激振动类别诊断技术的关键在于确定诊断参数。所确定的诊断参数必须是能够充分反映并仅仅只是反映该类振动最本质、最核心的参数，同时还必须考虑实际测量的可能性。下面将分别就强迫振动和自激振动中的两种主要类型（再生型和振型耦合型切削颤振）的诊断技术进行讨论。

5.6.3.1 强迫振动的诊断

强迫振动的诊断任务，首先是判别机械加工中所发生的振动是否为强迫振动。若是强迫振动，尚需查明振源，以便采取措施加以消除。

（1）强迫振动的诊断依据

从强迫振动的产生原因和特征可知，它的频率与外界干扰力的频率相同或是它的整倍数。强迫振动与外界干扰力在频率方面的对应关系是诊断机械加工振动是否属于强迫振动的主要依据。可以采用频率分析方法，对实际加工中的振动频率成分，逐一进行诊断与判别。

（2）强迫振动的诊断方法和诊断步骤

① 采集现场加工振动信号　在加工部位振动敏感方向，用传感器（加速度计、力传感器等）拾取机械加工过程的振动响应信号，经放大和 A-D 转换器转换后输入计算机。

② 频谱分析处理　对所拾得的振动响应信号做自功率谱密度函数处理，自谱图上各峰值点的频率即为机械加工的振动频率。自谱图上较为明显的峰值点有多少个，机械加工系统中的振动频率就有多少个；谱峰值最大的振动频率成分就是机械加工系统的主振频率成分。

③ 做环境试验，查找机外振源　在机床处于完全停止的状态下，拾取振动信号，进行频谱分析。此时所得到的振动频率成分均为机外干扰力源的频率成分。然后将这些频率成分与机床加工时测得的振动频率成分进行对比，如两者完全相同，则可判定机械加工中产生的振动属于强迫振动，且干扰力源在机外环境中。如现场加工的主振频率成分与机外干扰力源的频率成分不一致，则须继续进行空运转试验。

④ 做空运转试验，查找机内振源　机床按加工现场所用运动参数进行运转，但不对工件进行加工。采用相同的办法拾取振动信号，进行频谱分析，确定干扰力源的频率成分，并与机床加工时测得的振动频率成分进行对比。除已查明的机外干扰力源的频率成分之外，如两者完全相同，则可判定现场加工中产生的振动属于强迫振动，且干扰力源在机床内部。如两者不完全相同，则可判断在现场加工的所有振动频率中，除去强迫振动的频率成分外，其余频率成分有可能是自激振动。

⑤ 查找干扰力源　如果干扰力源在机床内部，还应查找其具体位置。可采用分别单独驱动机床各运动部件，进行空运转试验，查找振源的具体位置。但有些机床无法做到这一点，比如车床除可单独驱动电动机外，其余运动部件一般无法单独驱动，此时则须对所有可能成为振源的运动部件，根据运动参数（如传动系统中各轴的转速、齿轮齿数等）计算频

率,并与机内振源的频率相对照,以确定机内振源的位置。

5.6.3.2 再生型颤振的诊断

(1) 再生型颤振的诊断参数

再生型颤振是由切削厚度变化效应产生的动态切削力激起的,而切削厚度的变化则主要是由切削过程中被加工表面前后两转(次)切削振纹相位上不同步引起的,相位差 ψ 的存在是引起再生型颤振的根本原因。

相位差 ψ 的大小决定了机床加工系统的稳定性状态,因此,可以用相位差 ψ 作为诊断再生型颤振的诊断参数。

(2) 相位差 ψ 的测量与计算

由于颤振信号通常都是混频信号,且一般来说遗留在工件表面上的振痕并不是刀具、工件间相对振动的简单再现,因而要想直接测量工件表面上前后两转(次)切削振纹的相位差 ψ 是不可能的。相位差 ψ 可通过测量颤振频率 f(Hz)及工件转速 n(r/min)间接求得。

以车削为例,车削时工件每转一转的切削振痕数 J 为:

$$J = \frac{60f}{n} = J_z + J_w \tag{5-45}$$

式中,J_z 为 J 中的整数部分;J_w 为 J 中的小数部分。相位差 ψ 可通过 J_w 间接求得

$$\psi = 360° \times (1 - J_w) \tag{5-46}$$

对式(5-46)进行全微分、增量代换并取绝对值,可得相位差的测量误差为:

$$|\Delta \psi| \leqslant \frac{21600°}{n}(f|\Delta n| + n|\Delta f|) \tag{5-47}$$

式中　Δn——工件转速的测量误差;

　　　Δf——颤振频率的测量误差。

如果测量误差 $\Delta \psi$ 的要求一定,由式(5-47)可计算确定转速 n 和颤振频率 f 的测量精度;如果测量误差 Δn 及 Δf 已确定,也可通过该式来估计相位差的测量误差。

为了避免错判现象发生,相位差的测量误差应不大于 10°。在通常的机床结构及常用的切削参数条件下,若满足 $|\Delta \psi| \leqslant 10°$ 的要求,应使工件转速的测量误差 $|\Delta n| \leqslant 0.01$r/min;频谱处理中颤振频率 f 的频率分辨率应达到 $|\Delta f| \leqslant 0.02$Hz。

一般来说,较高的转速测量精度比较容易获得,但采用通常的频谱分析技术,其频率分辨率是无法达到 0.02Hz 的。为获得较高的频率分辨率,在再生型颤振的诊断中,须采用频率细化处理技术。

在诊断过程中,振动信号的拾取与工件转速的测量应同步进行。由经频率细化处理所得颤振频率 f 和切削时实际测得的工件转速 n,通过式(5-45)和式(5-46)即可求得相位差 ψ。

(3) 再生型颤振的诊断要领

如果加工过程中发生了强烈振动,可设法测得被加工工件前后两转(次)振纹的相位差 ψ。若相位差 ψ 位于 Ⅰ、Ⅱ 象限内,即 $0° < \psi < 180°$,则可判定加工过程中有再生型颤振产生;若相位差位于 Ⅲ、Ⅳ 象限内,即 $180° < \psi < 360°$,则可判定加工过程中产生的振动不是再生型颤振。

5.6.3.3 振型耦合型颤振的诊断

(1) 振型耦合型颤振的诊断参数

当相位差 φ 位于 Ⅰ、Ⅱ 象限时,加工系统是稳定的,不会有振型耦合型颤振产生;当相位差 φ 位于 Ⅲ、Ⅳ 象限时,加工系统是不稳定的,有振型耦合型颤振产生。既然相位差 φ

与振型耦合型颤振是否发生有如此明显的对应关系,因此可以用 z 向振动相对于 y 向振动的相位差 φ 作为振型耦合型颤振的诊断参数。

(2) 耦合型颤振的诊断要领

如果切削过程中发生了强烈颤振,可设法测得 z 向振动 $z(t)$ 相对于 y 向振动 $y(t)$ 在主振频率处的相位差 φ,可通过求取振动信号 $y(t)$ 与 $z(t)$ 的互功率谱密度函数 $S_{yz}(\omega)$ 在主振频率成分上的相位值获取。若相位差 φ 位于Ⅱ、Ⅳ象限,则可判断加工过程有振型耦合型颤振产生;若相位差 φ 位于Ⅰ、Ⅲ象限,则可判断加工过程中产生的振动不是振型耦合型颤振。

5.6.4 机械加工振动的防治

消减振动的途径主要有三个方面:消除或减弱产生机械加工振动的条件;改善工艺系统的动态特性,提高工艺系统的稳定性;采用各种消振、减振装置。

5.6.4.1 消除或减弱产生强迫振动的条件

(1) 减小机内外干扰力的幅值

高速旋转零件必须进行平衡,如磨床的砂轮、车床的卡盘及高速旋转的齿轮等。尽量减少传动机构的缺陷,设法提高带传动、链传动、齿轮传动及其他传动装置的稳定性。

对于高精度机床,应尽量少用或不用齿轮、平带等可能成为振源的传动元件,并使动力源(尤其是液压系统)与机床本体分离,放在另一个地基基础上。对于往复运动部件,应采用较平稳的换向机构。在条件允许的情况下,适当降低换向速度及减小往复运动件的质量,以减小惯性力。

(2) 适当调整振源的频率

在选择转速时,应使可能引起强迫振动的振源频率 f 远离机床加工系统薄弱模态的固有频率 f_n,一般应满足:

$$\left|\frac{f_n - f}{f}\right| \geqslant 0.25 \tag{5-48}$$

(3) 采取隔振措施

隔振有两种方式,一种是主动隔振,以阻止机床振源通过地基外传;另一种是被动隔振,能阻止机外干扰力通过地基传给机床。常用的隔振材料有橡皮、金属弹簧、空气弹簧、泡沫乳胶、软木、矿渣棉、木屑等。中小型机床多用橡皮衬垫,而重型机床多用金属弹簧或空气弹簧。

5.6.4.2 消除或减弱产生自激振动的条件

(1) 减小前后两转(次)切削的波纹重叠系数

再生型颤振是由于在有波纹的表面上进行切削引起的,如果本转(次)切削不与前转(次)切削振纹相重叠,就不会有再生型颤振产生。图 5-37 中的 ED 是上转(次)切削留下的带有振纹的切削宽度,AB 是本转(次)的切削宽度。前后两转(次)切削波纹的重叠系数为:

$$\mu = \frac{CD}{AB} = \frac{ED-EC}{AB} = \frac{AB-EC}{AB} = 1 - \frac{\sin k_r \sin \kappa_r'}{\sin(\kappa_r + \kappa_r')} \times \frac{f}{a_p} \tag{5-49}$$

重叠系数 μ 越小,就越不容易产生再生型颤振。重叠系数 μ 的数值取决于加工方式、刀具的几何形状及切削用量等。增大刀具的主偏角 κ_r,增大进给量 f,均可使重叠系数 μ 减小。在外圆切削时,采用 $\kappa_r = 90°$ 的车刀,可有明显的减振作用。

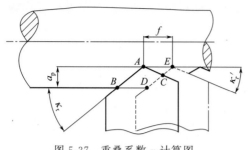

图 5-37 重叠系数 μ 计算图

（2）调整振动系统小刚度主轴的位置

理论分析和实验结果均表明，振动系统小刚度主轴 x_1 相对于 y 坐标轴的夹角 α 对振动系统的稳定性具有重要影响。当小刚度主轴 x_1 位于切削力 F 与 y 坐标轴的夹角 β 内时，机床加工系统就会有振型耦合型颤振产生。图 5-38 (a) 所示尾座结构小刚度主轴 x 位于切削力 F 与 y 轴的夹角 β 范围内，容易产生振型耦合型数振；图 5-38 (b) 所示尾座结构较好，小刚度主轴 x_1 位于切削力 F 与 y 轴的夹角 β 范围之外。除改进机床结构设计之外，合理安排刀具与工件的相对位置，也可以调整小刚度主轴的相对位置。

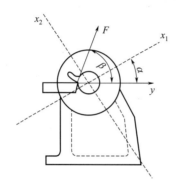
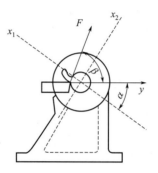

图 5-38 两种尾座结构

x_1—小刚度主轴；x_2—大刚度主轴

（3）增加切削阻尼

适当减小刀具后角，可以加大工件和刀具后刀面之间的摩擦阻尼，对提高切削稳定性有利。但刀具后角过小会引起摩擦型颤振，一般后角取 $2°\sim3°$ 为宜，必要时还可在后刀面上磨出带有负后角的消振棱，如图 5-39 所示。如果加工系统产生摩擦型颤振，须设法调整转速，使切削速度 v 处于 F-v 曲线的下降特性区之外。

（4）采用变速切削方法加工

再生型颤振是切削颤振的主要形态，变速切削对于

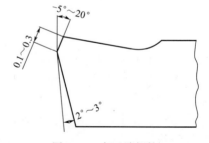

图 5-39 车刀消振棱

再生型颤振具有显著的抑制作用。所谓变速切削就是人为地以各种方式连续改变机床主轴转速所进行的一种切削方式。在变速切削中，机床主轴转速将以一定的变速幅度 $\Delta n/n_0$、一定的变速频率、一定的变速波形围绕某一基本转速 n 做周期变化。

变速切削的减振机理可归结为以下两点：

ⅰ. 采用变速切削方法加工时，只要变速幅度 Δn 足够大，切削过程将在稳定区与条件稳定区内交替进行。当切削加工在条件稳定区进行时，从理论上说，加工系统的振动响应趋近于零，这是变速切削具有减振作用的直接原因。

ⅱ. 在变速切削时，振动频率随机床主轴转速变化近似呈分段线性锯齿状变化。变速切削过程中，机床加工系统的振动频率随着机床主轴转速的变动而变动，变速切削系统的振动响应是变频激励的瞬间响应，与恒频激励相比，变频激励的振动响应要小，这是变速切削具

有减振作用的更为本质的原因。一般来说，只要变速参数选择合适，采用变速切削可使振幅降至恒速切削时的10%~20%。

5.6.4.3 改善工艺系统的动态特性，提高工艺系统的稳定性

（1）提高工艺系统的刚度

提高工艺系统的刚度，可以有效地改善工艺系统的抗振性和稳定性。在增强工艺系统刚度的同时，应尽量减小构件自身的质量。应把"以最小的质量获得最大的刚度"作为结构设计的一个重要原则。

（2）增大工艺系统的阻尼

工艺系统的阻尼主要来自零部件材料的内阻尼、结合面上的摩擦阻尼及其他附加阻尼。材料的内阻尼是指由材料的内摩擦而产生的阻尼，不同材料的内阻尼是不同的。由于铸铁的内阻尼比钢大，所以机床上的床身、立柱等大型支承件常用铸铁制造。除了选用内阻尼较大的材料制造外，还可以把高阻尼材料附加到零件上，如图5-40所示。

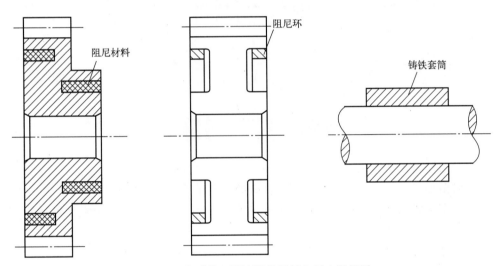

图5-40 在零件上灌注阻尼材料和压入阻尼环

机床阻尼大多来自零、部件结合面间的摩擦阻尼，有时它可占总阻尼的90%，应通过各种途径加大结合面间的摩擦阻尼。对于机床的活动结合面，应当注意调整其间隙，必要时可施加预紧力，以增大摩擦阻尼。试验证明，滚动轴承在无预加载荷作用有间隙的情况下工作，其阻尼比为0.01~0.02；当有预加载荷而无间隙时，阻尼比可提高到0.02~0.03，对于固定方式也有很大影响。

5.6.4.4 采用各种消振、减振装置

如果不能从根本上消除产生切削振动的条件，又无法有效地提高工艺系统的动态特性时，为保证必要的加工质量和生产率，可以采用消振、减振装置。常用的减振器有以下三种类型。

（1）动力式减振器

动力式减振器的工作原理是利用附加质量的动力作用，使其作用在主振动系统上的力或力矩与激振力的力矩相抵消，从而达到抑制主系统振动的目的。

（2）摩擦式减振器

摩擦式减振器是利用固体或液体的摩擦阻尼来消散振动的能量。

（3）冲击式减振器

冲击式减振器由一个与振动系统刚性连接的壳体和一个在壳体内自由冲击的质量块所组成，如图 5-41 所示。当系统振动时，自由质量块反复冲击壳体，以消耗振动能量，达到减振的目的。冲击式减振器具有因碰撞产生噪声的缺点，但其结构简单、质量轻、体积小，在较大的频率范围内都适用，所以应用较广。

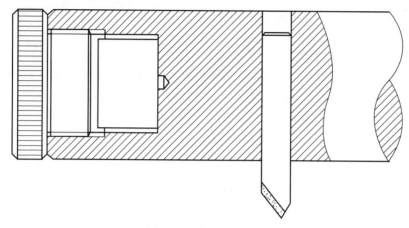

图 5-41　冲击式减振器

习题与思考题

5-1　何谓原始误差？试举例说明原始误差引起加工误差的实质。

5-2　何谓加工误差敏感方向？车床和镗床的误差敏感方向有何不同？

5-3　何谓接触刚度？影响连接表面接触刚度的因素有哪些？减小接触变形通常采用哪些措施？

5-4　设某一工艺系统的误差复映系数为 0.25，工件在本工序前有圆度误差 0.45mm，若本工序形状精度规定允许 0.01mm，试问至少要走刀几次才能使形状精度合格？

5-5　什么是工艺系统刚度？影响工艺系统的刚度有哪些？

5-6　刀具制造误差和磨损在哪些加工场合直接影响加工精度？所引起的加工误差属于何种误差？

5-7　残余应力产生的原因是什么？如何减少或消除残余应力？

5-8　机械加工工艺过程稳定性的含义是什么？如何评价工艺稳定性？

5-9　在无心磨床上磨削一批 $\phi 16_{-0.02}^{\ 0}$mm 的小轴，加工后测量发现其尺寸分布符合正态分布，均方根差 $\delta=0.005$mm，分布曲线中心带比公差带中心大 0.01mm。试作出尺寸分布曲线，分析可修复及不可修复的废品率。

5-10　某箱体孔，图纸尺寸为 $\phi 50_{+0.009}^{+0.034}$mm，根据过去经验镗后尺寸呈正态分布，均方根差 $\delta=0.003$mm，试分析该工艺能力如何。为保证加工要求，应采用何种工艺措施？

5-11　机械加工表面质量包含哪些具体内容？

5-12　为什么机器零件一般总是从表层开始破坏的？加工表面质量对机器使用性能有哪些影响？

5-13　在其他磨削条件相同的情况下，采用 F60 号磨粒的砂轮磨削钢件外圆表面的粗糙度值比采用 F36 号磨粒的砂轮小，为什么？

5-14 为什么在切削加工中一般都会产生冷作硬化现象？

5-15 什么是回火烧伤、淬火烧伤和退火烧伤？

5-16 为什么磨削加工容易产生烧伤？如果工件材料和磨削用量无法改变，减轻烧伤现象的最佳途径是什么？

5-17 为什么采用开槽砂轮能够减轻或消除烧伤现象？

5-18 试述加工表面产生压缩残余应力和拉伸残余应力的原因。

5-19 什么是强迫振动？它有哪些主要特征？

5-20 什么是自激振动？它与强迫振动、自由振动相比有哪些主要特征？

5-21 什么是再生型切削颤振？为什么说在机械加工中，除了极少数情况外，刀具总是在带有振纹的表面上进行切削？

5-22 为什么变速切削对于再生型颤振具有减振效果？

第6章 机械加工工艺规程设计

学习意义

机械加工工艺规程是规定产品或零部件机械加工工艺过程和操作方法等的工艺文件,是所有生产人员都应严格执行、认真贯彻的纪律性文件。生产规模的大小、工艺水平的高低以及解决各种工艺问题的方法和手段都要通过机械加工工艺规程来体现。装配工艺过程是机器制造过程中的最后一个阶段,它包括装配、调整、检验和试验等工作。机器的质量最终是通过装配保证的,装配的质量在很大程度上决定了机器的最终质量,而机械装配工艺规程是保证装配质量的重要工艺文件。因此,机械加工工艺规程设计是一项重要而又严肃的工作。

学习目标

① 熟悉工艺规程的作用、设计原则和基本内容;
② 掌握零件结构加工工艺性、毛坯选择、定位基准选择、工艺路线拟定的基本原则;
③ 掌握加工余量的确定,以及工序尺寸链的设计计算;
④ 熟悉提高生产率的工艺措施、工艺方案技术经济分析以及典型零件加工工艺;
⑤ 熟悉装配工艺方法、装配单元划分以及装配工艺性;
⑥ 掌握互换法装配尺寸链的设计计算。

6.1 概述

机械制造工艺过程一般是指零件的机械加工工艺过程和机器的装配工艺过程的总和,其他过程则称为辅助过程。人们把合理工艺过程的有关内容写成工艺文件的形式,用以指导生产,这些工艺文件即称为工艺规程。经过审批确定下来的机械加工工艺规程,不得随意变更,若要修改与补充,必须经过认真讨论和重新审批。

6.1.1 机械加工工艺规程的作用

ⅰ. 工艺规程是组织生产的指导性文件。生产的计划和调度、工人的操作、质量的检查都是以工艺规程为依据的。一切生产人员都不得任意违反工艺规程。

ⅱ. 工艺规程是生产准备工作的依据。在产品投入生产以前,要做好大量的技术准备工作和生产准备工作。例如,刀具、夹具、量具的设计,制造或采购;原材料、毛坯件的制造或采购,以及必要的设备改装或添置等,而所有这些工作都是以工艺规程作为依据来安排和组织的。

ⅲ. 在新建和扩建加工车间时,可参考同类工厂的工艺资料设计工艺规程,并计算出应配备的机床设备的种类和数据,确定车间的面积和机床的布置。

6.1.2 机械加工工艺规程的格式

通常,机械加工工艺规程被填写成表格(卡片)的形式。常用的有机械加工工艺过程卡片、机械加工工艺卡片、机械加工工序卡片。如表 6-1 就是图 6-1 所示的杠杆零件加工所采用的工艺过程卡片。卡片规定了零件材料、毛坯类型、工序内容、加工车间、所用设备名称,以及需要的夹具、刀具等。表 6-2 为杠杆零件工序 2 的加工工序卡片,详细说明了该工序中的工步内容,包括切削加工的主要参数以及所需工具、量具等。

表 6-1 机械加工工艺过程卡片

(工厂名)	综合工艺过程卡片	产品名称及型号		CW6163 车床	零件名称		杠杆	零件图号		07100	第1页	共1页
		材料	名称	铸铁	毛坯	种类	铸件	零件重量/kg		毛重		
			牌号	HT10-26		尺寸				净重		
			性能		每件件数		1	每台件数	1	每批件数		
工序号	工序内容	加工车间		设备名称及编号	工艺装备名称及编号			技术等级	时间等额/min			
					夹具	刀具	量具		单件		装备终结	
1	划线	机工										
2	铣 A 面达到 $Ra6.3$,铣 C、B 面达到 $15_{-0.1}^{0}$、$16_{-0.2}^{0}$ 及 $Ra6.3$、$Ra3.2$	机工		X51 立铣	XK-2036	端铣刀 YT-158						
3	钻、扩、铰三孔达到 $\phi16H7$、$\phi12H7$、$\phi10H7$ 及 $Ra3.2$ 要求	机工		Z525A 插钻	钻模 ZK-2051							
4	铣侧面 D	机工		X61 卧铣								
更改内容												
编制		抄写			校对			审核		批准		

表 6-2 机械加工工序卡片

(工厂名)	机械加工工序卡片	产品名称及型号		零件名称	杠杆	零件图号	07-100	工序名称	铣 C,B 面	工序号	2	第 1 页
				车间	机工	工段	四	材料名称	铸铁	材料牌号	HT10-26	共 1 页
				同时加工件数	4	每料件数		技术等级		单件时间/min		机械性能
				设备名称	X51 立铣	设备编号	1	夹具名称	铣夹具	夹具编号	XK-2036	准备终结时间
				更改内容								冷却液

		计算数据/min			走刀次数	切削用量				工作定额/min			刀具、量具及辅助工具			
工步号	工步内容	直径	走刀	单边		切削深度/mm	进给量/(mm/r)	每分钟转数或双行程数	切削速度/(mm/min)	基本时间	辅助时间	工作地点服务时间	名称	规格	编号	数量
1	粗铣 B 面				1		3.5	150	71				端铣刀	φ150	TK-158	
2	精铣 B 面				1		3.5	300	142							
3	粗铣 C 面				1	1	3.5	150	71							
4	精铣 C 面				1	1	3.5	300	142							
编制		抄写				校对				审核			批准			

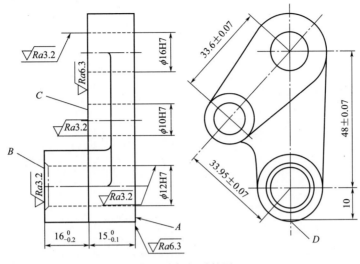

图 6-1　杠杆零件图

6.1.3　机械加工工艺规程的设计原则、步骤和内容

（1）机械加工工艺规程的设计原则

工艺规程制定的原则是，保证质量、提高效率、降低成本。三者关系是，在保证质量的前提下，最大限度地提高生产率，满足生产量要求；尽可能地节约耗费、减少投资、降低制造成本。

首先，零件的工艺过程要能可靠地保证图纸上所有技术要求的实现，这是制定工艺规程的基本原则。零件的加工质量是机器质量的基础，而产品的质量又是企业的生命，每个企业都要贯彻质量第一的方针。

其次，经济的观点对于一个工程技术人员来说，是一个很基本的观点，要尽量节省耗费。当然这里指的最经济应该从全局来着眼，不能只从局部出发，如当某一零件是整个机器生产过程中的薄弱环节时，有时会选最高的生产率方案，此时虽然专用设备有一些闲置，从局部来看也许并不是最经济的，但从全局来看却是最经济的。

（2）设计机械加工工艺规程的步骤和内容

① 阅读装配图和零件图。了解产品的用途、性能和工作条件，熟悉零件在产品中的地位和作用。

② 工艺审查审查图样上的尺寸、视图和技术要求是否完整、正确和统一；找出主要技术要求和分析关键的技术问题；审查零件的结构工艺性。

③ 熟悉或确定毛坯。确定毛坯的主要依据是零件在产品中的作用和生产纲领以及零件本身的结构，常用毛坯的种类及适用情况如表 6-3 所示。

表 6-3　毛坯的种类及适用情况

毛坯种类	制造精度（IT）	加工余量	原材料	工件尺寸	工件形状	机械性能	适用生产类型
型材		大	各种材料	小型	简单	较好	各种类型
型材焊接件	13级以下	一般	钢材	大、中型	较复杂	有内应力	单件
砂型铸造	13级以下	大	铸铁，铸钢，青铜	各种尺寸	复杂	差	单件小批

续表

毛坯种类	制造精度（IT）	加工余量	原材料	工件尺寸	工件形状	机械性能	适用生产类型
自由铸造	11～15	大	钢材为主	各种尺寸	较简单	好	单件小批
普通模锻	10～12	一般	钢，锻铝，铜等	中、小型	一般	好	中、大批量
钢模铸造	8～11	较小	铸铝为主	中、小型	较复杂	较好	中、大批量
精密锻造	8～11	较小	钢材，锻铝等	小型	较复杂	较好	大批量
压力铸造	7～10	小	铸铁，铸钢，青铜	中、小型	复杂	较好	中、大批量
熔模铸造	8～10	很小	铸铁，铸钢，青铜	小型为主	复杂	较好	中、大批量
冲压件	7～9	小	钢	各种尺寸	复杂	好	大批量
粉末冶金件	9～11	很小	铁，铜，铝基材料	中、小尺寸	较复杂	一般	中、大批量
工程塑料件		较小	工程材料	中、小尺寸	复杂	一般	中、大批量

④ 拟定机械加工工艺路线。这是制定机械加工工艺规程的核心。其主要内容有：选择定位基准、确定加工方法、安排加工顺序以及安排热处理、检验和其他工序等。

⑤ 确定满足各工序要求的工艺装备（包括机床、夹具、刀具和量具等）。对需要改装或重新设计的专用工艺装备应提出具体设计任务书。

⑥ 确定各主要工序的技术要求和检验方法。

⑦ 确定各工序的加工余量、计算工序尺寸和公差。

⑧ 确定切削用量。

⑨ 确定时间定额。

⑩ 填写工艺文件。

6.2 工艺路线的设计

6.2.1 零件的工艺性分析

所谓零件的结构工艺性是指在满足使用要求的前提下，制造该零件的可行性和经济性。功能相同的零件，其结构工艺性可以有很大差异。所谓结构工艺性好，是指在一定的工艺条件下，既能方便制造，又有较低的制造成本。表 6-4 列举了在常规工艺条件下零件结构工艺性定性分析的例子，供设计零件和对零件结构工艺性分析时参考。

表 6-4 零件结构工艺性分析举例

序号	零件结构		
	工艺性不好	工艺性好	
1	孔离箱壁太近：①钻头在圆角处易引偏；②箱壁高度尺寸大，需用加长钻头才能钻孔	(a)　(b)	①加长箱耳，不须加长钻头即可钻孔；②将箱耳设计在某一端，则不需加长箱耳，可方便加工

续表

序号	零件结构			
	工艺性不好		工艺性好	
2	车螺纹时,螺纹根部易打刀;工人操作紧张,且不能清根			留有退刀槽,可使螺纹清根,操作相对容易,可避免打刀
3	插键槽时,底部无退刀空间,易打刀			留出退刀空间,避免打刀
4	键槽底与左孔母线齐平,插键槽时,插到左孔表面			左孔尺寸稍加大,可避免划伤左孔
5	小齿轮无法加工,插齿无退刀空间			大齿轮可滚齿或插齿,小齿轮可以插齿加工
6	两端轴颈须磨削加工,因砂轮圆角而不能清根			留有砂轮越程槽,磨削时可以清根
7	斜面钻孔,钻头易引偏			只要结构允许,留出平台,可直接出孔
8	外圆和内孔有同轴度要求,由于外圆须在两次装夹下加工,同轴度不易保证			可在一次装夹下加工外圆和内孔,同轴度要求易得到保证
9	锥面须磨削加工,磨削时易碰伤圆柱面,并且不能清根			可方便地对锥面进行磨削加工

续表

序号	零件结构		
	工艺性不好		工艺性好
10	加工面设计在箱体内,加工时调整刀具不方便,观察也困难		加工面设计在箱体外部,加工方便
11	加工面高度不同,须两次调整刀具加工,影响生产率		加工面在同一高度,一次调整刀具可加工两个平面
12	三个空刀槽的宽度有三种尺寸,需用三种不同尺寸的刀具加工		空刀槽宽度尺寸相同,使用同一刀具即可加工
13	同一端面上的螺纹孔尺寸相近,需换刀加工,加工不方便,装配也不方便		尺寸相近的螺纹孔,改为同一尺寸螺纹孔,可方便加工和装配
14	①内形和外形圆角半径不同,需换刀加工;②内形圆角半径太小,刀具刚度差		①内形和外形圆角半径相同,减少换刀次数,提高生产率;②增大圆角半径,可以用较大直径立铣刀加工,增大刀具刚度
15	加工面大,加工时间长,并且零件尺寸越大,平面度误差越大		加工面减小,节省工时,减少刀具损耗,并且容易保证平面度要求

续表

序号	零件结构			
	工艺性不好		工艺性好	
16	孔在内壁出口阶梯面,孔易钻偏,或钻头折断	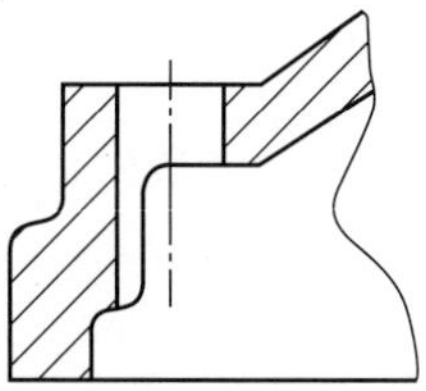	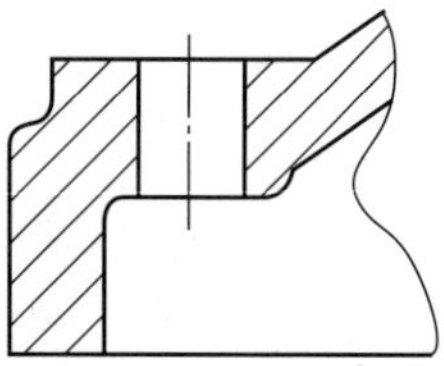	孔的内壁出口为平面,易加工,易保证孔轴线的位置度
17	以 A 面为基准加工表面,由于 B 面小,定位不可靠	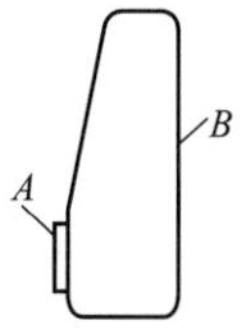	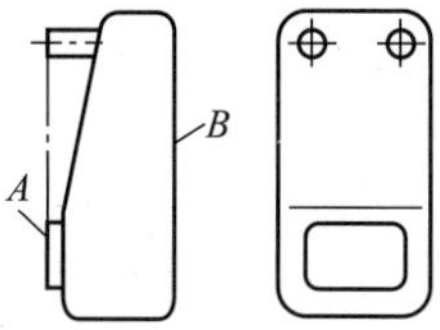	附加定位基准加工,能保证 A、B 面平行。加工后将附加定位基准去掉
18	两个键槽分别设置在阶梯轴相差 90°的方向上,需两次装夹加工	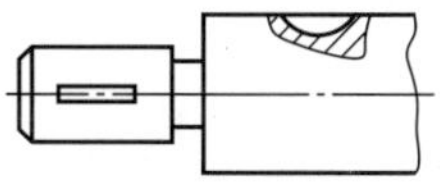	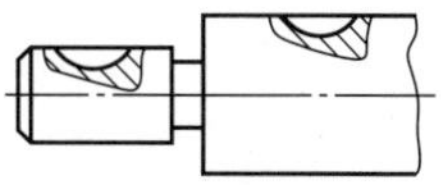	两个键槽设置在同一方向上,一次装夹即可同时加工
19	钻孔过深,加工时间长,钻头耗损大,并且钻头易偏斜	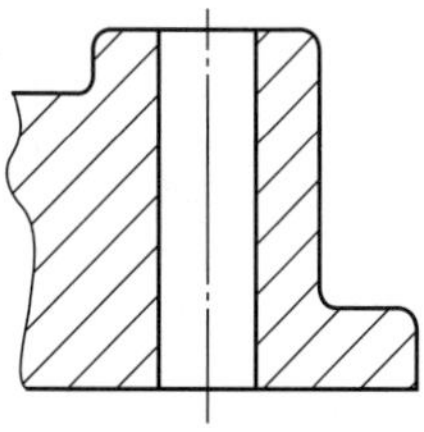	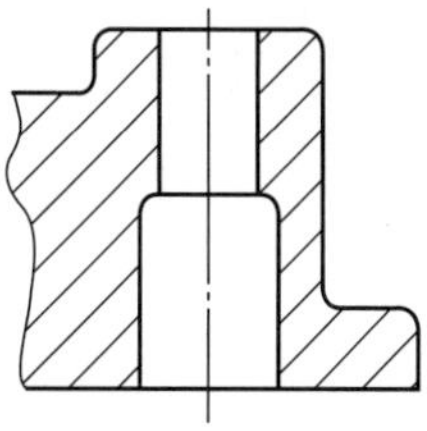	钻孔的一端留空刀,钻孔时间短,钻头寿命长且不易偏斜

6.2.2 定位基准的选择

零件在加工之前要往机床上安装,必须确定定位基准。合理选择定位基准对保证加工精度和确定加工顺序都有决定性的影响,后道工序的基准必须在前面工序中加工出来,因此,它是制定工艺规程时要解决的首要问题。定位基准可分为粗基准和精基准。零件在加工前为毛坯,所有的面均为毛坯面,开始加工时只能选用毛坯面为基准,称为粗基准。随后加工中选已加工面为定位基准,称为精基准。

(1) 粗基准的选择

粗基准的选择对零件的加工会产生重要的影响,既会影响不加工面与加工面的相互位置,又会影响加工面的加工余量分配,且两者是矛盾的,因此在选择粗基准时,必须分清哪一要求是主要的,一般遵循下列原则:

① 相互位置要求原则 如果必须保证工件上加工面与不加工面的相互位置要求,则应以不加工面作为粗基准。例如,图 6-2 中的零件,要求内孔与外圆的同轴度,即二者的相互位置关系,应以不加工面外圆 1 为粗基准。因此图 6-2 (a) 的选择是正确的。又如图 6-3 所示的拨杆,由于要求 $\phi 22H9$ 孔与 $\phi 40mm$ 外圆同轴,因此在钻 $\phi 22H9$ 孔时应选择 $\phi 40mm$ 外圆作为粗基准。

② 余量均匀原则 如果工件必须保证其重要表面的加工余量均匀时,则应选择该表面为粗基准。例如,车床床身的导轨面是最重要的表面,要求耐磨。在铸造床身毛坯时,导轨

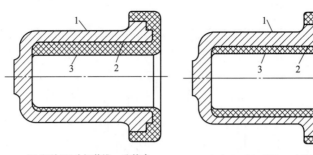

(a) 以外圆1为粗基准；孔的余量不均，但加工后壁厚均匀

(b) 以内孔3为粗基准；孔的余量均匀，但加工后壁厚不均匀

图 6-2　两种粗基准选择对比
1—外圆；2—加工面；3—内孔

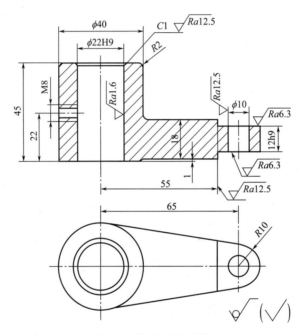

图 6-3　粗基准的选择

面是向下放置的，没有气孔、夹渣等铸造缺陷。因而在加工时，希望导轨面去掉较少的余量，在表层保留均匀和致密的组织，以增加导轨的耐磨性。为此，应选择导轨面作为粗基准。先以导轨面为基准，加工床身的底平面，再以加工过的底平面为基准加工导轨面，即可保证导轨面余量均匀，如图 6-4（a）所示。相反，若以图 6-4（b）所示的底面为粗基准加工导轨面，再以导轨面为基准加工底平面，则毛坯的上下面平行度误差必然造成导轨面加工余量不均匀，不能保证导轨表面质量。

③ 便于工件装夹选择粗基准时，必须考虑定位准确，夹紧可靠以及夹具结构简单、操作方便等问题。为了保证定位准确、夹紧可靠，要求选用的粗基准尽可能平整、光洁，有足够大的尺寸，不允许有锻造飞边，铸造浇、冒口或其他缺陷。

④ 粗基准一般不得重复使用，如果能使用精基准定位，则粗基准一般不应被重复使用。这是因为若毛坯的定位面很粗糙，在两次装夹中重复使用同一粗基准，就会造成相当大的定位误差（有时可达几毫米）。例如，图 6-5 所示的零件为铸件，其内孔、端面及 $3 \times \phi 7mm$

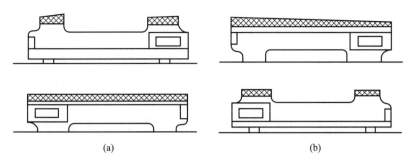

图 6-4 床身导轨粗基准的选择

孔都需要加工。若工艺安排为先在车床上加工大端面，钻、镗 φ16H7 孔及 φ18mm 退刀槽，再在钻床上钻 3×φ7mm 孔，并且两次装夹都选不加工面 φ30mm 外圆为基准（都是粗基准），则 φ16H7 孔的中心线与 3×φ7mm 的定位尺寸 φ48mm 圆柱面轴线必然有较大偏心。如果第二次装夹用已加工出来的 φ16H7 孔和端面作精基准，就能较好地解决上述偏心问题。

当然不要错误地认为粗基准只能在第一道工序中使用，在以后的工序中就不能用粗基准。对于一些零件，虽然在前几道工序中已经加工出一些表面，但对某些自由度的定位来说，仍无精基准可以利用，在这种情况下，使用粗基准来限制这些自由度，不属于重复使用粗基准。例如，图 6-6 所示零件，第一道工序用 φ26h6 外圆作为粗基准加工端面和内孔，第二道工序以端面和 φ15H7 作为精基准，但为了保证 φ4 孔与铸件外轮廓相对称，就应以铸件外轮廓作为粗基准来限制剩下的一个自由度，其夹具如图 6-6（b）所示，以 V 形块来保证加工孔与铸件外轮廓的对称。

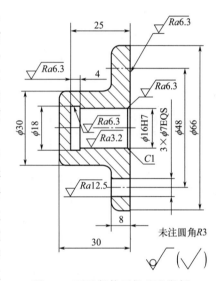

图 6-5 不重复使用粗基准举例

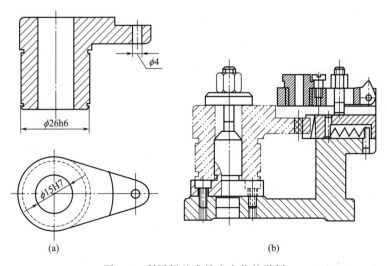

图 6-6 利用粗基准补充定位的举例

（2）精基准的选择

选择精基准时要考虑的主要问题是如何保证设计技术要求的实现以及装夹准确、可靠和方便。为此，一般应遵循的五条原则为：

① 基准重合原则　应尽可能选择被加工面的设计基准为精基准，称为基准重合原则。

在对加工面位置尺寸有决定作用的工序中，特别是当位置公差的值要求很小时，一般不应违反这一原则。否则就必然会产生基准不重合误差，增大加工难度。

② 统一基准原则　当工件以某一精基准定位时，可以比较方便地加工大多数（或所有）其他加工面，应尽早地把这个基准面加工出来，并达到一定精度，以后工序均以它为精基准加工其他加工面，称为统一基准原则。如图6-7所示的箱体加工时，常采用一面两销孔定位，加工其他加工面。采用统一基准原则可以简化夹具设计，减少工件搬动和翻转次数。在自动化生产中广泛使用这一原则。

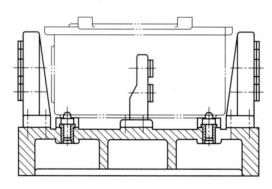

图 6-7　一面两孔定位加工箱体孔

应当指出，统一基准原则常会带来基准不重合的问题。在这种情况下，要针对具体问题进行认真分析，在可以满足设计要求的前提下，决定最终选择的精基准。

③ 互为基准原则　某些位置度要求很高的表面，常采用互为基准反复加工的办法来达到位置度要求，称为互为基准原则。例如加工精密齿轮，当用高频淬火把齿面淬硬后，需要进行磨齿时，为了提高磨齿的生产效率，保证很薄的淬硬层不致磨掉，常先以齿面为基准磨内孔，再以内孔为基准磨齿面，以保证齿面余量的均匀。

④ 自为基准原则　旨在减小表面粗糙度值、减小加工余量和保证加工余量均匀的工序，常以加工面本身为基准进行加工，称为自为基准原则。

例如，图6-8所示的床身导轨面的磨削工序，用固定在磨头上的百分表3，找正工件上的导轨面。当工作台纵向移动时，调整工件1下部的四个楔铁2，使百分表的指针基本不动为止，夹紧工件，加工导轨面，即以导轨面自身为基准进行加工。工件下面的四个楔铁只起支承作用。再如，拉孔、推孔、珩磨孔、铰孔、浮动镗刀块镗孔等都是自为基准加工的典型例子。

⑤ 便于装夹原则　所选择的精基准，应能保证定位准确、可靠，夹紧机构简单、操作方便，称为便于装夹原则。

在上述五条原则中，前四条都有它们各自的应用条件，唯有最后一条，即便于装夹原则是始终不能违反的。在考虑工件如何定位的同时必须认真分析如何夹紧工件，遵守夹紧机构的设计原则（详见第4章第3节）。

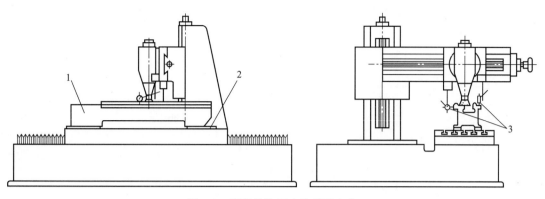

图 6-8 床身导轨面自为基准定位
1—工件；2—楔铁；3—找正用百分表

6.2.3 加工经济精度与加工方法的选择

（1）加工经济精度

加工方法的选择

各种加工方法（车、铣、刨、磨、钻、镗、铰等）所能达到的加工精度和表面粗糙度，都是有一定限度的。任何一种加工方法，只要精心操作、细心调整、选择合适的切削用量，其加工精度就可以得到提高，加工表面粗糙度值就可以减小，但是，随着加工精度的提高和表面粗糙度值的减小，所耗费的时间与成本也会随之增加。

生产上加工精度的高低是用其可以控制的加工误差的大小来表示的。加工误差小，则加工精度高；加工误差大，则加工精度低。统计资料表明，加工误差和加工成本之间成反比例关系，如图 6-9 所示，δ 表示加工误差，S 表示加工成本。可以看出：对一种加工方法来说，加工误差小到一定程度（如曲线中 A 点的左侧）后，加工成本提高很多，加工误差却降低很少；加工误差大到一定程度后（如曲线中 B 点的右侧），加工误差增大很多，加工成本却降低很少。这说明一种加工方法在 A 点的左侧或 B 点的右侧应用都是不经济的。例如，在表面粗糙度 Ra 值小于 $0.4\mu m$ 的外圆加工中，通常用磨削加工方法而不用车削加工方法。因为车削加工方法不经济。但是，对于表面粗糙度值为 $1.6\sim25\mu m$ 的外圆加工，则多用车削加工方法而不用磨削加工方法，因为这时车削加工方法又是经济的了。实际上，每种加工方法都有一个加工经济精度的问题。

所谓加工经济精度是指在正常加工条件下（采用符合质量标准的设备、工艺装备和标准技术等级的工人，不延长加工时间）所能保证的加工精度和表面粗糙度。

（2）加工方法的选择

根据零件加工面（平面、外圆、孔、复杂曲面等）、零件材料和加工精度以及生产率的要求，考虑工厂（或车间）现有工艺条件，考虑加工经济精度等因素，选择加工方法。例如，①$\phi50mm$ 的外圆，材料为 45 钢，尺寸公差等级是 IT6，表面粗糙度值为 $0.8\mu m$，其终加工工序应选择精磨。②非铁金属材料宜选择切削加工方法，不宜选择磨削加工方法，因为非铁金属易堵塞砂轮工作面。③为了满足大批大量生产的需要，齿轮内孔通常多采用拉削加工方法加工。表 6-5～表 6-7 介绍了各种加工方法的加工经济精度，供选择加工方法时参考。

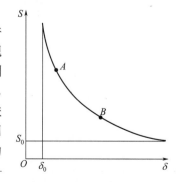

图 6-9 加工误差与加工成本的关系

表 6-5 外圆加工中各种加工方法的加工经济精度及表面粗糙度

加工方法	加工情况	加工经济精度(IT)	表面粗糙度 Ra 值/μm	加工方法	加工情况	加工经济精度(IT)	表面粗糙度 Ra 值/μm
车	粗车	12~13	10~80	抛光			0.008~1.25
	半精车	10~11	2.5~10	研磨	粗研	5~6	0.16~0.63
	精车	7~8	1.25~5		精研	5	0.04~0.32
	金刚石车(镜面车)	5~6	0.005~1.25		精密磨	5	0.01~0.16
铣	粗铣	12~13	10~80	超精加工	精	5	0.08~0.32
	半精铣	11~12	2.5~10		精密	5	0.01~0.16
	精铣	8~9	1.25~5				
车槽	一次行程	11~12	10~20	砂带磨	精密	5~6	0.02~0.16
	二次行程	10~11	2.5~10		精密磨	5	0.008~0.04
外磨	粗磨	8~9	1.25~10	滚压		6~7	0.01~1.25
	半精磨	7~8	0.63~2.5				
	精磨	6~7	0.16~1.25				
	精密磨(精修整砂轮)	5~6	0.08~0.32				
	镜面磨	5	0.008~0.08				

注：加工非铁金属时，表面粗糙度 Ra 值取小值。

表 6-6 孔加工中各种加工方法的加工经济精度及表面粗糙度

加工方法	加工情况	加工经济精度（IT）	表面粗糙度 Ra 值/μm	加工方法	加工情况	加工经济精度（IT）	表面粗糙度 Ra 值/μm
钻	φ15mm 以下	11~13	5~80	镗	粗镗	12~13	5~20
	φ15mm 以上	10~12	20~80		半精镗	10~11	2.5~10
扩	粗扩	12~13	5~20		精镗（浮动镗）	7~9	0.63~5
	一次扩孔（铸孔或冲孔）	11~13	10~40		金刚镗	5~7	0.16~1.25
	精扩	9~11	1.25~10	内磨	粗磨	9~11	1.25~10
铰	半精铰	8~9	1.25~10		半精磨	9~10	0.32~1.25
	精铰	6~7	0.32~5		精磨	7~8	0.08~0.63
	手铰	5	0.08~1.25		精密磨（精修整砂轮）	6~7	0.04~0.16
拉	粗拉	9~10	1.25~5	珩	粗珩	5~6	0.16~1.25
	一次拉孔（铸孔或冲孔）	10~11	0.32~2.5		精珩	5	0.04~0.16
	精拉	7~9	0.16~0.63	研磨	粗研	5~6	0.16~0.63
推	半精推	6~8	0.32~1.25		精研	5	0.04~0.32
	精推	6	0.08~0.32		精密研	5	0.008~0.08
				挤	滚珠扩孔器、圆柱扩孔器、挤压头	6~8	0.01~1.25

注：加工非铁金属时，表面粗糙度 Ra 取小值。

表 6-7 平面加工中各种加工方法的加工经济精度及表面粗糙度

加工方法	加工情况	加工经济精度（IT）	表面粗糙度 Ra 值/μm	加工方法	加工情况	加工经济精度（IT）	表面粗糙度 Ra 值/μm
周铣	粗铣	11~13	5~20	平磨	粗磨	8~10	1.25~10
	半精铣	8~11	2.5~10		半精磨	8~9	0.63~2.5
	精铣	6~8	0.63~5		精磨	6~8	0.16~1.25
端铣	粗铣	11~13	5~20		精密磨	6	0.01~0.32
	半精铣	8~11	2.5~10	刮 25×25mm² 内点数	8~10		0.63~1.25
	精铣	6~8	0.63~5		10~13		0.32~0.63
车	半精车	8~11	2.5~10		13~16		0.16~0.32
	精车	6~8	1.25~5		16~20		0.08~0.16
	细车（金刚石车）	6~7	0.008~1.25		20~25		0.04~0.08
刨	粗刨	11~13	5~20	研磨	粗研	6	0.16~0.63
	半精刨	8~11	2.5~10		精研	5	0.04~0.32
	精刨	6~8	0.63~5		精密研	5	0.008~0.08
	宽刀精刨	6~7	0.008~1.25	砂带磨	精磨	5~6	0.04~0.32
插		8~13	2.5~20		精密磨	5	0.008~0.04
拉	粗拉（铸造或冲压表面）	10~11	5~20	滚压		7~10	0.16~2.5
	精拉	6~9	0.32~2.5				

注：加工非铁金属时，表面粗糙度值 Ra 取小值。

（3）机床的选择

一般来说，产品变换周期短，普通机床加工有困难或无法加工的复杂曲线、曲面，应选数控机床；产品基本不变地大批大量生产，宜选用专用组合机床。由于数控机床特别是加工中心价格昂贵，因此，在新购置设备时，还必须考虑企业的经济实力和成本的控制。无论是普通机床还是数控机床，它们的精度都有高、低之分。高精度机床与普通精度机床的价格相差很大，因此，应根据零件的精度要求，选择精度适中的机床。选择时，可查阅产品目录或有关手册来了解各种机床的精度。

对那些有特殊要求的加工面，例如，相对于工厂工艺条件来说，尺寸特别大或尺寸特别小，技术要求高，加工有困难，就需要考虑是否需要外协加工，或者增加投资，增添设备，开展必要的工艺研究，以扩大工艺能力，满足加工要求。

6.2.4 典型表面的加工路线

外圆、内孔和平面加工量大而广，习惯上把机器零件的这些表面称为典型表面。根据这些表面的精度要求选择一个最终的加工方法，然后辅以先导工序的预加工方法，就组成一条加工路线。长期的生产实践积累了一些比较成熟的加工路线，熟悉这些加工路线对编制工艺规程具有指导作用。

典型表面的加工路线

6.2.4.1 外圆表面的加工路线

零件的外圆表面主要采用下列四条基本加工路线来加工（图 6-10）。

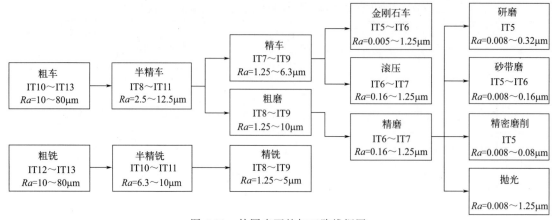

图 6-10 外圆表面的加工路线框图

(1) 粗车→半精车→精车

这是应用最广的一条加工路线。只要工件材料可以切削加工，公差等级≤IT7，表面粗糙度 Ra 值≥0.8μm 的外圆表面都可以在这条加工路线中加工。如果加工精度要求较低，可以只取粗车；也可以只取粗车→半精车。

(2) 粗车→半精车→粗磨→精磨

对于钢铁材料，特别是对半精车后有淬火要求，公差等级≤IT6，表面粗糙度 Ra 值≥16μm 的外圆表面，一般可安排在这条加工路线中加工。

(3) 粗车→半精车→精车→金刚石车

这条加工路线主要适用于工件材料为非铁金属（如铜、铝），不宜采用磨削加工方法加工的外圆表面。

金刚石车是在精密车床上用金刚石车刀进行车削。精密车床的主运动系统多采用液体静压轴承或空气静压轴承，进给运动系统多采用液体静压导轨或空气静压导轨，因而主运动平稳，进给运动比较均匀、少爬行，可以有比较高的加工精度和比较小的表面粗糙度值。目前，这种加工方法已用于尺寸精度为 0.01μm 和表面粗糙度 Ra 值为 0.005μm 的超精密加工中。

(4) 粗车→半精车→粗磨→精磨→研磨、砂带磨、抛光以及其他超精加工方法

这是在前面加工路线 (2) 的基础上又加进其他精密、超精密加工或光整加工工序。这些加工方法多以减小表面粗糙度值、提高尺寸精度、形状精度为主要目的，有些加工方法，如抛光、砂带磨等则以减小表面粗糙度值为主。

图 6-11 所示为用于外圆研磨的研具示意图。研具材料一般为铸铁、铜、铝或硬木等。研磨剂一般为氧化铝、碳化硅、金刚石、碳化硼以及氧化铁、氧化铬微粉等，用切削液和添加剂混合而成。根据研磨对象的材料和精度要求来选择研具材料和研磨剂。研磨时，工件做回转运动，研具做轴向往复运动（可以手动，也可以机动）。研具和工件表面之间应留有适当的间隙（一般为 0.02～0.05mm），以存留研磨剂。可调研具（轴向开口）磨损后通过调整间隙来改变研具尺寸，不可调研具磨损后只能改制来研磨较大直径的外圆。为改善研磨质量，还需精心调整研磨用量，包括研磨压力和研磨速度的调整。

砂带磨削是以粘满砂粒的砂带高速回转，工件缓慢转动并做送进运动对工件进行磨削加工的加工方法。图 6-12 (a)、(b) 所示为闭式砂带磨削原理图，图 6-12 (c) 所示为开式砂带磨削原理图，其中 6-12 (a) 和 (c) 所示为通过接触轮，使砂带与工件接触。可以看出其磨削方式和砂轮磨削类似，

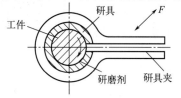

图 6-11 外圆研磨的研具示意图

但磨削效率可以很高。图6-12（b）所示为砂带直接和工件接触（软接触），主要用于减小表面粗糙度值的加工。由于砂带基底质软，接触轮也是在金属骨架上浇注橡胶做成的，也属于软质，所以砂带磨削有抛光性质。超精密砂带磨削可使工件表面粗糙度 Ra 值达到 $0.008\mu m$。

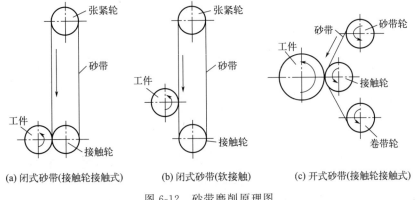

图 6-12　砂带磨削原理图

抛光是用敷有细磨粉或软膏磨料的布轮、布盘或皮轮、皮盘等软质工具，靠机械滑擦和化学作用，减小工件表面粗糙度值的加工方法。这种加工方法去除余量通常小到可以忽略，不能提高尺寸和位置精度。

6.2.4.2　孔的加工路线

图6-13所示为常见孔的加工路线框图，可分为四条基本的加工路线。

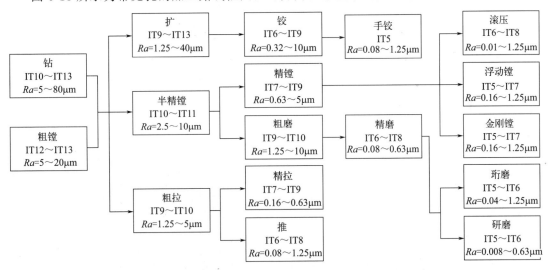

图 6-13　常见孔的加工路线框图

（1）钻→粗拉→精拉

这条加工路线多用于大批大量生产盘套类零件的圆孔、单键孔和花键孔。其加工质量稳定、生产效率高。当工件上没有铸出或锻出毛坯孔时，第一道工序需安排钻孔；当工件上已有毛坯孔时，则第一道工序需安排粗镗孔，以保证孔的位置精度。如果模锻孔的精度较好，也可以直接安排拉削加工。拉刀是定尺寸刀具，经拉削加工的孔一般为IT7的基准孔（H7）。

（2）钻→扩→铰→手铰

这是一条应用最为广泛的加工路线，在各种生产类型中都有应用，多用于中、小孔加工。其中扩孔有纠正位置精度的能力，铰孔只能保证尺寸、形状精度和减小孔的表面粗糙度值，不能纠正位置精度。当对孔的尺寸精度、形状精度要求比较高时，表面粗糙度值要求又比较小时，往往安排一次手铰加工。有时用端面铰刀手铰，可用来纠正孔的轴线与端面之间的垂直度误差。铰刀也是定尺寸刀具，所以经过铰孔加工的孔一般也是IT7的基准孔（H7）。

（3）钻或粗镗→半精镗→精镗→浮动镗或金刚镗

下列情况下的孔，多在这条加工路线中加工：

ⅰ．单件小批生产中的箱体孔系加工。

ⅱ．位置精度要求很高的孔系加工。

ⅲ．在各种生产类型中，直径比较大的孔，如 $\phi 80\mathrm{mm}$ 以上，毛坯上已有位置精度比较低的铸孔或锻孔。

ⅳ．材料为非铁金属的加工。

在这条加工路线中，当工件毛坯上已有毛坯孔时，第一道工序安排粗镗，无毛坯孔时则第一道工序安排钻孔。后面的工序视零件的精度要求，可安排半精镗，亦可安排半精镗→精镗或安排半精镗→精镗→浮动镗，半精镗→精镗→金刚镗。

浮动镗刀块属于定尺寸刀具，它安装在镗刀杆的方槽中，沿镗刀杆径向可以滑动（图6-14），其加工精度较高，表面粗糙度值较小，生产效率高。浮动镗刀块的结构如图6-15所示。

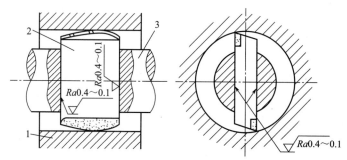

图6-14　镗刀块在镗杆方槽内可以滑动

1—工件；2—镗刀块；3—镗杆

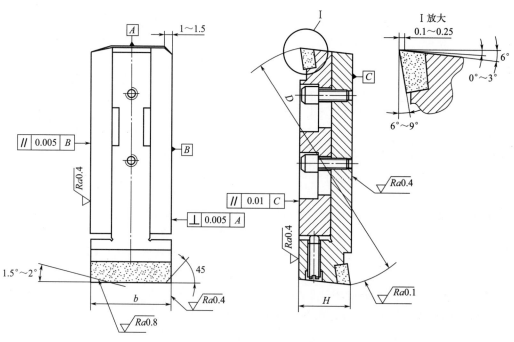

图6-15　浮动镗刀块的结构

金刚镗是指在精密镗头上安装刃磨质量较好的金刚石刀具或硬质合金刀具进行高速、小进给精镗孔加工。金刚镗床也有精密和普通之分。精密金刚镗指金刚镗床的镗头采用空气（或液体）静压轴承，进给运动系统采用空气（或液体）静压导轨，镗刀采用金刚石停刀进行高速、小进给镗孔加工。

（4）钻或粗镗→半精镗→粗磨→精磨→研磨或珩磨

这条加工路线主要用于淬硬零件加工或精度要求高的孔加工。其中，研磨孔是一种精密加工方法。研磨孔用的研具是一个圆棒。研磨时工件做回转运动，研具做往复进给运动。有时亦可工件不动，研具同时做回转和往复进给运动，同外圆研磨一样，需要配置合适的研磨剂。

珩磨是一种常用的孔加工方法。用细粒度砂条组成珩磨头，加工时工件不动，珩磨头回转并做往复进给运动。珩磨头须精心设计和制作，有多种结构，图6-16所示为珩磨的工作原理图。

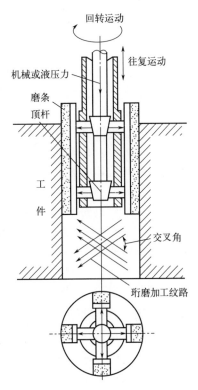

图 6-16　珩磨的工作原理图

6.2.4.3　平面的加工路线

图 6-17 所示为常见平面的加工路线框图，可按如下五条基本加工路线来介绍。

① 粗铣→半精铣→精铣→高速精铣　在平面加工中，因为铣削生产率高。近代发展起来的高速精铣，其公差等级比较高（IT7～IT6），表面粗糙度值也比较小（$Ra=1.25～0.16\mu m$）。在这条加工路线中，视被加工面的精度和表面粗糙度的技术要求，可以只安排粗铣，或安排粗、半精铣；粗、半精、精铣以及粗、半精、精、高速精铣。

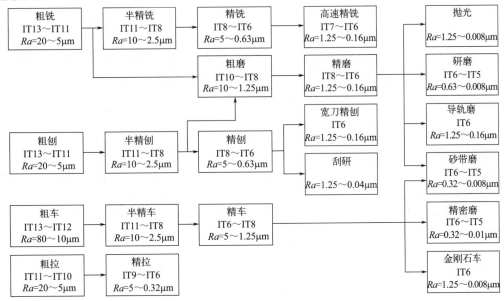

图 6-17　常见平面的加工路线框图

② 粗刨→半精刨→精刨→宽刀精刨或刮刨　刨削适用于单件小批生产，特别适合于窄长平面的加工。

刮研是获得精密平面的传统加工方法。由于刮研的劳动量大、生产率低，所以在批量生产的一般平面加工中，常被磨削加工取代。

同铣平面的加工路线一样，可根据平面精度和表面粗糙度要求，选定终工序，截取前半部分作为加工路线。

③ 粗铣（刨）→半精铣（刨）→粗磨→精磨→研磨、导轨磨、砂带磨或抛光　如果被加工平面有淬火要求，则该条加工路线，生产率高，适用于有沟槽或有台阶面的零件。例如，某些内燃机气缸体的底平面、连杆体和连杆盖半圆孔以及分界面等就是在一次拉削中可在半精铣（刨）后安排淬火。淬火后需要安排磨削工序，视平面精度和表面粗糙度要求，可以只安排粗磨，也可只安排粗磨→精磨，还可以在精磨后安排研磨或精密磨等。

④ 粗拉→精拉　该加工路线生产率高，适用于有沟槽或有台阶面的零件。例如，某些内燃机气缸体的底平面、连杆体和连杆盖半圆孔以及分界面等就是在一次拉削中直接完成的。由于拉刀和拉削设备昂贵，因此这条加工路线只适合在大批大量生产中采用。

⑤ 粗车→半精车→精车→金刚石车　这条加工路线主要用于非铁金属零件的平面加工，这些平面有时就是外圆或孔的端面。如果被加工零件是钢铁材料，则精车后可安排精密磨、砂带磨或研磨、抛光等。

6.2.5　工艺顺序的安排

零件上的全部加工面应安排在一个合理的加工顺序中加工，这对保证零件质量、提高生产率、降低加工成本都至关重要。

工艺顺序
的安排

6.2.5.1　工艺顺序的安排原则

（1）先加工基准面，再加工其他表面

这条原则有两个含义：

① 工艺路线开始安排的加工面应该是选作定位基准的精基准面，然后再以精基准定位，加工其他表面。例如，精度要求较高的轴类零件（机床主轴、丝杠、汽车发动机曲轴等），其第一道机械加工工序就是铣端面，钻中心孔，然后以顶尖孔定位加工其他表面。再如，箱体类零件（车床主轴箱，汽车发动机中的气缸体、气缸盖、变速器壳体等）也都是先安排定位基准面的加工（多为一个大平面，两个销孔），再加工其他平面和孔系。

② 为了保证一定的定位精度，当加工面的精度要求很高时，精加工前一般应先精修一下精基准。

（2）一般情况下，先加工平面，后加工孔

这条原则的含义是：

① 当零件上有较大的平面可作定位基准时，可先加工出来作定位面，以面定位，加工孔。这样可以保证定位稳定、准确，装夹工件往往也比较方便。

② 在毛坯面上钻孔，容易使钻头引偏，若该平面需要加工，则应在钻孔之前先加工平面。

（3）先加工主要表面，后加工次要表面

这里所说的主要表面是指设计基准面和主要工作面，而次要表面是指键槽、螺纹孔等其他表面。次要表面和主要表面之间往往有相互位置要求。因此，一般要在主要表面达到一定的精度之后，再以主要表面定位加工次要表面。要注意的是，"后加工"的含义并不一定是整个工艺过程的最后。

（4）先安排粗加工工序，后安排精加工工序

对于精度和表面粗糙度要求较高的零件，其粗、精加工应该分开。

6.2.5.2 热处理工序及表面处理工序的安排

为了改善切削性能而进行的热处理工序（如退火、正火、调质等）应安排在切削加工之前。

为了消除内应力而进行的热处理工序（如人工时效、退火、正火等）最好安排在粗加工之后。有时为了减少运输工作量，对精度要求不太高的零件，把去除内应力的人工时效或退火安排在切削加工之前（即在毛坯车间）进行。

为了改善材料的物理力学性质，在半精加工之后、精加工之前常安排淬火，淬火—回火，渗碳淬火等热处理工序。对于整体淬火的零件，淬火前应将所有需要加工的表面加工完。因为淬硬之后，再切削就有困难了。对于那些变形小的热处理工序（如高频感应淬火、渗氮），有时允许安排在精加工之后进行。

对于高精度精密零件（如量块、量规、铰刀、样板、精密丝杠、精密齿轮等），在淬火后安排冷处理（使零件在低温介质中继续冷却到－80℃）以稳定零件的尺寸。

为了提高零件表面的耐磨性或耐蚀性而安排的热处理工序，以及以装饰为目的而安排的热处理工序和表面处理工序（如镀铬、氧极氧化、镀锌、发蓝处理等）一般都放在工艺过程的最后。

6.2.5.3 其他工序的安排

检查、检验工序，去飞边、平衡、清洗工序等也是工艺规程的重要组成部分。

检查、检验工序是保证产品质量合格的关键工序之一。每个操作工人在操作过程中和操作结束以后都必须自检。在工艺规程中，下列情况下应安排检查工序：

① 零件加工完毕之后。
② 从一个车间转到另一个车间的前后。
③ 工时较长或重要的关键工序的前后。

除了一般性的尺寸检查（包括几何公差的检查）以外，X 射线检查、超声波探伤检查等多用于工件（毛坯）内部的质量检查，一般安排在工艺过程的开始。磁力探伤、荧光检验主要用于工件表面质量的检验，通常安排在精加工的前后进行。密封性检验、零件的平衡、零件重量检验一般安排在工艺过程的最后阶段进行。

切削加工之后，应安排去飞边处理。零件表层或内部的飞边，影响装配操作、装配质量，以致会影响整机性能，因此应给以充分重视。

工件在进入装配之前，一般都应安排清洗。工件的内孔、箱体内腔易存留切屑，清洗时要特别注意。研磨、珩磨等光整加工工序之后，砂粒易附着在工件表面上，要认真清洗，否则会加剧零件在使用中的磨损。采用磁力夹紧工件的工序（如在平面磨床上用电磁吸盘夹紧工件），工件被磁化，应安排去磁处理，并在去磁后进行清洗。

6.2.6 工序的集中与分散

同一个工件，同样的加工内容，可以安排两种不同形式的工艺规程：一种是工序集中，另一种是工序分散。所谓工序集中，是使每个工序中包括尽可能多的工步内容，因而使总的工序数目减少，夹具的数目和工件的安装次数也相应减少。所谓工序分散，是将工艺路线中的工步内容分散在更多的工序中去完成，因而每道工序的工步少，工艺路线长。

工序集中有利于保证各加工面间的相互位置精度要求，有利于采用高生产率机床，节省装夹工件的时间，减少工件的搬动次数；工序分散可使每个工序使用的设备和夹具比较简单，调整、对刀也比较容易，对操作工人的技术水平要求较低。由于工序集中和工序分散各有特点，所以在生产上都有应用。

传统的流水线、自动线生产多采用工序分散的组织形式（个别工序也有相对集中的形式，如对箱体类零件采用专用组合机床加工孔系）。这种组织形式可以实现高生产率生产，但是适应性较差，特别是那些工序相对集中、专用组合机床较多的生产线，转产比较困难。

采用数控机床（包括加工中心、柔性制造系统）以工序集中的形式组织生产，除了具有上述优点以外，生产适应性强，转产容易，特别适合于多品种、小批量生产的成组加工（详见本章第 8 节、第 9 节）。

当对零件的加工精度要求比较高时，常需要把工艺过程划分为不同的加工阶段，在这种情况下，工序必然相对比较分散。

6.2.7 加工阶段的划分

当零件的精度要求比较高时，若将加工面从毛坯面开始到最终的精加工或精密加工都集中在一个工序中连续完成，则难以保证零件的精度要求，或浪费人力、物力资源。这是因为：

ⅰ. 粗加工时，切削层厚，切削热量大，无法消除因热变形带来的加工误差，也无法消除因粗加工留在工件表层的残余应力产生的加工误差。

ⅱ. 后续加工容易把已加工表面划伤。

ⅲ. 不利于及时发现毛坯的缺陷。若在加工最后一个表面时才发现毛坯有缺陷，则前面的加工就白白浪费了。

ⅳ. 不利于合理地使用设备。把精密机床用于粗加工，会使精密机床过早地丧失精度。

ⅴ. 不利于合理地使用技术工人。让高技术工人完成粗加工任务是人力资源的一种浪费。

因此，通常可将高精度零件的工艺过程划分为几个加工阶段。根据精度要求不同，可以划分为：

① 粗加工阶段　在粗加工阶段，以高生产率去除加工面多余的金属。

② 半精加工阶段　在半精加工阶段减小粗加工中留下的误差，使加工面达到一定的精度，为精加工做好准备。

③ 精加工阶段　在精加工阶段，应确保尺寸、形状和位置精度，以及表面粗糙度达到或基本达到图样规定的要求。

④ 精密、光整加工阶段　对精度要求很高的零件，在工艺过程的最后安排珩磨或研磨、精密磨、超精加工或其他特种加工方法加工，以达到零件最终的精度要求。

高精度零件的中间热处理工序，自然地把工艺过程划分为几个加工阶段。

零件在上述各加工阶段中加工，可以保证有充足的时间消除热变形和粗加工产生的残余应力，使后续加工精度提高。另外，在粗加工阶段发现毛坯有缺陷时，就不必进行下一加工阶段的加工，避免浪费。此外还可以合理地使用设备：低精度机床用于粗加工，精密机床专门用于精加工，以保持精密机床的精度水平；合理地安排人力资源，让高技术工人专门从事精密、超精密加工，这对保证产品质量，提高工艺水平都是十分重要的。

6.3 加工余量、工序尺寸及公差的确定

6.3.1 加工余量的概念

6.3.1.1 加工总余量(毛坯余量)与工序余量

毛坯尺寸与零件设计尺寸之差称为加工总余量。加工总余量的大小取决于加工过程中各个工步切除金属层厚度的大小。每一工序所切除的金属层厚度称为工序余量。加工总余量和工序余量的关系可表示为

$$Z_0 = Z_0 + Z_1 \cdots + Z_2 = \sum_{i=1}^{n} Z_i \tag{6-1}$$

式中　Z_0——加工总余量；
　　　Z_i——工序余量；
　　　n——加工工序数目。

其中，Z_1 为第一道粗加工工序的加工余量。它与毛坯的制造精度有关，实际上是与生产类型和毛坯的制造方法有关。毛坯制造精度高(如大批大量生产的模锻毛坯)，则第一道粗加工工序的加工余量小，若毛坯制造精度低(如单件小批生产的自由锻毛坯)，则第一道粗加工工序的加工余量就大(具体数值可参阅有关的毛坯余量手册)。其他机械加工工序余量的大小将在本节稍后做专门分析。

工序余量还可定义为相邻两工序公称尺寸之差。按照这一定义，工序余量有单边余量和双边余量之分。零件非对称结构的非对称表面，其加工余量为单边余量(图6-18)，可表示为

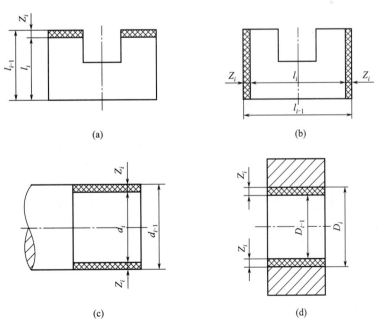

图 6-18　单边余量与双边余量

$$Z_i = l_{i-1} - l_i \tag{6-2}$$

式中 Z_i——本道工序的工序余量；

l_i——本道工序的公称尺寸；

l_{i-1}——上道工序的公称尺寸。

零件对称结构的对称表面，其加工余量为双边余量[图6-18（b）]，可表示为

$$2Z_i = l_{i-1} - l_i \tag{6-3}$$

回转体表面（内、外圆柱面）的加工余量为双边余量，对于外圆表面[图6-18（c）]有

$$2Z_i = d_{i-1} - d_i \tag{6-4}$$

对于圆柱表面[图6-18（d）]有

$$2Z_i = D_i - D_{i-1} \tag{6-5}$$

由于工序尺寸有公差，所以加工余量也必然在某一公差范围内变化。其公差大小等于本道工序的工序尺寸公差与上道工序的工序尺寸公差之和。因此，工序余量有公称余量（简称余量）、最大余量和最小余量，如图6-19所示。从图中可以知道：被包容件的余量Z_b（本工序加工余量）包含上道工序的工序尺寸公差。余量公差可表示为

$$T_z = Z_{max} - Z_{min} = T_b + T_a \tag{6-6}$$

式中 T_z——工序余量公差；

Z_{max}——工序最大余量；

Z_{min}——工序最小余量；

T_b——本道工序的工序尺寸公差；

T_a——上道工序的工序尺寸公差。

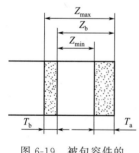

图6-19 被包容件的加工余量及公差

一般情况下，工序尺寸的公差按"入体原则"标注，即对被包容尺寸（轴的外径，实体长、宽、高），其最大加工尺寸就是公称尺寸，上极限偏差为零。对包容尺寸（孔的直径、槽的宽度），其最小加工尺寸就是公称尺寸，下极限偏差为零。毛坯尺寸公差按双向对称极限偏差形式标注。图6-20（a）、（b）分别表示了被包容件工序尺寸、工序尺寸公差、工序余量和毛坯余量之间的关系。其中，加工面安排了粗加工、半精加工和精加工。$d_{坯}$（$D_{坯}$）、d_1（D_1）、d_2（D_2）和d_3（D_3）分别为毛坯粗、半精、精加工工序尺寸；$T_{坯}/2$、T_1、T_2和T_3分别为毛坯粗、半精、精加工工序尺寸公差；Z_1、Z_2和Z_3分别为粗、半精、精加工工序余量，Z_0为毛坯余量。

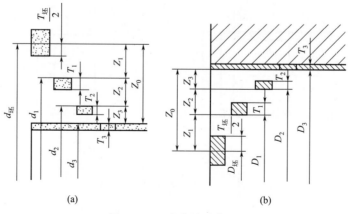

图6-20 工序余量示意图

6.3.1.2 工序余量的影响因素

工序余量的影响因素比较复杂，除前述第一道粗加工工序余量与毛坯制造精度有关以外，其他工序的工序余量主要有以下几个方面的影响因素。

(1) 上工序的尺寸公差 T_a

如图 6-20 所示，本工序的加工余量包含上工序的工序尺寸公差，即本工序应切除上工序可能产生的尺寸误差。

(2) 上工序产生的表面粗糙度值 Rz（轮廓最大高度）和表面缺陷层深度 H_a（图 6-21）各种加工方法的 Rz 和 H_a 的数值可参见表 6-8 中的实验数据。

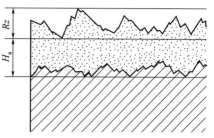

图 6-21 工件表层结构示意图

表 6-8 各种加工方法的表面粗糙度 Rz（轮廓最大高度）和表面缺陷层深度 H_a 的数值

加工方法	Rz	H_a	加工方法	Rz	H_a
粗车内外圆	100～15	40～60	磨端面	15～1.7	15～35
精车内外圆	40～5	30～40	磨平面	15～1.5	20～30
粗车端面	225～15	40～60	粗刨	100～15	40～50
精车端面	54～5	30～40	精刨	45～5	25～40
钻	225～45	40～60	粗插	100～25	50～60
粗扩孔	225～25	40～60	精插	45～5	35～50
精扩孔	100～25	30～40	粗铣	225～15	40～60
粗铰	100～25	25～30	精铣	45～5	25～40
精铰	25～8.5	10～20	拉	35～1.7	10～20
粗镗	225～25	30～50	切断	225～45	60
精镗	25～5	25～40	研磨	1.6～0	3～5
磨外圆	15～1.7	15～25	超精加工	0.8～0	0.2～0.3
磨内圆	15～1.7	20～30	抛光	1.6～0.06	2～5

(3) 上工序留下的空间误差 e_a

这里所说的空间误差是指如图 6-22 所示的轴线直线度误差和表 6-9 所列的各种位置误差。形成上述误差的情况各异，有的可能是由上道工序加工方法带来的，有的可能是热处理后产生的，也有的可能是毛坯带来的，虽然经前面工序加工，但仍未得到完全纠正。因此，其量值大小须根据具体情况进行具体分析。有的可查表确定，有的则须抽样检查，进行统计分析。

图 6-22 轴线弯曲造成余量不均

表 6-9 零件各项位置精度对加工余量的影响

位置精度	简图	加工余量	位置精度	简图	加工余量
对称度		$2e$	轴线偏心 (e)		$2e$
位置度		$x = L\tan\theta$	平行度 (a)		$y = a$
		$2x$	垂直度 (b)		$x = b$

(4) 本工序的装夹误差 ε_b

由于这项误差会直接影响加工面与切削刀具的相对位置,所以加工余量中应包括这项误差。

由于空间误差和装夹误差都是有方向的,所以要采用矢量相加的方法取矢量和的模进行余量计算。

综合上述各影响因素,可有如下余量计算公式:

① 对于单边余量:

$$Z_b = T_a + Rz + H_a + |e_a + \varepsilon_b| \tag{6-7}$$

② 对于双边余量:

$$Z_b = T_a/2 + Rz + H_a + |e_a + \varepsilon_b| \tag{6-8}$$

6.3.2 加工余量的确定

确定加工余量的方法有三种:计算法、查表法和经验法。

(1) 计算法

在影响因素清楚的情况下,计算法比较准确。要做到对余量影响因素清楚,必须具备一定的测量方法和掌握必要的统计分析资料。只有掌握了各种误差的大小,才能进行余量比较准确的计算。

加工余量
的确定

在应用式(6-7)和式(6-8)时,要针对具体的加工方法进行简化。例如:

① 采用浮动镗刀块镗孔或采用浮动铰刀铰孔或采用拉刀拉削孔,这些加工方法不能纠正孔的位置误差,因此式(6-8)可简化为

$$Z_b = T_a/2 + H_a + Rz \tag{6-9}$$

② 无心外圆磨床磨削外圆无装夹误差,故

$$Z_b = T_a/2 + H_a + Rz + |e_a| \tag{6-10}$$

③ 研磨、珩磨、超精加工、抛光等光整加工工序,其主要任务是去掉前一道工序所留下的表面痕迹,其余量计算公式为

$$Z_b = Rz \tag{6-11}$$

总之，计算法不能离开具体的加工方法和条件，要对具体情况进行具体分析。不准确计算会使加工余量过大或过小。余量过大，不仅浪费材料，而且增加加工时间，增大机床和刀具的负荷；余量过小，则不能纠正上工序的误差，造成局部加工不到的情况，影响加工质量，甚至会造成废品。

（2）查表法

此法主要以工厂生产实践和实验研究积累的经验所制成的表格为基础，并结合实际加工情况加以修正，确定加工余量。这种方法方便、迅速，生产上应用广泛。

（3）经验法

由一些有经验的工程技术人员或工人根据经验确定加工余量。由于主观上怕出废品，所以经验法确定的加工余量往往偏大。这种方法多在人工操作的单件小批生产中采用。

6.3.3 工序尺寸与公差的确定

生产中绝大部分加工面都是在基准重合（工艺基准和设计基准重合）的情况下进行加工的。所以，掌握基准重合情况下工序尺寸与公差的确定过程非常重要。

工序尺寸与公差的确定

① 确定各加工工序的加工余量。

② 从终加工工序开始，即从设计尺寸开始，到第一道加工工序，逐次加上每道加工工序余量，可分别得到各工序公称尺寸（包括毛坯尺寸）。

③ 除终加工工序以外，其他各加工工序按各自所采用加工方法的加工经济精度确定工序尺寸公差（终加工工序尺寸公差按设计要求确定）。

④ 填写工序尺寸并按"入体原则"标注工序尺寸及公差。

例如，某轴直径为 $\phi 50$mm，其公差等级为 IT5，表面粗糙度值 Ra 要求为 $0.04\mu m$，并要求高频感应淬火，毛坯为锻件。其工艺路线为：粗车→半精车→高频感应淬火→粗磨→精磨→研磨。现在来计算各工序的工序尺寸及公差。

先用查表法确定加工余量。由工艺手册查得：研磨余量为 0.01mm，精磨余量为 0.1mm，粗磨余量为 0.3mm，半精车余量为 1.1mm，粗车余量为 4.5mm，由式(6-1)可得加工总余量为 6.01mm，取加工总余量为 6mm，把粗车余量修正为 4.49mm。

计算各加工工序公称尺寸。研磨后工序公称尺寸为 50mm（设计尺寸）；其他各工序公称尺寸依次为

精磨	50mm＋0.01mm＝50.01mm
粗磨	50.01mm＋0.1mm＝50.11mm
半精车	50.11mm＋0.3mm＝50.41mm
粗车	50.41mm＋1.1mm＝51.51mm
毛坯	51.51mm＋4.49mm＝56mm

确定各工序的加工经济精度和表面粗糙度。由表 6-4 查得：研磨后为 IT5，表面粗糙度 $Ra=0.04\mu m$（零件的设计要求）；精磨后选定为 IT6，$Ra=0.16\mu m$；粗磨后选定为 IT8，$Ra=1.25\mu m$；半精车后选定为 IT11，$Ra=5\mu m$；粗车后选定为 IT13，$Ra=16\mu m$。

根据上述加工经济精度查公差表，将查得的公差数值按"入体原则"标注在工序公称尺寸上。查工艺手册可得锻造毛坯公差为 ± 2mm。

为清楚起见，把上述计算和查表结果汇总于表 6-10 中，供参考。

表 6-10 工序尺寸、公差、表面粗糙度及毛坯尺寸的确定

工序名称	工序间余量/mm	工序		工序公称尺寸/mm	标注工序尺寸公差/mm
		经济精度/mm	表面粗糙度 Ra 值/μm		
研磨	0.01	h5($^{0}_{-0.011}$)	0.04	50	$\phi 50(^{0}_{-0.011})$
精磨	0.1	h6($^{0}_{-0.016}$)	0.16	50+0.01=50.01	$\phi 50.01(^{0}_{-0.016})$
粗磨	0.3	h8($^{0}_{-0.039}$)	1.25	50.01+0.1=50.11	$\phi 50.11(^{0}_{-0.039})$
半精车	1.1	h11($^{0}_{-0.16}$)	5	50.11+0.3=50.41	$\phi 50.41(^{0}_{-0.16})$
粗车	4.49	h13($^{0}_{-0.39}$)	16	50.41+1.1=51.51	$\phi 51.51(^{0}_{-0.39})$
毛坯（锻造）		±2		51.51+4.49=56	$\phi 56 \pm 2$

在工艺基准无法同设计基准重合的情况下，确定了工序余量之后，须通过工艺尺寸链进行工序尺寸和公差的换算。

6.4 工艺尺寸链

在工艺过程中，由同一零件上与工艺相关的尺寸所形成的尺寸链称为工艺尺寸链。在工艺尺寸链中，直线尺寸链和平面尺寸链用得最多，故本节针对直线尺寸链和平面尺寸链在工艺过程中的应用和求解进行介绍。

6.4.1 直线尺寸链

在工艺尺寸链中，全部组成环平行于封闭环的尺寸链称为直线尺寸链。

6.4.1.1 直线尺寸链的基本计算公式

（1）极值法计算公式

① 封闭环的公称尺寸等于各组成环公称尺寸的代数和，即

$$L_0 = \sum_{i=1}^{m} \xi_i L_i \tag{6-12}$$

式中 L_0——封闭环的公称尺寸；

L_i——组成环的公称尺寸；

ξ_i——第 i 个组成环传递系数，对于直线尺寸链，$|\xi_i|=1$；

m——组成环的环数。

② 封闭环的公差等于各组成环的公差之和，即

$$T_0 = \sum_{i=1}^{m} |\xi_i| T_i \tag{6-13}$$

式中 T_0——封闭环的公差；

T_i——组成环的公差。

③ 封闭环的上极限偏差等于所有增环的上极限偏差之和减去所有减环的下极限偏差之和，即

$$ES_0 = \sum_{p=1}^{l} ES_p - \sum_{q=l+1}^{m} EI_q \tag{6-14}$$

式中 ES_0——封闭环的上极限偏差；
ES_p——增环的上极限偏差；
EI_q——减环的下极限偏差；
l——增环环数。

④ 封闭环的下极限偏差等于所有增环的下极限偏差之和减去所有减环的上极限偏差之和，即

$$EI_0 = \sum_{p=1}^{l} EI_p - \sum_{q=l+1}^{m} ES_q \tag{6-15}$$

式中 EI_0——封闭环的下极限偏差；
EI_p——增环的下极限偏差；
ES_q——减环上极限偏差。

(2) 概率法计算公式
① 将极限尺寸换算成平均尺寸，即

$$L_\Delta = \frac{L_{\max} + L_{\min}}{2} \tag{6-16}$$

式中 L_Δ——平均尺寸；
$L_{\max}$——上极限尺寸；
$L_{\min}$——下极限尺寸。

② 封闭环中间极限偏差的平方等于各组成环中间极限偏差平方之和，即

$$\Delta = \frac{ES + EI}{2} \tag{6-17}$$

式中 L_Δ——平均尺寸；
$L_{\max}$——上极限尺寸；
$L_{\min}$——下极限尺寸。

③ 封闭环中间极限偏差的平方等于各组成环中间极限偏差平方之和，即

$$T_{0q} = \sqrt{\sum_{i=1}^{m} T^2} \tag{6-18}$$

6.4.1.2 直线尺寸链在工艺过程中的应用

(1) 工艺基准和设计基准不重合时工艺尺寸的计算

① 测量基准和设计基准不重合。例如，某车床主轴箱体Ⅲ轴孔和Ⅳ轴孔的中心距为 (127 ± 0.07) mm [图 6-23 (a)]，该尺寸不便直接测量，拟用游标卡尺直接测量两孔内侧或外侧母线之间的距离来间接保证中心距的尺寸要求。已知Ⅲ轴孔直径为 $\phi 80^{+0.004}_{-0.018}$ mm，Ⅳ轴孔直径为 $\phi 65^{+0.030}_{0}$ mm。现决定采用外卡尺测量两孔内侧母线之间的距离。为求得该测量尺寸，需要按尺寸链的计算步骤计算尺寸链。其尺寸链图如图 6-23 (b) 所示。其中，$L_0 = (127\pm0.07)$ mm；$L_1 = 40^{+0.002}_{-0.009}$ mm；L_2 为待求测量尺寸；$L_2 = \varphi 32.5^{+0.015}_{0}$ mm。L_1、L_2、L_3 为增环；L_0 为封闭环。

把上述已知数据代入式(6-12)、式(6-14) 和式(6-15) 中可得：$L_2 = 54.5^{+0.053}_{-0.061}$ mm。只要实测结果在 L_2 的公差范围之内，就一定能够保证Ⅲ轴孔和Ⅳ轴孔中心距的设计要求。

但是，按上述计算结果，若实测结果超差，却不一定都是废品。这是因为直线尺寸链的

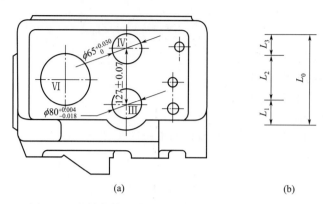

图 6-23 主轴箱体Ⅲ轴孔、Ⅳ轴孔中心距测量尺寸链

极值算法考虑的是极限情况下各环之间的尺寸联系,从保证封闭环的尺寸要求来看,这是一种保守算法,计算结果可靠。但是,正因为保守,计算中便隐含有假废品问题。如在本例中,若两孔的直径尺寸都做在公差的上限,即半径尺寸 $L_1=40.002\text{mm}$,$L_3=32.515\text{mm}$,则 L_2 的尺寸便允许做成 $L_2=(54.6-0.087)$ mm。因为此时,$L_1+L_2+L_3=126.93\text{mm}$,恰好是中心距设计尺寸的下极限尺寸。

生产中为了避免假废品的产生,在发现实测尺寸超差时,应实测其他组成环的实际尺寸,然后在尺寸链中重新计算封闭环的实际尺寸。若重新计算结果超出了封闭环设计要求的范围,便可确认为废品,否则仍为合格品。

由此可见,产生假废品的根本原因在于测量基准和设计基准不重合。组成环的环数越多,公差范围越大,出现假废品的可能性越大。因此,在测量时应尽量使测量基准和设计基准重合。

② 定位基准和设计基准不重合。图 6-24(a)表示了某零件高度方向的设计尺寸。生产中,按大批量生产,采用调整法加工 A、B、C 面。其工艺安排是前面工序已将 A、B 面加工好(互为基准加工),本工序以 A 面为定位基准加工 C 面。因为 C 面的设计基准是 B 面,定位基准与设计基准不重合,所以须进行尺寸换算。

所画尺寸链图如图 6-24(b)所示。在这个尺寸链中,因为调整法加工可直接保证的尺寸是 L_2,所以 L_0 就只能间接保证了。L_0 是封闭环,L_1 为增环,L_2 为减环。

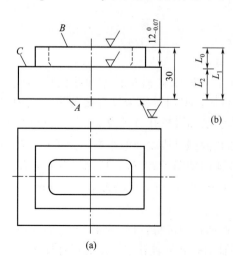

图 6-24 定位基准和设计基准不重合举例

在设计尺寸中,L_1 未注公差(公差等级低于 IT13,允许不标注公差),L_2 须经计算才能得到。为了保证 L_0 的设计要求,首先必须将 L_0 的公差分配给 L_1 和 L_2。这里按等公差法进行分配。令

$$T_1=T_2=\frac{T_{\text{OL}}}{2}=0.035\text{mm}$$

按"入体原则"标注 L_1(或 L_2)的公差得

$$L_1=30_{-0.035}^{0}\text{mm}$$

由式(6-12)、式(6-14)和式(6-15)计算 L_2 的公称尺寸和极限偏差得 $L_2=18_{0}^{+0.035}\text{mm}$。

加工时,只要保证了 L_1 和 L_2 的尺寸都在各自的公差范围之内,就一定能满足 $L_0=12_{-0.070}^{0}\text{mm}$ 的设计要求。

从本例可以看出，L_1 和 L_2 本没有公差要求，但由于定位基准和设计基准不重合，就有了公差的限制，增加了加工的难度。封闭环公差越小，加工的难度就越大。本例若采用试切法，则 L_0 的尺寸可直接得到，不需要求解尺寸链。但同调整法相比，试切法生产率低。

（2）一次加工满足多个设计尺寸要求的工艺尺寸计算

一个带有键槽的内孔，其设计尺寸如图 6-25（a）所示。该内孔有淬火处理的要求，因此有如下工艺安排：

① 镗内孔至 $\phi 49.8^{+0.046}_{\ 0}$ mm。

② 插键槽。

③ 淬火处理。

④ 磨内孔，保证内孔直径 $\phi 50^{+0.030}_{\ 0}$ mm 并间接保证键槽深度 $53.8^{+0.30}_{\ 0}$ mm 两个设计尺寸的要求。

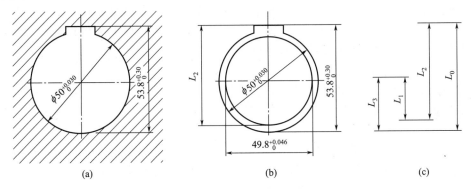

图 6-25　内孔插槽工艺尺寸链

显然，插键槽工序可采用已镗孔的下切线为基准，用试切法保证插键槽深度。这里，插键槽深度尚未知，须经计算求出。磨孔工序应保证磨削余量均匀（可按已镗孔找正夹紧），因此其定位基准可以认为是孔的中心线。这样，孔 $\phi 50^{+0.030}_{\ 0}$ mm 的定位基准与设计基准重合，而键槽深度 $\phi 53.8^{+0.30}_{\ 0}$ mm 的定位基准与设计基准不重合。因此，磨孔可直接保证孔的设计尺寸要求，而键槽深度的设计尺寸就只能间接保证了。

将有关工艺尺寸标注在图 6-25（b）中，按工艺顺序画工艺尺寸链图如图 6-25（c）所示。在尺寸链图中，键槽深度的设计尺寸 L_0 为封闭环，L_2 和 L_3 为增环，L_1 为减环。画尺寸链图时，先从孔的中心线（定位基准）出发，画镗孔半径 L_1，再以镗孔下母线为基准画插键槽深度 L_2，以孔中心线为基准画磨孔半径 L_3，最后用键槽深度的设计尺寸 L_0，使尺寸链封闭。其中 $L_0 = 53.8^{+0.30}_{\ 0}$ mm，$L_1 = 24.9^{+0.023}_{\ 0}$，$L_3 = 25^{+0.015}_{\ 0}$ mm，L_2 为待求尺寸。

求解该尺寸链得 $L_2 = 53.7^{+0.285}_{+0.023}$ mm。

从本例可以看出：

① 把镗孔中心线看作是磨孔的定位基准是一种近似计算，因为磨孔和镗孔是在两次装夹下完成的，存在同轴度误差。只是，当该同轴度误差很小时，即同其他组成环的公差相比，小于一个数量级，才允许做上述近似计算。若该同轴度误差不是很小，则应将同轴度也作为一个组成环画在尺寸链图中。

设本例中磨孔和镗孔的同轴度公差为 0.05mm（工序要求），则在尺寸链中应标注成：$L_4 = 0 \pm 0.025$ mm。此时的工艺尺寸链如图 6-26 所示，求解此工艺尺寸链得：$L_2 = 53.7^{+0.260}_{+0.048}$ mm。

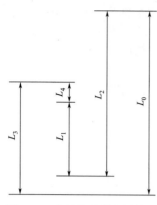

图 6-26 内插孔键槽含同轴度公差工艺尺寸链

可以看出，正是由于尺寸链中多了一个同轴度组成环，使得插键槽工序的键槽深度的公差减小，减小的数值正好等于该同轴度公差。

此外，按设计要求，键槽深度的公差范围是 0~0.30mm，但是，插键槽工序却只允许按 0.023~0.285mm（不含同轴度公差），或 0.048~0.260mm（含同轴度公差）的公差范围来加工。究其原因，仍然是工艺基准与设计基准不重合。因此，在考虑工艺安排的时候，应尽量使工艺基准与设计基准重合，否则会增加制造难度。

② 正确地画出尺寸链图，并正确地判定封闭环是求解尺寸链的关键。画尺寸链图时，应按工艺顺序从第一个工艺尺寸的工艺基准出发，逐个画出全部组成环，最后用封闭环封闭尺寸链图。闭环一定是工艺过程中间接保证的尺寸；封闭环的公差值最大，它等于各组成环公差之和。

(3) 表面淬火、渗碳层深度及镀层、涂层厚度工艺尺寸链

对那些要求淬火或渗碳处理，加工精度要求又比较高的表面，常在淬火或渗碳处理之后安排磨削加工。为了保证磨后有一定厚度的淬火层或渗碳层，需要进行有关的工艺尺寸计算。

图 6-27（a）所示的偏心轴零件，表面 P 的表层要求渗碳处理，渗碳层深度规定为 0.5~0.8mm，为了保证该表面的加工精度和表面粗糙度要求，其工艺安排如下：

① 精车 P 面，保证尺寸 $\phi 38.4_{-0.1}^{0}$ mm。

② 渗碳处理，控制渗碳层深度。

③ 精磨 P 面，保证尺寸 $\phi 38.4_{-0.016}^{0}$ mm，同时间接保证渗碳层深度 0.5~0.8mm。

根据上述工艺安排，画出工艺尺寸链图如图 6-27（b）所示。因为磨后渗碳层深度为间接保证的尺寸，所以是尺寸链的封闭环，用 L_0 表示。L_2、L_3 为增环，L_1 为减环。各环尺寸：$L_0 = 0.5_{0}^{+0.3}$ mm；$L_1 = 19.2_{-0.05}^{0}$ mm；L_2 为磨前渗碳层深度（待求）；$L_3 = 19_{-0.008}^{0}$ mm。求解该尺寸链得 $L_2 = 0.7_{+0.008}^{+0.25}$ mm。

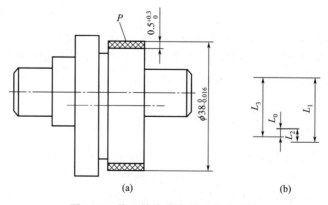

图 6-27 偏心轴渗碳磨削工艺尺寸链

从这个例子可以看出，这类问题的分析和一次加工满足多个设计尺寸要求的分析类似。在精磨 P 面时，P 面的设计基准和工艺基准都是轴线，而渗碳层深度 L_0 的设计基准是磨后 P 面的外圆母线，设计基准与定位基准不重合，才有了上述工艺尺寸计算问题。

有的零件表层要求涂（或镀）一层耐磨或装饰材料，涂（或镀）后不再加工，但有一定精度要求。例如，图 6-28（a）所示轴套类零件的外表面要求镀铬，镀层厚度规定为 0.025～0.04mm，镀后不再加工，并且外径尺寸为 $\phi28_{-0.045}^{\ 0}$ mm。这样，镀层厚度和外径尺寸公差要求只能通过控制电镀时间来保证，其工艺尺寸链如图 6-28（b）所示。其中，L_0（轴套半径）是封闭环，L_1 和 L_2 都是增环，各环的尺寸是：$L_0=14_{-0.0225}^{\ 0}$ mm，L_1 是镀前磨削工序的工序尺寸（待求），$L_2=0.025_{\ 0}^{+0.015}$ mm。求解该尺寸链得：$L_1=13.975_{-0.0225}^{-0.015}$ mm。于是镀前磨削工序的工序尺寸可注成 $\phi27.95_{-0.045}^{-0.03}$ mm。

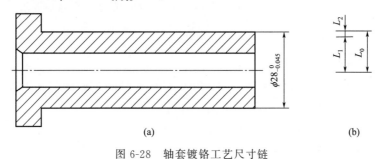

图 6-28　轴套镀铬工艺尺寸链

（4）余量校核

在工艺过程中，加工余量过大会影响生产率，浪费材料，并且对精加工工序还会影响加工质量。但是，加工余量也不能过小，过小则有可能造成零件表面局部加工不到，产生废品。因此，校核加工余量，对加工余量进行必要的调整是制定工艺规程不可缺少的工艺工作。

例如，在图 6-29（a）所示的零件中，其轴向尺寸（30±0.02）mm 的工艺安排为：

① 精车 A 面，自 B 处切断，保证两端面距离尺寸 $L_1=(31\pm0.1)$ mm。

② 以 A 面定位，精车 B 面，保证两端面距离尺寸 $L_2=(30.15\pm0.05)$ mm，精车余量为 Z_2。

③ 以 B 面定位磨 A 面，保证两端面距离尺寸 $L_3=(30.15\pm0.02)$ mm，磨削余量为 Z_3。

④ 以 A 面定位磨 B 面，保证最终轴向尺寸 $L_4=(30\pm0.02)$ mm，磨削余量为 Z_4。

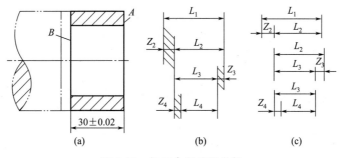

图 6-29　加工余量校核举例

现在对上述工艺安排中的 Z_2、Z_3 和 Z_4 进行余量校核。先按上述工艺顺序，将有关工艺尺寸（含余量）画在图 6-29（b）中，再将其分解为三个公称尺寸链 [图 6-29（c）]。在公称尺寸链中，加工余量只能通过测量加工前和加工后的实际尺寸间接求出，因此是封闭环。

在以 Z_2 为封闭环的尺寸链中，可求出 $Z_2=(0.6\pm0.15)$ mm；在以 Z_3 为封闭环的尺寸链中，可求出 $Z_3=(0.25\pm0.07)$ mm；在以 Z_4 为封闭环的尺寸链中，可求出 $Z_4=$

(0.15 ± 0.04) mm。

从计算结果可知，磨削余量偏大，应该进行适当的调整。余量调整的主要依据是各工序（特别是重点工序）的加工经济精度、工人的操作水平以及现场测量条件等。调整结果如下：

在图 6-29（b）中，令 $Z_4=(0.1\pm0.04)$ mm，则在含 Z_4 的公称尺寸链中可求得 $L_3=(30.4\pm0.02)$ mm。Z_3 与前工序精车的加工经济精度有关，暂令精车后的尺寸为 $L_2=(30.25\pm0.05)$ mm，可求得 $Z_3=(0.15\pm0.07)$ mm。令 Z_2 不变，于是在含 Z_2 的公称尺寸链中可求得 L_1 的工序尺寸为 $L_1=(30.85\pm0.1)$ mm，或写成 $L_1=30.8^{+0.15}_{-0.05}$ mm。

经上述调整后，加工余量的大小相对合理一些，由此可见，余量调整是一项重要而又细致的工作，常需要反复进行。

6.4.2 平面尺寸链

封闭环和所有组成环均处于同一平面或几个互相平行的平面内，其中某些组成环不平行于封闭环的尺寸链称为平面尺寸链。

(1) 平面尺寸分析与平面尺寸链的计算

用坐标镗床或数控镗铣床加工模板、模具或箱体孔系，常须处理平面尺寸链问题。模板、模具或箱体上孔的位置尺寸有如下四种标注方法：

① 直接标注坐标尺寸［图 6-30（a）中。O_1 孔的坐标尺寸 $X_1\pm T_{X1}/2$、$Y_1\pm T_{Y1}/2$］。

② 标注两孔中心距和中心连线与坐标轴之间的夹角［图 6-30（a）中 O_2 孔的位置尺寸 $L\pm T_L/2$ 和 α］。

③ 标注两孔中心距和一个坐标尺寸［图 6-30（b）中 O_2 孔的位置尺寸 $L\pm T_L/2$ 和 L_X］。

④ 标注两个中心距［图 6-30（b）中 O_3 孔的位置尺寸 $A\pm T_A/2$ 和 $B\pm T_B/2$］。对于用第一种标注方法标注的孔，可在坐标镗床上直接按两个坐标尺寸加工或在数控镗铣床上直接按两个坐标尺寸编程；对于用第二种或第三种标注方法标注的孔，则应将中心距换算成坐标尺寸后，再用坐标镗床或数控镗铣床加工。在这里，中心距与中心距在坐标轴上的投影构成一个平面尺寸链［图 6-30（c）］。在该平面尺寸链中，中心距 L 是间接得到的尺寸，是封闭环。中心距 L 在坐标轴上的投影 L_X、L_Y 是组成环。

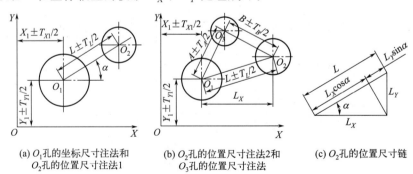

(a) O_1 孔的坐标尺寸注法和 O_2 孔的位置尺寸注法1
(b) O_2 孔的位置尺寸注法2和 O_3 孔的位置尺寸注法
(c) O_2 孔的位置尺寸链

图 6-30 箱体孔隙尺寸的标注方法

可以看出
$$L_X=L\cos\alpha,\quad L_Y=L\sin\alpha \tag{6-19}$$
$$L=L_X\cos\alpha+L_Y\sin\alpha \tag{6-20}$$

封闭环的公差带为一矩形区域［图 6-31（a）］，得

$$T_L = T_{LX}\cos\alpha + T_{LY}\sin\alpha \qquad (6\text{-}21)$$

其中

$$T_{LX} = T_L\cos\alpha, \quad T_{LY} = T_L\sin\alpha \qquad (6\text{-}22)$$

式(6-21)和式(6-22)分别表示了封闭环（中心距）和组成环（中心距在坐标轴上的投影）之间的公差关系。当已知组成环公差 T_{LX}、T_{LY}，用式(6-21)可求出封闭环的公差 T_L。当已知封闭环公差，用式(6-22)可求出组成环的公差。可以看出，只要坐标尺寸 L_X、L_Y 在各自的公差范围之内变动，中心距尺寸 L（封闭环）就不会超出设计要求的公差。

在第二种标注方法中，如果设计上既对中心距提出公差要求，又对中心连线和坐标轴之间的夹角提出公差要求，则孔的位置公差带为一扇形区域［图 6-31（b）］。此时若仍用坐标镗床或数控镗铣床进行加工，其坐标尺寸公差只能求出近似值。当中心距和中心连线与坐标轴之间夹角的精度要求比较高时，可采用带有分度装置的机床，通过分度装置来保证夹角公差要求，同时变中心距为坐标尺寸，从而就直接保证了中心距的尺寸公差要求。

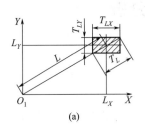
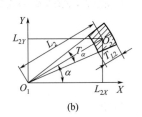
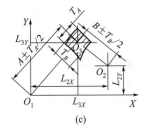

图 6-31　平面尺寸链公差带图

在上述孔的位置尺寸的第四种标注方法中，如果两个中心距之一有公差要求，则仍可按上述中心距公差带矩形区域的分析，求出坐标尺寸公差。如果两个中心距都有公差要求，则孔的位置公差带为圆曲线围成的四边形［图 6-31（c）］，其坐标尺寸公差可按两中心距中公差值较小者，按上述中心距公差带矩形区域的分析，可近似求出。

（2）平面尺寸链举例

某箱体孔系的设计尺寸如图 6-32（a）所示。该箱体孔系拟在数控坐标镗床上加工，工序安排为：以底面、侧面和后面为定位基准（底面限制三个自由度，侧面限制两个自由度，后面限制一个自由度），先加工 Ⅰ 孔，再加工 Ⅱ 孔，最后加工 Ⅲ 孔。Ⅰ 孔的定位尺寸是两个坐标尺寸，故可按坐标尺寸直接编程。Ⅱ 孔、Ⅲ 孔的定位尺寸是中心距和一个坐标尺寸，所以要先求出另一坐标尺寸并求出坐标尺寸公差后再编程。由图 6-32（b）可知

$$\alpha = \cos^{-1}\frac{153}{170} = 25.842°$$

$$T_{2Y} = L_2\sin\alpha = 74.1\text{mm}$$

$$T_{L2X} = T_{L2}\cos\alpha = \pm 0.063\text{mm}$$

$$T_{L2Y} = T_{L2}\sin\alpha = \pm 0.031\text{mm}$$

由图 6-32（c）可知

$$\beta = \arccos\frac{126.11}{127} = 6.783°$$

$$T_{3Y} = L_3\sin\beta = 15\text{mm}$$

$$T_{L3X} = T_{L3}\cos\beta = \pm 0.008\text{mm}$$

$$T_{L3Y} = T_{L3}\sin\beta = \pm 0.069\text{mm}$$

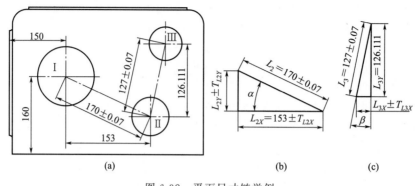

图 6-32 平面尺寸链举例

6.5 工艺方案经济性分析

6.5.1 时间定额

6.5.1.1 时间定额的概念

所谓时间定额是指在一定生产条件下，规定生产一件产品或完成一道工序所需消耗的时间。它是安排作业计划、进行成本核算、确定设备数量、人员编制以及规划生产面积的重要根据。因此，时间定额是工艺规程的重要组成部分。

时间定额定得过紧，容易诱发忽视产品质量的倾向，或者会影响工人的工作积极性和创造性。时间定额定得过松就起不到指导生产和促进生产发展的积极作用。因此合理地制定时间定额对保证产品质量、提高劳动生产率和降低生产成本都是十分重要的。

6.5.1.2 时间定额的组成

（1）基本时间 $t_基$

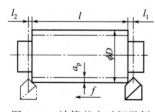

图 6-33 计算基本时间举例

直接改变生产对象的尺寸、形状、相对位置，以及表面状态或材料性质等的工艺过程所消耗的时间，称为基本时间。

对于切削加工来说，基本时间是切去金属所消耗的机动时间。机动时间可通过计算的方法来确定。不同的加工面，不同的刀具或不同的加工方式、方法，其计算公式不完全一样。但是计算公式中一般都包括切入、切削加工和切出时间。例如，图 6-33 所示的车削加工，其基本时间的计算公式为

$$t_基 = \frac{l+l_1+l_2}{fn} i \qquad (6-23)$$

$$i = \frac{Z}{a_p}, \quad n = \frac{1000v}{\pi D}$$

式中　l——加工长度，mm；
　　　l_1——刀具的切入长度，mm；
　　　l_2——刀具的切出长度，mm；
　　　i——进给次数；
　　　Z——加工余量，mm；

a_p——背吃刀量，mm；
f——进给量，mm/r；
n——机床主轴转速，r/min；
v——切削速度，m/min；
D——加工直径，mm。

各种不同情况下机动时间的计算公式可参考有关手册，针对具体情况予以确定。

(2) 辅助时间 $t_{辅}$

为实现工艺过程而必须进行的各种辅助动作所消耗的时间，称为辅助时间。这里所说的辅助动作包括：装、卸工件，开动和停止机床，改变切削用量，测量工件尺寸以及进刀和退刀动作等。若这些动作由数控系统控制机床自动完成，则辅助时间可与基本时间一起，通过程序的运行精确得到。若这些动作由人工操作完成，辅助时间确定的方法主要有两种：

① 在大批量生产中，可先将各辅助动作分解，然后查表确定各分解动作所消耗的时间，并进行累加。

② 在中小批生产中，可按基本时间的百分比进行估算，并在实际中修改百分比，使之趋于合理。

上述基本时间和辅助时间的总和称为操作时间。

(3) 布置工作地时间 $t_{布置}$

为使加工正常进行，工人照管工作地（如更换刀具、润滑机床、清理切屑、收拾工具等）所消耗的时间，称为布置工作地时间，又称为工作地点服务时间。该时间一般按操作时间的2%～7%来计算。

(4) 休息和生理需要时间

工人在工作班内，为恢复体力和满足生理需要所消耗的时间，称为休息和生理需要时间。该时间一般按操作时间的2%来计算。

(5) 准备与终结时间 $t_{准终}$

工人为了生产一批产品和零、部件，进行准备和结束工作所消耗的时间，称为准备与终结时间。这里所说的准备和结束工作包括：在加工进行前熟悉工艺文件、领取毛坯、安装刀具和夹具、调整机床和刀具等必须准备的工作，加工一批工件终了后需要拆下和归还工艺装备、发送成品等结束工作。如果一批工件的数量为 n，则每个零件所分摊的准备与终结时间为 $t_{准终}/n$。可以看出，当 n 很大时，$t_{准终}/n$ 就可忽略不计。

6.5.1.3 单件时间和单件工时定额计算公式

(1) 单件时间

单件时间的计算公式为

$$T_{单件}=t_{基}+t_{辅}+t_{布置}+t_{休} \tag{6-24}$$

(2) 单件工时定额

单件工时定额的计算公式为

$$T_{定额}=T_{单件}+t_{准终}/n \tag{6-25}$$

在大量生产中，单件工时定额可忽略 $t_{准终}/n$，即

$$T_{定额}=T_{单件}$$

6.5.2 提高生产率的工艺途径

在机械制造范围内，围绕提高生产率开展的科学研究、技术革新和技术改造活动一直很活跃，并取得了大量成果，推动了机械制造业的不断发展，使机械制造业的面貌不断地发生

新的变化。

研究如何提高生产率，实际上就是研究怎样才能减少工时定额。因此，可以从时间定额的组成中寻求提高生产率的工艺途径。

6.5.2.1 缩短基本时间

(1) 提高切削用量，缩短基本时间

提高切削用量的主要途径是进行新型刀具材料的研究与开发。

刀具材料经历了碳素工具钢—高速钢—硬质合金等几个发展阶段。在每一个发展阶段，都伴随着生产率的大幅度提高。就切削速度而言，在18世纪末到19世纪初的碳素工具钢时代，切削速度仅为6～12m/min。20世纪初出现了高速钢刀具，使得切削速度提高了2～4倍。第二次世界大战以后，硬质合金刀具的切削速度又在高速钢刀具的基础上提高了2～5倍。可以看出，新型刀具材料的出现，使得机械制造业发生了阶段性的变化，一方面，生产率达到了一个新的高度，另一方面，原以为不能加工或不可加工的材料，可以加工了。

近代出现的立方氮化硼和人造金刚石等新型刀具材料，使刀具切削速度高达600～1200m/min。这里需要说明两点：①随着新型刀具材料的出现，有许多新的工艺性问题需要研究，如刀具如何成形、刀具成形后如何刃磨等。②随着切削速度的提高，必须有相应的机床设备与之配套，如提高机床主轴转速、增大机床的功率和提高机床的制造精度等。

在磨削加工方面，高速磨削、强力磨削和砂带磨的研究成果，使得生产率有了大幅度提高。高速磨削的砂轮速度已高达80～125m/s（普通磨削的砂轮速度仅为30～35m/s）；缓进给强力磨削的磨削深度达6～12mm；砂带磨同铣削加工相比，切除同样金属余量的加工时间仅为铣削加工的1/10。

缩短基本时间还可在刀具结构和刀具的几何参数方面进行深入研究，如群钻在提高生产率方面的作用就是典型的例子。

(2) 采用复合工步缩短基本时间

复合工步能使几个加工面的基本时间重叠，节省基本时间。

① 多刀单件加工　在各类机床上采用多刀加工的例子很多，图6-34所示为在卧式车床上安装多刀刀架实现多刀加工的例子。图6-35所示为在组合钻床上采用多把孔加工刀具，同时对箱体零件的孔系进行加工。图6-36所示为在铣床上应用多把铣刀同时加工零件上的不同表面。图6-37所示为在磨床上采用多个砂轮同时对零件上的几个表面进行磨削加工。

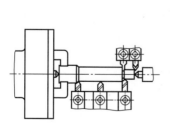

图6-34　多刀车削加工

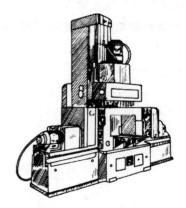

图6-35　专用多轴组合钻床

② 单刀多件或多刀多件加工　将工件串联装夹或并联装夹进行多件加工，可有效地缩短基本时间。

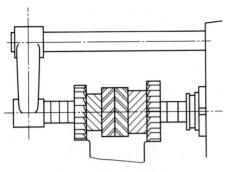

图 6-36 组合铣刀铣平面

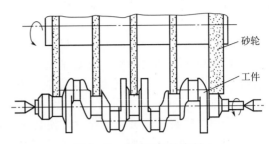

图 6-37 曲轴多砂轮磨削

串联加工可节省切入和切出时间。例如，图 6-38 所示为在滚齿机上同时装夹两个齿轮进行滚齿加工。显然，同加工单个齿轮相比，其切入和切出时间减少一半。在车床、铣床、刨床以及平面磨床等其他机床上采用多件串联加工都能明显减少切入和切出时间，提高生产效率。

并联加工是将几个相同的零件平行排列、装夹，一次进给同时对一个表面或几个表面进行加工。图 6-39 所示为在铣床上采用并联加工方法同时对三个零件加工的例子。

有串联亦有并联的加工称为串并联加工。图 6-40（a）所示为在立轴平面磨床上采用串并联加工方法，对 43 个零件进行加工的例子。图 6-40（b）所示为在立式铣床上采用串并联加工方法对两种不同的零件进行加工的例子。

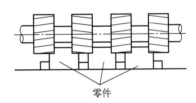

图 6-39 并联加工

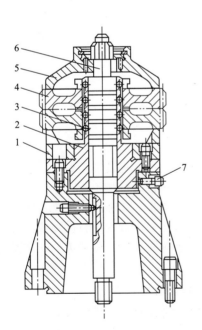

图 6-38 两个齿轮串联

1—定位支座；2—芯轴；3—滚球；4—工件；
5—压板；6—拉杆；7—调整螺钉

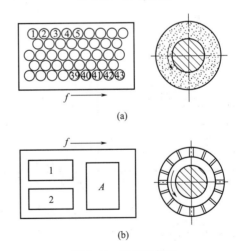

图 6-40 串并联加工

6.5.2.2 减少辅助时间和使辅助时间与基本时间重叠

在单件时间中，辅助时间所占比例一般都比较大，特别是在大幅度提高切削用量之后，基本时间显著减少，辅助时间所占的比例更大。因此，不能忽视辅助时间对生产率的影响。可以采取措施直接减少辅助时间，或使辅助时间与基本时间重叠来提高生产率。

（1）减少辅助时间

ⅰ．采用先进夹具和自动上、下料装置，减少装、卸工件的时间。

ⅱ．提高机床自动化水平，缩短辅助时间。例如，在数控机床（特别是加工中心）上，前述各种辅助动作都由程序控制自动完成，有效地减少了辅助时间。

（2）使辅助时间与基本时间重叠

ⅰ．采用可换夹具或可换工作台，使装夹工件的时间与基本时间重叠。例如，有的加工中心配有托盘自动交换系统，一个装有工件的托盘在工作台上工作时，另一个则位于工作台外装、卸工件。再如，在卧式车床、磨床或齿轮机床上，采用几根芯轴交替工作，当一根装好工件的芯轴在机床上工作时，可在机床外对另外一根芯轴装夹工件。

ⅱ．采用转位夹具或转位工作台，可在加工中完成工件的装卸。例如，在图6-41（a）中，Ⅰ工位为加工工位，Ⅱ工位为装卸工件工位，可实现在Ⅰ工位加工的同时对Ⅱ工位装卸工件，使装卸工件的时间与基本时间重叠。又如，在图6-41（b）中，Ⅰ工位用于装夹工件，Ⅱ工位和Ⅲ工位用于加工工件的四个表面，Ⅳ工位为装卸工件，也可以同时实现加工与装卸工件。

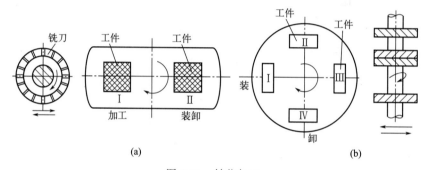

图6-41 转位加工

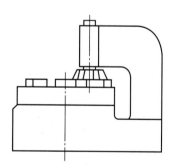

ⅲ．用回转夹具或回转工作台进行连续加工。在各种连续加工方式中都有加工区和装卸工件区，装卸工件的工作全部在连续加工过程中进行。例如，图6-42所示为在双轴立式铣床上采用连续加工方式进行粗铣和精铣，在装卸区及时装卸工件，在加工区不停顿地进行加工。

ⅳ．采用带反馈装置的闭环控制系统来控制加工过程中的尺寸，使测量与调整都在加工过程中自动完成。常用的测量器件有光栅、磁尺、感应同步器、脉冲编码器和激光位移器等。

6.5.2.3 减少布置工作地时间

在减少对刀和换刀时间方面采取措施，以减少布置工作地时间。例如，采用高度对刀块、对刀样板或对刀样件对刀，使用微调机构调整刀具的进刀位置以及使用对刀仪对刀等。

减少换刀时间的另一重要途径是研制新型刀具，提高刀具的使用寿命。例如，在车、铣加工中广泛采用高耐磨性的机夹可转位硬质合金刀片和陶瓷刀片，以减少换刀次数，节省换刀时间。

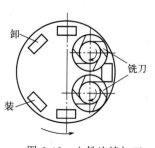

图6-42 立铣连续加工

6.5.2.4 减少准备与终结时间

在中小批生产的工时定额中,准备与终结时间占有较大比例,应给予充分注意。实际上,准备与终结时间的多少,与工艺文件是否详尽清楚、工艺装备是否齐全、安装与调整是否方便等有关。采用成组工艺和成组夹具可明显缩短准备与终结时间,提高生产率。在数控工序中,全部工序内容应详尽清楚,这样可以减少编程错误,缩短编写程序和调试程序的时间。程序经运行通过后,应附以详细说明,方便工人阅读,从而缩短加工前的准备时间。

6.5.3 工艺过程方案的技术经济分析

工艺方案的技术经济分析就是对各种工艺方案的经济效果进行分析、论证,以便从中找出最优的方案。大致可以分为两种情况,第一种情况是计算一些技术经济指标,并加以分析。第二种情况是对不同工艺方案进行工艺成本的分析和比较。

目前在实际工作中,已经广泛应用工艺方案技术经济分析的,是在新建车间的设计工作中。在建造某一产品的机械加工车间之前,总是先制定其主要零件的工艺流程,然后计算切削用量、确定时间定额、计算设备需要量和工人需要量,最后计算厂房面积,进行厂房的设计。工艺方案的合适与否,对新建车间的设计有着决定性的影响,而最常用的技术经济分析方法是对车间的一些经济技术指标进行分析比较。其主要指标有:每一产品所需要的劳动量(工时及台时);每一个人每年的产量(台或重量);每一设备的产量;每一平方米生产面积的产量等。在车间设计工作完成以前,总是将上述指标与国内外同类产品的加工车间的相同指标进行比较,以判断设计的好坏。

在原有车间中制定整台机器所有零件的工艺规程时,有时也用一些技术经济指标来加以衡量。常用的指标包括:劳动量(工时及台时)、工艺装备系数(专用工、夹、量具与机床数量之比)、设备构成比(专用设备与万能设备之比)、钳工修配劳动量系数(钳工修配劳动量与机床加工劳动量之比)、工艺过程的分散与集中程度(用一个零件的平均工序数目来表示)、金属消耗和电力消耗等。

所谓工艺成本,是指生产成本中与工艺过程有关的那一部分成本,而与工艺过程无关的那一部分成本,例如行政总务人员的工资、厂房的折旧和维持费用等,一般在工艺方案经济评比中就不予考虑。零件成本的组成如图 6-43 所示。

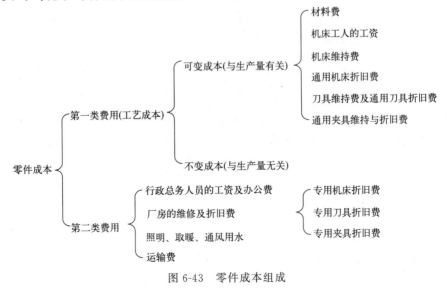

图 6-43 零件成本组成

工艺成本可以分为两大部分：一类是与年产量直接有关的费用称为可变费用，用 V 表示。这类费用包括材料或毛坯费用、机床工人的工资、机床的电费、万能机床的折旧费和修理费、万能夹具的费用、刀具的费用等。另一类是与零件的年产量没有直接关系的费用称为不变费用，用 S 表示。这类费用包括专用机床的折旧费和修理费、专用夹具的费用等。专用机床和专用夹具是专为某零件的加工所用的，它不能用来加工其他零件，因此当产量不足、负荷不满时，它就闲置不用。由于设备的磨损包括有形磨损和无形磨损两大部分，设备的折旧年限（或年折旧费用）是确定的，因此专用机床和夹具的费用就与年产量无直接关系。

如果零件的年产量为 N，则年工艺成本 E 应为

$$E = VN + S \tag{6-26}$$

其图形为一直线，如图 6-44（a）所示。单件工艺成本应为

$$E_d = V + \frac{S}{N} \tag{6-27}$$

其图形为一双曲线，如图 6-44（b）所示。

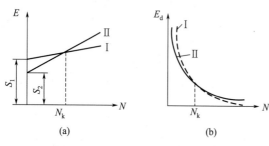

图 6-44 工艺成本与产量的关系

对于两个不同的工艺方案进行经济比较时，一般可以分为两种情况：

① 当需要比较的工艺方案的基本投资相近，或在采用现有设备条件的情况下，工艺成本即可作为衡量各种方案经济性的依据。如图 6-44 所示，各方案的优劣与加工零件的计划产量有密切关系，当计划产量 $N < N_k$ 时，宜采用第 Ⅱ 种方案。当 $N > N_k$ 时，宜采用第 Ⅰ 种方案。N_k 称为临界产量，其值由计算确定：

$$N_k V_1 + S_1 = N_k V_2 + S_2$$

得

$$N_k = \frac{S_2 - S_1}{V_1 - V_2} \tag{6-28}$$

② 当需要比较两个工艺方案的基本投资差额较大时，如第 Ⅰ 种方案采用生产率较高，但价格较贵的机床及工艺装备，所以基本投资（K_1）大，但工艺成本（E_1）较低；第 Ⅱ 种方案采用了生产率较低，但价格较便宜的机床及工艺装备，所以基本投资（K_2）小，但工艺成本（E_2）高。这也就是说工艺成本的降低是由于增加基本投资而得到的，这时单纯比较工艺成本是难以全面评定其经济性的，必须同时考虑不同方案的基本投资差额的回收期限。回收期限是指第 Ⅰ 种方案比第 Ⅱ 种方案多花费的投资，需要较长时间才能由于工艺成本降低而收回来。回收期限可用下式求得

$$\tau = \frac{K_1 - K_2}{E_2 - E_1} = \frac{\Delta K}{\Delta E} \tag{6-29}$$

式中，τ 为回收期限，年；ΔK 为基本投资差额，元；ΔE 为全年生产费用节约额，元/年。

回收期限越短，则经济效果越好，回收期限必须满足以下要求：
① 回收期限应小于所采用的设备或工艺装备的使用年限。
② 回收期限应小于该产品由于结构性能及国家计划安排等因素所决定的生产年限。

③ 回收期限应小于国家所规定的标准回收期，如采用新夹具标准回收期常定为 2～3 年；采用新机床时标准回收期常定为 4～6 年。

6.6 装配工艺规程设计

机器制造的最后一个工艺过程是将加工好的零件装配成机器的装配工艺过程。机器质量的好坏除了与零件加工质量的好坏直接有关外，还与装配的质量直接有关，如零件的配合情况是否合适，接触情况是否良好，零件的清洗、去毛刺等准备工作是否彻底，调整、试车、检验工序是否齐全、准确等。

6.6.1 概述

（1）装配的概念

零件装配是指将各种零件装配成合件、组件、部件的过程，而总装是将部件、组件等最后总装为整个产品的过程。例如，一台车床的装配，可分为床头箱、进给箱、溜板箱、刀架、尾座等部件的部装和最后的总装两大部分。一个部件的部装常常是以一个基准零件为基础，在它上面装上各个相应的组件和零件，如床头箱的装配是以床头箱体为基准件，在上面装上Ⅰ轴组件、Ⅱ轴组件等，以及床头箱盖、手柄座、标牌等零件而完成；而机器的总装也常常是以一个基准零件（或组件）为基础，在它上面装上各个相应的部件、组件或零件，如车床的总装是以床身为基准件，在其上装上床头箱、刀架、进给箱等部件，以及齿条、丝杠、光杠等零件而完成的。图 6-46 所示为装配工艺流程示意图。其中，图 6-45（a）所示为部件装配流程示意图，图 6-45（b）所示为总装流程示意图。

装配过程中涉及的各个相关概念介绍如下：

合件：由若干零件永久连接（铆、焊）而成或连接后再经加工而成。例如，齿轮孔内压入一铜套后再加工齿形、发动机连杆小头孔中压入衬套后再进行精铣孔等。

组件：一个或几个合件和几个零件组合，零件或合件之间可以相对运动，如主轴、轴、齿轮。

部件：是一个或几个组件、合件和零件的组合，可以完成一定的、完整的功能，如机床箱。

产品：由部件、合件、组件、零件组合装配而成。

各种不同类型的工厂，采用不同的装配工艺方法和装配组织形式。对于大批、大量生产工厂，一般都采用互换法进行装配，不采用钳工修配、刮研等方法，对于配合精度很高的组件，则采用选择装配法或成对供应的方法；其组织形式一般采用连续移动或间歇移动的流水装配线，自动化水平较高。对于单件、小批生产，广泛使用各种修配、刮研的方法来保证必要的装配精度；其组织形式多采用固定式装配，基准件不移动，由一组工人进行装配。对于成批生产，则介于两者之间，一般采用互换法装配，精度要求较高的采用修配法；产品笨重、批量不大的多采用固定流水装配，即产品不移动，工人有分工，每个工人只负责装配一个部分，流水作业。对于批量较大的可采用流水装配线，为适应品种的变化，应采用可变节奏的流水装配线。

零件在进入装配以前，必须仔细地清洗，以清除附在表面上的切屑、油脂和灰尘。零件应去除毛刺、不允许有尖棱角。机器（或部件）在装配完成后，必须进行严格的检验。应该

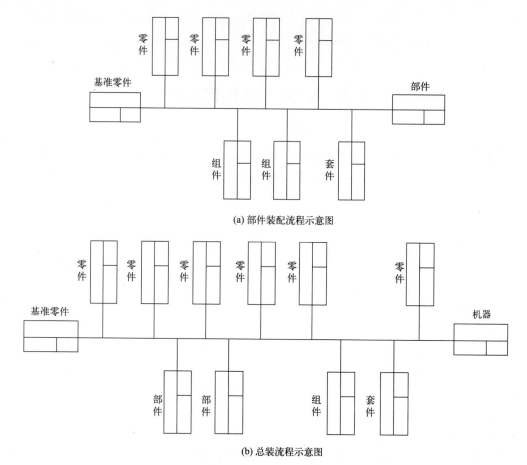

图 6-46 装配工艺流程示意图

按照检验规程的要求，进行试车和验收。例如，对于车床，应按照部颁标准，进行各项精度检验、空运转试验和切削试验等。

(2) 装配精度

正确规定机器部件的装配精度，是产品设计的主要内容之一，也关系到产品的质量和经济性。要保证达到规定的装配精度，除了与机器的每一个零件的加工精度有关外，而且还在一定程度上必须依赖于装配工艺技术，特别对机器精度要求较高、批量较小时，尤其是如此。

装配精度一般包括：

① 相互位置精度。指产品中相关零件部件间的距离精度和相互位置精度，如机床主轴箱装配时，机床轴向中心距的尺寸和同轴度、平行度等。

② 相对运动精度。相对运动的零部件间在运动方向和相对运动速度上的精度，如机床溜板运动与主轴线平行度、水平度、垂直度。

③ 相互配合精度。包括配合表面间的配合质量（间隙或过盈量）和接触质量（接触表面尺寸）。

装配精度与零件精度的关系：

多数装配精度均与和它相关的零件或工件的加工精度有关，而这些零件的加工误差的累积将影响装配精度。例如，车床前后中心线的精度要求与床身、主轴箱、尾架和底板等零部件加工精度有关。在加工条件允许时，应合理地规定零件的制造精度，使它们累积后不超出装配精度所规定的范围,从而简化装配工作,也称为简单的制造精度过程。

但是零件的加工精度不仅受工艺条件影响,还受到经济条件的限制。在产品装配精度要求较高时,以控制零件加工精度来保证装配精度的方法,将给零件加工带来困难。这时常按经济加工精度来确定零件的精度要求,使之易于加工,而在装配时采用一定的工艺措施来保证装配精度,包括选配、修配、调整等,即装配尺寸链的解决办法。

6.6.2 装配尺寸链

装配尺寸链通常是以某项装配精度指标或装配要求作为封闭环,所有与该项精度指标(或装配要求)有关的零件尺寸(或位置要求)作为组成环。封闭环是装配所要保证的装配精度或技术要求,它是最后间接保证的。在装配关系中,对装配精度有影响的零件、部件的尺寸和位置关系,都是尺寸链的组成环。如同工艺尺寸链一样,有增环、减环之分。其计算方法也分为极值法和概率法,相关计算公式同工艺尺寸链。

装配尺寸链有两个基本特征:

① 尺寸(或相互位置关系)组合的封闭性,即由一个封闭环和若干个组成环所构成的尺寸链呈封闭图形。

② 构成这个封闭图形的每个独立尺寸的偏差都影响着装配精度,即封闭环本身不具有独立变化的特性,它是装配后才间接形成的,大都是产品或部件的装配精度指标。

例如,普通车床的精度检验标准是主轴锥孔中心线和尾座顶尖套锥孔中心线对溜板移动的等高度,对于最大工件回转直径≤400mm 的车床来说,这项要求的误差不大于 0.06mm,而且只允许尾座高。这个 0~0.06mm 的精度指标即为该装配尺寸链的封闭环,围绕这项精度指标可找到与其有关的尺寸作为组成环而构成装配尺寸链。图 6-46 所示为此装配尺寸链,图中 A_1 为尾座底平面到孔轴线的距离尺寸,A_2 为尾座底板的上平面到床身导轨的距离尺寸,A_3 为床头箱体底平面到主轴孔的距离尺寸,ΔA 为等高度的精度要求。

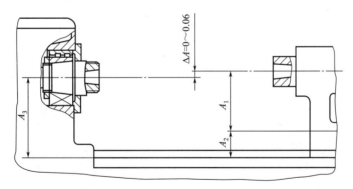

图 6-46 影响车床前后顶尖轴线等高度的装配尺寸链简图

再如,车床溜板箱装到床鞍下面时,要求溜板箱内的上齿轮与床鞍上的横向进给齿轮有合适的啮合间隙,这个装配要求也构成一个装配尺寸链。这个尺寸链是平面尺寸链,其各环是直线尺寸,但彼此不一定完全平行,这就构成了平面尺寸链,如图 6-47 所示。其中 X_1 为床鞍上横孔的轴线与定位销的纵向距离;X_2 为溜板箱上上齿轮轴线与定位销的纵向距离;Y_1 为横孔轴线与床鞍底面的距离;Y_2 为溜板箱上齿轮轴线与溜板箱上平面的距离;P_1 与 P_2 为横进给齿轮与溜板箱上齿轮的分度圆半径;N 为所要求的啮合侧隙,为封闭环。

在上面所举的实例中,都把装配尺寸链简化了,即把一些误差数值不大的组成环省略掉了。

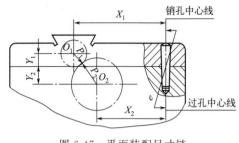

图 6-47 平面装配尺寸链

从前述的例子中还可以看出，为了减少装配尺寸链的组成环数目，提高装配精度，应该尽量使一个零件以一个组成环列入尺寸链，而不要用两个或更多的组成环列入。例如，组件装配中，对于一些装配要求也构成装配尺寸链。图 6-48 所示为轴上空套着的一个双联齿轮，装配要求是转动灵活，其径向间隙和轴向间隙不能超过某一规定值，如轴向窜动量应为 0.06～0.2mm。构成该轴向装配尺寸链，其中 A_1 为轴上台肩面与槽的轴向距离，A_2 与 A_k 为两垫圈的厚度，A_3 为齿轮的长度，A_4 为弹簧垫圈的厚度，N 为装配要求 0.06～0.2mm，为封闭环。在线性尺寸链中，轴仅以 A_1 一个组成环列入。如果轴的零件图上采用图 6-49 的尺寸标注方法，那么该轴就以两个组成环列入尺寸链，这样就增加了组成环的数目，降低了装配精度或使装配和加工增加了难度。

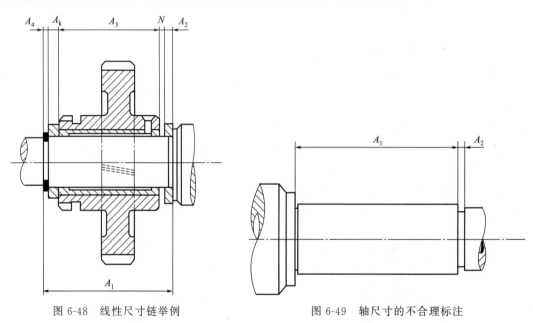

图 6-48 线性尺寸链举例　　　　图 6-49 轴尺寸的不合理标注

建立尺寸链的关键是根据封闭环查明组成环，且遵循最短路径原则。

① 在装配尺寸链确定以后，就要确定用什么方法来达到装配精度，即解尺寸链。解尺寸链就是结合设计要求与制造方面的经济性，确定尺寸链中各环的极限尺寸或极限偏差。如果每一个尺寸链的解法均由设计人员决定，则工艺人员仅须校核各环尺寸精度能否最终保证精度，并再转入装配工艺过程的制定，这属于正计算问题。

② 如果图纸上没有列入尺寸链中的零件尺寸精度与位置精度，或经过校核零件的精度不能保证装配精度要求，也没有尺寸链解法的说明，则要具体结合设计要求与制造经济性，确定尺寸链的解法（即装配方法），以及各组成环的尺寸公差和位置偏差，这属于反计算问题。

6.6.3 保证装配精度的方法

保证装配精度的方法（即装配尺寸链的解法）有四种：互换装配法（即用互换法解尺寸

链)、选择装配法、修配装配法、调整装配法。从本节开始将分别进行叙述。

6.6.3.1 互换装配法

装配尺寸链的极值解法也称完全互换法,即装配时零件完全实现互换,不需经过任何选择、修配和调节就能达到规定的装配精度。这种方法的优点是装配工作简单、生产率高、不需要很高的工人技术水平、便于组织流水生产线和自动生产线、备件问题容易解决、维修方便等。其实质是用控制零件加工误差来保证装配精度。

完全互换
装配法的计算

如何根据装配的精度指标来确定各个零件相应尺寸的上、下偏差,是属于尺寸链的反计算问题,即已知封闭环的上、下偏差,求各组成环的上、下偏差。这个问题是发生在产品的设计阶段。设计人员一般可以采取等公差值的方法来分配封闭环的公差,即如果该尺寸链共有 n 环(一个封闭环和 $n-1$ 个组成环),封闭环的公差值(精度指标的要求值)为 T_0,则各零件相应尺寸的公差值 T_i 为

$$T_i = \frac{T_0}{n-1} \tag{6-30}$$

这种计算方法很简单,但没有考虑到各个零件(组成环)加工的难易、尺寸的大小,显然是不够合理的。因此可根据各组成环的平均公差,再根据尺寸大小、加工难易,凭经验进行调整确定。

下面举例简述完全互换装配法的尺寸链计算。

图 6-50(a)是某轮箱部件装配简图,要求装配精度 $A_0 = 0.2 \sim 0.7$mm,装配零件的尺寸为 $A_1 = 140$mm,$A_2 = A_5 = 5$mm,$A_3 = 50$mm,$A_4 = 100$mm,试确定各组成环的公差与偏差。

画装配尺寸链图,并确定增、减环。如图 6-50(b)所示,A_3、A_4 为增环,A_1、A_2、A_5 为减环。

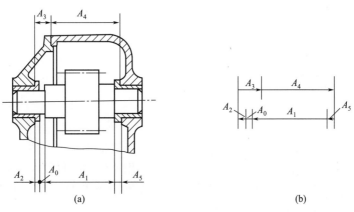

图 6-50 某些轮箱部件装配简图

封闭环的基本尺寸及公差为

$$A_0 = (A_3 + A_4) - (A_1 + A_2 + A_5) = (50 + 100) - (140 + 5 + 5) = 0 \text{(mm)}$$

所以,A_0 应表示为 $0^{+0.7}_{+0.2}$mm。

确定组成环公差及极限偏差。在装配尺寸链中,各组成环的公差均为未知数。首先把封闭环公差平均分配给各组成环,即

$$T_i = \frac{T_0}{n-1} = \frac{0.5}{5} = 0.1 \text{(mm)}$$

然后再按各组成环的尺寸大小和加工难易程度，调整各环的公差值。如 A_4 尺寸较大时，加工困难，应给予较大的公差，而 A_2、A_5 尺寸小，容易加工，公差就可以小一些。此外，还应考虑工厂的具体生产条件，根据工艺能力不同，使各组成环的加工难易程度尽量接近。取：$T_1=0.14\text{mm}$，$T_2=T_5=0.04\text{mm}$，$T_3=0.1\text{mm}$，$T_4=0.18\text{mm}$，并按"入体原则"标注其极限偏差，即

$$A_1 = 140_{-0.14}^{\ 0}\ ;\ A_2 = A_5 = 5_{-0.04}^{\ 0}\ ;\ A_3 = 50_{\ 0}^{+0.1}\ ;\ A_5 = 100_{\ 0}^{+0.18}$$

确定协调环。在组成环公差确定后，须在组成环中选出一个作为尺寸链计算时的协调环。协调环应满足下列条件：第一是结构简单；第二是非标准件；第三不能是几个尺寸链的公共组成环。本例中选 A_1 为协调环，其偏差要根据尺寸的计算公式来确定，即

$$\text{EI}_1 = -0.7 + 0.1 + 0.18 + 0.04 + 0.04 = -0.34(\text{mm})$$
$$\text{ES}_1 = 0 - 0.2 = -0.20(\text{mm})$$

应用完全互换法可以可靠地保证装配质量。但由于各环公差以及上、下偏差都是极限尺寸，因而在组成环的数目较多且装配精度要求较高时，会使零部件的加工难度较大。尤其是当装配精度要求较高，组成环数目较多时，对组成环的公差要求太严，因而增加了制造上的困难。在这样的情况下，就应该用概率法解尺寸链，即应用不完全互换法进行装配（或称部分互换装配法）。它是根据概率论原理建立的一种装配方法，在绝大多数产品装配时，各组成环不需要挑选、修配和调整，装入后即能达到封闭环的公差要求。如果各组成环 A_i（即各零件的相应尺寸）的尺寸分布都符合正态分布，其尺寸分散带 $6\sigma A_i$ 即为其公差带 T_i；$T_i = 6\sigma A_i$。则封闭环 A_0 的尺寸分布也必然是正态分布，其公差为

$$T_0 = \sqrt{\sum_{i=1}^{n} T_i^2} \tag{6-31}$$

如果采取等公差值的方法来分配各组成环公差，可得

$$T_i = \frac{T_0}{\sqrt{n-1}} \tag{6-32}$$

显然对各组成环公差的要求要比完全互换装配法要松，公差要放大 $\sqrt{n-1}$ 倍。这种方法常应用于生产节拍不是很严格的成批生产中，尤其是在封闭环要求高，组成环较多的尺寸链中应用较多。在装配时，应采取适当工艺措施，以便排除个别产品因超出公差或极限偏差产生废品的可能性。

6.6.3.2 选择装配法

选择装配法是将尺寸链中组成环的公差放大，按经济加工精度制造，然后选择合适的零件进行装配，以保证装配精度要求。这种装配方法常用于装配精度要求很高而组成环数又极少的成批或大量生产中，如滚动轴承的装配，内燃机中活塞与缸套、活塞与活塞销的装配等。

选择装配法按其形式不同分为三种：直接选配法、分组选配法和复合选配法。

（1）直接选配法

直接选配法是由装配工人从许多待装的零件中凭经验挑选合适的零件进行装配，来保证装配精度要求。这种装配方法的优点是零件不必事先分组，能达到很高的装配精度。但是工人凭经验挑选合适零件通过试凑进行装配，装配时间不易控制，而且装配精度在很大程度上取决于工人的技术水平，不宜用于大批大量的流水作业。

另外，采用直接选配法装配时，可能出现无法满足装配要求的"剩余零件"，当各零件加工误差分布规律不同时，这种现象将更趋严重。

（2）分组选配法

分组选配法是先将被加工零件的制造公差放宽几倍（一般放宽3～4倍），零件加工后测量分组（公差带放宽几倍就分几组），并按对应组进行装配，以保证装配精度的方法。由于同组零件具有互换性，所以这种方法又称为分组互换法。

分组装配法在大批大量生产中可降低对组成环的加工要求，而不降低装配精度。但是，分组选配法增加了零件测量、分组和配套工作。

现以发动机中活塞销与活塞销孔装配为例，说明分组选配的原理。

图 6-51 是活塞与活塞销的装配关系，装配要求活塞销孔与活塞销配合应有 0.0025～0.0075mm 的过盈量。即封闭环的公差应为 $T_0 = 0.005$mm。显然，如果采用完全互换法，孔和轴的公差很小，加工很困难，也不经济。

采用分组装配法，把轴和孔的公差放大为：孔 $D = \phi 28_{-0.015}^{-0.005}$mm，轴 $d = \phi 28_{-0.01}^{0}$mm。按此公差加工后，将零件逐件测量，按实际尺寸分为四组，如表 6-11 所示。最后对应组进行装配，保证了各组装配后的配合精度符合要求。

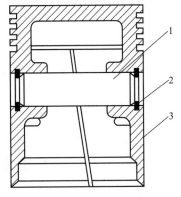

图 6-51　活塞与活塞销的装配关系
1—活塞销；2—挡圈；3—活塞

表 6-11　活塞销和销孔的分组尺寸

组别	标志颜色	活塞销直径 $d = \phi 28_{-0.01}^{0}$	活塞销孔直径 $D = \phi 28_{-0.015}^{-0.005}$	配合情况	
				最小过盈	最大过盈
Ⅰ	浅蓝	28.0000～27.9975	27.9950～27.9925	0.0025	0.075
Ⅱ	红	27.9974～27.9950	27.9924～27.9900		
Ⅲ	白	27.9949～27.9925	27.9899～27.9875		
Ⅳ	黑	27.9924～27.9900	27.9874～27.9850		

采用分组装配时应注意：

① 配合件公差要相等，放大的方向相同，放大倍数等于分组数。该倍数应为整数。

② 配合件表面粗糙度及形位公差要求不变。

③ 分组数不宜太多。尺寸公差只要增大到经济精度即可。否则会增加分组、测量、贮存、保管等工作量，造成组织工作复杂和混乱，增加生产费用。

（3）复合选配法

复合选配法是上述两种方法的复合形式。零件加工后预先测量分组，装配时再在各对应组内凭工人的经验直接选择装配。这种方法吸取了前两种的特点，配合公差可以不等，装配质量高、速度快，能满足一定生产节拍的要求。但是，装配精度仍然要靠工人的技术水平。常作为分组选配法的一种补充形式。如发动机的活塞与气缸壁的装配多采用此种方法。

6.6.3.3　修配装配法

在单件小批生产中，对于产品中那些装配精度要求较高的多环尺寸链，各组成环先按经济精度加工，装配时通过修配某一组成环尺寸（称为修配环），使封闭环的精度达到产品精度的要求，这种装配方法称为修配装配法。修配装配法的优点是能利用较低的制造精度，来获得很高的装配精度。但是修配劳动量较大，要求工人的技术水平高，不易控制修配时间，不便组织流水作业。

实际生产中，常采用的方法有单件修配法、合并加工修配法和自身加工修配法等。

（1）单件修配法

单件修配法就是在多环的尺寸链中，选择一个固定零件作修配环，装配时，在非装配位置用去除金属层的方法改变其尺寸，以达到装配简单的要求。如在车床尾座与床头箱装配中，以尾座底板为修配件，来保证尾座中心线与主轴中心线的等高性。这种方法生产中应用最广。

（2）合并加工修配法

这种方法将两个或多个零件合并在一起进行加工装配，合并加工所得的尺寸看作一个组成环，这样就减少了组成环的数目，又减少了修配工作量。如在车床尾座与床头箱装配中，也可采用合并加工修配法，即把尾座体和底板相配合平面分别加工好，并配刮横向小导轨，然后将两者装为一体，以底面为定位基准，镗削尾座的套筒孔，直接控制尾座的套筒孔至底板底面的尺寸。使加工精度容易保证，还可给底面留较小的刮研余量（0.2mm 以下）。

合并加工法在装配中应用较广，但这种方法由于零件对号入座，给组织生产带来一定的麻烦，因此多用于单件或成批生产中。

（3）自身加工修配法

自身加工修配法是在机器制造中，有一些装配精度是在机器总装时用自己加工自己的方法来保证的。如平面磨床装配时自己磨削自己的工作台面，以保证工作面与砂轮轴平行；牛头刨床在装配后，用自刨法加工工作台面，使滑枕与工作台面相平行。这种方法广泛地应用于机床制造。

6.6.3.4 调整装配法

对于装配精度要求高而组成环较多的尺寸链，可以采用调整装配法进行装配。调整装配法与修配装配法相似，各组成环可按经济精度加工，由此而引起的封闭环的累积误差的超出部分，通过改变某一组成环来补偿。但在具体做法上，调整装配法在装配时通过调整某一零件的位置或选定一个适当尺寸的调整件加入尺寸链中来补偿封闭环的超差部分，以保证装配精度的要求。

根据调整方法不同，调整装配法可分为：可动调整法、固定调整法和误差抵消调整法三种。

（1）可动调整法

可动调整法是采用改变调整件位置来保证精度的方法。调整过程中不须拆卸调整件，比较方便。

机械制造中采用可动调整法装配的例子很多。如图 6-52 所示为普通车床横刀架采用模块来调整丝杠和螺母间隙的装置就是使用可动调整法。该装置中，将螺母做成两部分，分为前螺母和后螺母，前螺母右端做成斜面，在前、后螺母之间装一个左端也做成斜面的楔块。调整间隙时，先将前螺母固定螺钉放松，通过转动调节螺钉，使斜楔块上下移动来保证螺母和丝杠之间的合理间隙。又如图 6-53 所示主轴箱中用螺钉调整轴承间隙的装置，调整后用螺母锁紧。

可动调整法不但调整方便，能获得比较高的精度，而且可以补偿由于磨损和变形等所引起的误差，使设备恢复原有精度。所以，在一些传动机械或易磨损结构中，常用可动调整法。但是，可动调整法因可动调整件的出现削弱了机构的刚性，因而在刚性要求较高或机构比较紧凑，无法安排可动调整件时，就可采用其他的调整法。

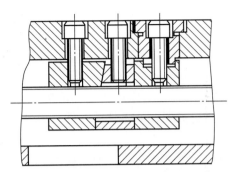 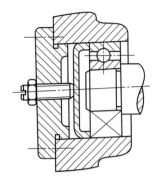

图 6-52　采用楔块调整丝杠和螺母间隙的装置　　　图 6-53　调整轴承间隙的装置

（2）固定调整法

采用调整的方法改变补偿环的尺寸，使封闭环达到其公差与极限偏差要求的方法称为固定调整法。补偿环要形状简单，便于装拆，常用的补偿环有垫片、套筒等。改变补偿环的实际尺寸的方法是根据封闭环公差与极限偏差的要求，分别装入不同尺寸的补偿环。例如补偿环是减环，因放大组成环制造公差后使封闭环尺寸嫌大时，就取较大的补偿环装入；反之，当封闭环实际尺寸嫌小时，就取较小的补偿环装入。为此，需要预先按一定的尺寸要求，制成若干组不同尺寸的补偿环，供装配时选用。

固定调整法可降低对组成环的加工要求，但能获得较高的装配精度。尤其是尺寸链中环数较多时，其优点更为明显。固定调整法在装配时不必修配补偿环，没有修配法的一些缺点，所以在大批大量生产中应用较多。固定调整法又没有可动调整法中改变位置的补偿环，因而刚性较好，结构也比较紧凑。但是，固定调整法在调整时要拆换补偿环，装拆和调整比较费时，所以设计时要选择装拆方便的结构。另外，由于要预先做好若干组不同尺寸的调整件，这也给生产带来不便。为了简化补偿环的规格，生产中常用"多件组合法"。"多件组合法"是把调整件（如垫片）做成几种规格，如厚度分别为 0.1mm、0.2mm、0.5mm 和 1mm 等，装配时根据尺寸组合原理（如同块规一样）把不同厚度的垫片组成各种不同的尺寸，以满足装配精度要求。

固定调整法常用于大批大量生产和中批生产中，以及封闭环要求较严的多环装配尺寸链中，尤其是在比较精密的机械传动中用调整法还能补偿使用过程中的磨损和误差，恢复原有精度。如精密机械、机床和传动机械中的锥齿轮啮合精度的调整，轴承间隙或预紧度的调整中，都广泛采用固定调整法。

（3）误差抵消调整法

误差抵消调整法是通过调整几个补偿环的相互位置，使其加工误差相互抵消一部分，从而使封闭环达到其公差与极限偏差要求的方法。误差抵消调整法和可动调整法相似，所不同的是补偿环是矢量，且多于一个。常见的补偿环是轴承的跳动量、偏心量和同轴度等。

误差抵消调整法，可在不提高零件的加工精度条件下，提高装配精度。它与其他调整法一样，常用于机床制造，且用于封闭环要求较严的多环装配尺寸链中。但由于误差抵消调整法需事先测出补偿环的误差方向和大小，装配时需技术等级高的工人，因而增加了装配时间和装配前的工作量，并给装配组织工作带来一定麻烦。因此，误差抵消调整法多用于批量不大的中小批生产和单件生产。

6.6.4 装配工艺规程的制定

6.6.4.1 装配单元和装配工艺系统图

零件是组成机器的基本单元，装配时通常将机器划分为若干独立的装配单元，以便组织流水平行作业装配，缩短周期，尤其是大量生产。

机器装配的主要方法

机器中能进行独立装配的部分，叫作装配单元，如车床床头箱、尾架、进给、溜板等零件。装配单元一般可以划分为几个等级，如零件、合件、组件、部件和机器。

为了清晰表示装配顺序，常用装配系统图的形式表示出来。对于结构比较简单，组成零、部件少的产品，可以只绘制产品装配系统图。对于结构复杂，组成零、部件较多的产品，除绘制产品装配系统图外，还要绘制装配单元系统合成图，如图 6-54 所示。

装配系统图的画法是：首先画一条横线，横线左端画出基准件的长方格，横线右端箭头指向装配单元的长方格。然后按装配顺序由左向右依次将装入基准件的零件、合件、组件和部件引入。表示零件的长方格画在横线上方；表示合件、组件和部件的长方格画在横线下方。每一长方格内，上方注明装配单元名称，左下方填写装配单元的编号，右下方填写装配单元件数。在装配单元系统图上加注所需的工艺说明，如焊接、配钻、配刮、冷压、热压和检验等，就形成了装配工艺系统图。

装配工艺系统图较全面地反映了装配单元的划分、装配顺序和装配工艺方法，它是装配工艺规程制定中的主要文件之一，也是划分装配工序的依据。

6.6.4.2 结构的装配工艺性

机器的装配工艺性是指机器结构符合装配工艺上的要求，装配工艺对机器结构的要求主要有下列三个方面：

① 机器结构能被分解成若干独立的装配单元。
② 装配中的修配工作和机械加工工作应尽可能少。
③ 装配和拆卸都很方便。

对于设计者来说，应尽可能满足装配工艺性要求，对工艺人员来说，必须了解设计意图，研究有关装配工艺性方面的问题，妥善处理。长期的机器生产，已经积累了许多装配工艺性方面的经验，不胜枚举。经验告诉我们，结构装配工艺性的优劣，对于能否顺利地装拆产品，关系很大。常常有这样的例子，结构上仅仅作一些小小的修改，都能给装配工作带来很大的方便，既提高了装配效率，又易于保证装配质量。

通过这一阶段的工作，需要明确产品图样和技术要求，若有不符合工艺性的地方，应作修改，对于达到装配精度的方法，以及相应的零件加工精度要求应该予以最后确定。

6.6.4.3 制定装配工艺规程的内容及制定步骤

（1）制定装配工艺规程的原则

装配工艺规程是用文件形式将装配内容、顺序、检验等规定下来，成为指导装配工作中发生问题的依据。它是指导装配工作的技术文件，也是进行装配生产计划及技术准备的主要依据。对于设计或改建一个机器制造厂来说，它是设计装配车间的基本文件之一。当进行大批量生产时，装配工艺规程内容要详细一些；而进行单件小批量生产时，装配工艺规程可以不太详细。

由于机器的装配在保证质量、组织工厂生产和实现生产计划等方面均有其特点，故具体制定装配工艺规程的相关原则如下：

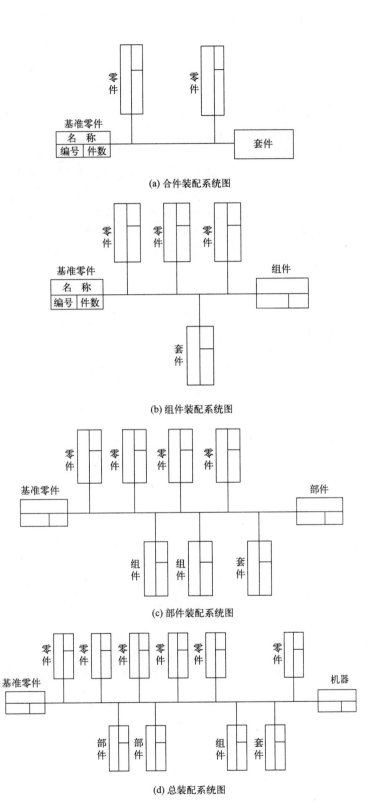

图 6-54 装配工艺流程示意图

① 保证产品的质量,并力求提高质量。
② 满足装配周期的要求,并尽可能缩短装配周期。
③ 要尽量减少手工、钳工装配的工作量,提高机械化程度。
④ 要尽量减少装配环节所占的成本,力争单位面积上具有最大生产率。

为此,在制定装配工艺规程时,必须尽力采取各种技术和组织措施,合理安排装配工序或作业计划,以减轻劳动强度、提高装配效率、缩短装配周期和节省生产面积。

(2) 制定装配工艺规程的原始资料

① 产品图纸及技术性能指标,包括精度、运动范围、试验条件等。

一般的产品图纸包括全套总装图、部装图和零件图。通过产品图,可以了解产品结构、重量、配合尺寸、配合性质和精度等,从而决定装配顺序和装配方法。

② 生产纲领是选择生产组织形式和装配方法的主要依据。

大批量生产可以用于流水线、自动线作业,如汽车的生产,而手工方式采用较少;批量生产可以用于固定生产地的装配方式,如车床的生产。

③ 生产条件。现有车间的面积、生产设备、工人水平等。

(3) 装配工艺规程的内容及制定步骤

① 产品图纸分析 从产品总装图、部件装配图及零件图了解产品结构及技术要求,审查结构的装配工艺性并划分装配单元,以便于组织装配工作的平行、流水作业。

② 确定装配组织形式 装配组织形式一般分为固定式和移动式两种。装配组织形式的选择,主要取决于产品结构特点(尺寸大小与质量等)和生产批量。总之,由于装配工作的各个方面均有其内在联系的规律,所以装配组织形式一旦确定,也就相应地确定了装配方式,如运输方式、工作地的布置等。装配组织形式的具体划分如下:

$$\begin{cases} 移动式流水线 \begin{cases} 固定节奏 \begin{cases} 连续移动 \\ 断续移动 \end{cases} \\ 自由节奏 \end{cases} \\ 固定式装配 \end{cases}$$

移动式流水装配是指被装配产品不断地从一个工作地点移动到另一个工作地点,每个工作地点重复地完成某一固定的装配工作。主要用于大批量生产,产品在装配线上移动,有固定节奏和自由节奏两种。前者严格,各工位装配工作必须在规定时间内完成,进行节拍性流水作业。自由节奏则不严格,如图 6-55 所示。固定节奏又可以分为连续移动和断续移动两种方式,连续移动方式不适于装配那些装配精度要求较高的产品。

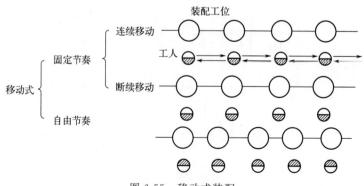

图 6-55 移动式装配

固定式装配，即产品固定在一个工作地上进行装配。根据生产规模，固定式装配又可分为集中式固定装配和分散式固定装配。按集中式固定装配形式装配，整台产品的所有装配工作都由一个工人或一组工人在一个工作地集中完成，它的工艺特点是：装配周期长，对工人技术水平要求高，工作地面积大。按分散式固定装配形式装配，整台产品的装配分为部装和总装，各部件的部装和产品总装分别由几个或几组工人同时在不同工作地分散完成，它的工艺特点是：产品的装配周期短，装配工作专业化程度较高。固定式装配多用于单件小批生产；在成批生产中装配那些重量大、装配精度要求较高的产品（如车床、磨床）时，有些工厂采用固定流水装配形式进行装配，装配工作地固定不动，装配工人则带着工具沿着装配线上一个个固定式装配台重复完成某一装配工序的装配工作，如图6-56所示。

③ 装配顺序的决定 在划分装配单元的基础上，决定装配顺序是一项重要的工作。

不论哪一等级的装配单元的装配，都要选定某一零件或比它低一级的装配单元作为基准件，首先进入装配工作；然后根据结构具体情况和装配技术要求考虑其他零件或装配单元装入的先后次序。总之，要有利于保证装配精度，以及使装配连接、校正等工作能顺利进行，一般规律是：先下后上，先内后外，先难后易，先重大后轻小，先精密后一般。

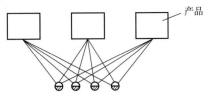

图6-56 移动式装配

④ 合理的装配方法的选择 装配方法的选择主要有两个方面：

a. 确定手工装配还是机械装配。根据结构及其装配技术要求便可确定装配内容，为完成这些工作需要选择合适的装配工艺和相应的设备或工夹量具。例如，对于过盈连接，采用压入配合还是热胀配合法，采用哪种压入工具或哪种加热方法及设备，需要根据结构特点、技术要求、工厂经验及具体条件来确定。

b. 要保证装配精度，合理选用互换、分组、修配、调整等装配方法。

⑤ 编制工艺文件 主要是装配工艺过程卡片，包括装配工序、装配工序装备（工具、夹具、量具）、时间定额。

单件小批生产时，通常只绘制装配工艺系统图，装配时按产品装配图及装配工艺系统图规定的装配顺序进行。

成批生产时，通常还编制部装、总装工艺卡，按工序标明工序工作内容、设备名称、工夹具名称与编号、工人技术等级、时间定额等。

在大批量生产中，不仅要编制装配工艺卡，还要编制装配工序卡，指导工人进行装配工作。此外，还应按产品装配要求，制定检验卡、试验卡等工艺文件。

◆ 习题与思考题 ◆

6-1 什么是机械加工工艺过程？

6-2 工艺过程的基本单元是什么？如何划分？

6-3 何谓机械加工工艺规程？工艺规程在生产中起何作用？

6-4 简述机械加工工艺过程卡和工序卡的主要区别以及它们的应用场合。

6-5 简述机械加工工艺过程的设计原则、步骤和内容。

6-6 不同生产类型的工艺过程的特点是什么？

6-7 毛坯的种类及其选择原则。

6-8 试分析图6-57所示零件有哪些结构工艺性问题，并提出正确的改进意见。

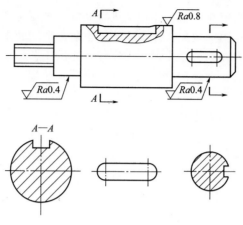

图 6-57

6-9　何为设计基准、工艺基准、工序基准、定位基准、测量基准和装配基准？

6-10　图 6-58 所示为箱体的零件图及工序图，试在图中指出：①平面 2 的设计基准、定位基准及度量基准；②镗孔 4 的设计基准、定位基准及度量基准。

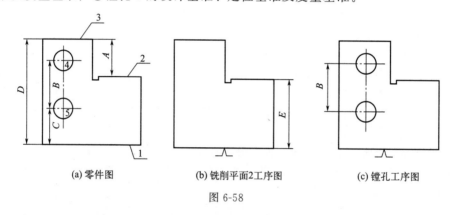

(a) 零件图　　　　　(b) 铣削平面2工序图　　　　　(c) 镗孔工序图

图 6-58

6-11　粗基准、精基准的定义及其选择原则？

6-12　什么是经济加工精度？

6-13　加工阶段是如何划分的？划分加工阶段的目的是什么？

6-14　加工工序的安排应遵循哪些原则？热处理工序及辅助工序应如何安排？

6-15　图 6-59 所示为车床主轴箱体的一个视图，其中Ⅰ孔为主轴孔，是重要孔，加工时希望余量均匀。试选择加工主轴孔的粗、精基准。

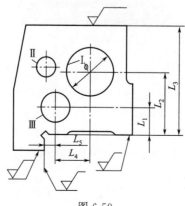

图 6-59

6-16 试分别选择图 6-60 所示各零件的粗、精基准〔其中，图 6-60（a）所示为齿轮零件简图，毛坯为模锻件；图 6-60（b）所示为液压缸体零件简图，毛坯为铸件；图 6-60（c）所示为飞轮简图，毛坯为铸件〕。

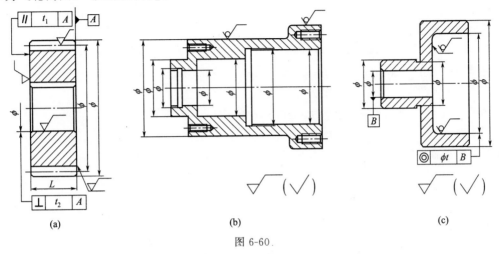

图 6-60

6-17 影响加工余量的因素有哪些？

6-18 在大批量生产条件下，加工一批直径为 $\phi 25_{-0.008}^{0}$ mm、长度为 58mm 的光轴，其表面粗糙度 Ra 值小于 $0.16\mu m$，材料为 45 钢，试安排其加工路线。

6-19 图 6-61 所示的箱体零件的两种工艺安排如下：

① 在加工中心上加工：粗、精铣底面；粗、精铣顶面；粗镗、半精镗、精镗 $\phi 80H7$ 孔和 $\phi 60H7$ 孔；粗、精铣两端面。

② 在流水线上加工：粗刨、半精刨底面，留精刨余量；粗、精铣两端面；粗铣、半精

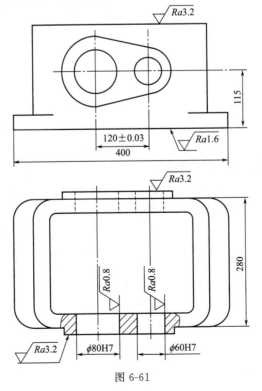

图 6-61

镗 $\phi 80H7$ 孔和 $\phi 60H7$ 孔，留精镗余量；粗刨、半精刨、精刨顶面；精镗 $\phi 80H7$ 和 $\phi 60H7$ 孔；精刨底面。

试分别分析上述两种工艺安排有无问题，若有问题须提出改进意见。

6-20 欲在某工件上加工 $\phi 72.5^{+0.03}_{0}$ mm 孔，其材料为 45 钢，加工工序：扩孔→粗镗孔→半精镗、精镗孔→精磨孔。已知各工序尺寸及公差如下：

精磨—$\phi 72.5^{+0.03}_{0}$ mm；半精镗—$\phi 70.5^{+0.19}_{0}$ mm；扩孔—$\phi 64^{+0.46}_{0}$ mm；

精镗—$\phi 71.8^{+0.046}_{0}$ mm；粗镗—$\phi 68^{+0.3}_{0}$ mm；粗镗—$\phi 59^{+1}_{-2}$ mm

试计算各工序加工余量及余量公差。

6-21 图 6-62 所示为零件简图，其内、外圆均已加工完毕，外圆尺寸为 $\phi 90^{0}_{-0.10}$ mm，内孔尺寸为 $\phi 60^{+0.05}_{0}$ mm。现铣键槽，其深度要求为 $5^{+0.30}_{0}$ mm，该尺寸不便直接测量，为检测槽深是否合格，可直接测量哪些尺寸？试求出它们的尺寸及其极限偏差。

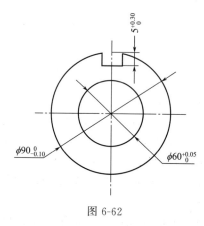

图 6-62

6-22 何谓时间定额？何谓单件时间？如何计算单件时间？

6-23 何谓生产成本与工艺成本？两者有何区别？比较不同工艺方案的经济性时，需要考虑哪些因素？

6-24 提高劳动生产率的工艺措施有哪些？

6-25 什么是装配尺寸链？装配尺寸链的封闭环是什么？

6-26 保证装配精度的装配方法有哪几种？它们各适用于什么场合？

6-27 图 6-63 所示为一个齿轮装配结构图，由于齿轮要在轴上回转，要求齿轮左右端面与轴套和挡圈之间应留有一定间隙，要求装配后齿轮右端的间隙为 0.10～0.35mm。已知 $A_1=35$mm，$A_2=14$mm，$A_3=49$mm。

(1) 试以完全互换装配法解算各组成环尺寸及其极限偏差。

(2) 设 A_1、A_2、A_3 的尺寸分布均为正态分布，且尺寸分布中心与公差中心相重合，试以不完全互换装配法解算各组成环的尺寸和极限偏差。

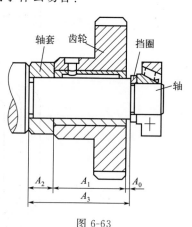

图 6-63

参考文献

[1] 卢秉恒. 机械制造技术基础 [M]. 4版. 北京：机械工业出版社，2018.
[2] 王先逵. 机械制造工艺学 [M]. 4版. 北京：机械工业出版社，2019.
[3] 郑广花. 机械制造基础 [M]. 西安：西安电子科技大学出版社，2014.
[4] 熊良山. 机械制造技术基础 [M]. 3版. 武汉：华中科技大学出版社，2022.
[5] 张世昌，张冠伟. 机械制造技术基础 [M]. 4版. 北京：高等教育出版社，2022.
[6] 蔡光起，等. 机械制造技术基础 [M]. 沈阳：东北大学出版社，2002.
[7] 薛源顺. 机床夹具设计 [M]. 2版. 北京：机械工业出版社，2018.
[8] 冯之敬. 机械制造工程原理 [M]. 3版. 北京：清华大学出版社，2015.
[9] 陈德生. 机械制造工艺学 [M]. 杭州：浙江大学出版社，2010.
[10] 陈根琴，宋志良. 机械制造技术 [M]. 2版. 北京：北京理工大学出版社，2020.
[11] 姜银方. 机械制造技术基础实训 [M]. 北京：化学工业出版社，2007.
[12] 王启平. 机床夹具设计 [M]. 哈尔滨：哈尔滨工业大学出版社，2019.
[13] 吴健. 现代机械加工新技术 [M]. 3版. 北京：电子工业出版社，2017.
[14] 关慧贞. 机械制造装备设计 [M]. 5版. 北京：机械工业出版社，2020.
[15] 周泽华. 金属切削原理 [M]. 北京：机械工业出版社，2002.
[16] 陆剑中. 金属切削原理与刀具 [M]. 2版. 北京：机械工业出版社，2017.
[17] 中山一雄. 金属切削加工理论 [M]. 北京：机械工业出版社，1985.
[18] Gorczyca F E. Application of metal cutting theory [M]. Industrial Press，1987.
[19] Hoffman B. jig and fixture design [M]. VAN NOSTRAND REINNOLD COMPANY，1980.
[20] 王隆太. 现代制造技术 [M]. 北京：机械工业出版社，2005.
[21] 吴新佳. 机械制造工艺装备 [M]. 西安：西安电子科技大学出版社，2006.